U0712254

机电设备与机械电子制造

陈兆兵 刘晓莉 郭伟 著

汕头大学出版社

图书在版编目（CIP）数据

机电设备与机械电子制造 / 陈兆兵，刘晓莉，郭伟
著. -- 汕头：汕头大学出版社，2018.4
ISBN 978-7-5658-3595-7

Ⅰ. ①机… Ⅱ. ①陈… ②刘… ③郭… Ⅲ. ①机电设
备—机械制造 Ⅳ. ①M205

中国版本图书馆 CIP 数据核字(2018)第 092187 号

机电设备与机械电子制造

JIDIAN SHEBEI YU JIXIE DIANZI ZHIZAO

著　　者：陈兆兵　刘晓莉　郭　伟
责任编辑：汪小珍
责任技编：黄东生
封面设计：瑞天书刊
出版发行：汕头大学出版社
　　　　　广东省汕头市大学路 243 号汕头大学校园内　邮政编码：515063
电　　话：0754-82904613
印　　刷：廊坊市国彩印刷有限公司
开　　本：710mm×1000 mm　1/16
印　　张：22.5
字　　数：340 千字
版　　次：2018 年 4 月第 1 版
印　　次：2019 年 1 月第 1 次印刷
定　　价：88.00 元
ISBN 978-7-5658-3595-7

版权所有，翻版必究

如发现印装质量问题，请与承印厂联系退换

前　言

设备通常泛指国民经济各部门和社会领域的生产和生活物质的技术装备、设施、装置和仪器等。机电设备则是指应用了机械、电子技术的设备。我们通常所说的机械设备是机电设备中最重要的组成部分。

任何产业和工程领域都需要使用机电设备，例如，农业、林业、矿山等需要农业机械设备、林业机械设备、矿山机械设备；冶金和化学工业需要冶金机械设备、化工机械设备；纺织和食品加工工业需要纺织机械设备、食品加工机械设备；房屋建筑、道路、桥梁及水利等工程需要工程机械设备；电力工业需要动力机械设备；交通运输业需要各种车辆、船舶、飞机等交通运输设备；各种商品的计量、包装、储存、装卸需要相应的工作机械设备。就是在人们的日常生活之中，对机电设备的需求也越来越多，如自行车、钟表、照相机、洗衣机、冰箱、空调机、吸尘器、汽车、计算机等已成为人类生活的不可缺少的物质基础。社会的发展要求机电设备有与之相适应的发展，而机电设备的发展和完善，又促进了新技术、新产业的出现和发展。

近年来，随着我国制造业的快速发展和制造技术的迅速进步，对制造操作者提出了新的要求，新兴的制造业需要既有一定技术、知识、素质，又能熟练操作的高素质劳动者。这就要求我们的职业教育必须满足这种变化和要求。

本书在内容的选择上，简化了相关理论基础的篇幅，对基本理论和知识采取了"必需、够用、实用"的原则，不强调理论的系统性和完整性，减少了公式的推导、基本理论的陈述等理论性过强的内容；对与工程实践联系比较多、比较紧密的相关内容，力求用精练的语言，由浅入深，系统、完整地讲述应掌握的工艺理论和技术要点，着重培养学生解决实际问题的能力。

由于编者水平有限，错漏之处在所难免，恳请广大专家、学者和读者不吝批评、指正。

目 录

第一章　机电设备的分类与应用

第一节　机电设备的分类

机电设备的种类很多，分类方法多种多样。按机电设备的用途可分为三大类：产业类机电设备、信息类机电设备、民生类机电设备。

产业类机电设备是指用于生产企业的机电设备。例如，普通车床、普通铣床、数控机床、线切割机、食品包装机械、塑料机械、纺织机械、自动化生产线、工业机器人、电机、窑炉等，都属于产业类机电设备。

信息类机电设备是指用于信息的采集、传输和存储处理的电子机械产品。例如，计算机终端、通讯设备、传真机、打印机、复印机及其他办公自动化设备等，都是信息类机电设备。

民生类机电设备是指用于人民生活领域的电子机械和机械电子产品。例如，VCD、DVD、空调、电冰箱、微波炉、全自动洗衣机、汽车电子化产品、医疗器械以及健身运动机械等都是民生类机电设备。

按国民经济行业分类与代码、全国工农业产品（商品、物资）分类与代码等国家标准的分类方法分类，将机电设备分为通用机械类，通用电工类，通用、专用仪器仪表类，专用设备类四大类。这种分类方法常用于行业设备资产管理、设备选型、机电产品目录、资料手册的编目等。

第二节　金属切削机床

一、金属切削机床的分类

金属切削机床（简称机床）的品种和规格繁多，对它们进行分类并编制型号，可以方便地进行区别、使用和管理。机床按照使用上的通用程度，可以分为通用机床、专用机床、机床自动线。其中，通用机床加工范围较广，在这类机床上可以加工多种零件的不同工序。例如，普通车床、卧式镗床、铣床等，都属于通用机床。专用机床是用来加工某一种（或几种）零件的特定工序的机床，如组合机床、机床主轴箱的专用镗床等。机床自动线则由通用机床或专用机床组成。

通用机床按工作原理分为 11 类，包括车床、钻床、镗床、磨床、齿轮加工机床、螺纹加工机床、铣床、刨插床、拉床、锯床和其他机床，必要时，每类机床又可分为若干类型。

机床还可以按照自动化程度的不同，分为手工的、机动的、半自动的和自动的机床。

除上述基本分类方法外，还可以按照加工精度、主轴数目，以及机床重量等进行分类。随着机床的不断发展，其分类方法也将不断改变。

二、通用机床型号

1. 机床型号表示方法

我国的金属切削机床型号是按 1995 年实施的 GB/T 15375-1994《金属切削机床型号编制方法》编制的。此标准规定机床型号由汉语拼音字母和阿拉伯数字按一定格式组合而成，它适用于各类通用机床、专用机床和机床自动线（不含组合机床和特种加工机床）。

2. 机床的类、组、系的划分及其代号

位于型号首位的是金属切削机床的类，类代号用汉语拼音字母表示，如

车床用 C 表示。如果类中还有分类，那么在类代号前加阿拉伯数字表示分类代号，其中第一分类代号数字"1"省略，例如，磨床类分为 M、2M、3M 三个分类。

机床的组代号和系代号用两位阿拉伯数字表示，前面的数字表示组代号，后面的数字表示系代号。每类机床按主要布局及使用范围划分为 10 个组，用数字 0～9 表示，每组机床按其主参数、主要结构及布局形式又分为若干个系。

3. 机床的通用特性代号及结构特性代号

当某类型机床除普通型外，还有某种通用特性时，要在类代号之后加通用特性代号表示区别。通用特性代号用汉语拼音字母表示，在各类机床中所表示的意义相同。

为了区别主参数相同而结构、性能不同的机床，在型号中用结构特性代号予以表示。结构特性代号用汉语拼音字母表示，它是根据各类机床的情况分别规定的，在型号中没有统一的含义。当型号中有通用特性代号时，结构特性代号排在通用特性代号之后。

4. 机床主参数或设计顺序号、主轴数或第二主参数

机床的主参数位于系代号之后。主参数的计量单位有统一规定，尺寸为 mm，力为 kN，功率为 W。型号中主参数用折算值表示。当无法用一个主参数表示时，则在型号中用设计顺序号表示。

对于多轴机床，其主轴数应以实际数值列入型号。第二主参数一般是指最大跨距、最大工件长度、最大车削（磨削、刨削）长度、最大模数及工作台面长度等。在型号中一般不予表示，如有特殊情况，也用折算值表示。

5. 机床的重大改进顺序号

对于性能和结构布局有着重大改进并按新产品重新设计、试制和鉴定的机床，应在原机床型号尾部加改进顺序号，与原机床型号区别开。改进顺序号按汉语拼音字母的顺序选用，但"I""O"字母不允许选用。

6. 机床其他特性代号

其他特性代号主要用以反映各类机床的特性，如：对于数控机床，可用来反映不同的控制系统等；对于加工中心，可用以反映控制系统、自动交换主轴头、自动交换工作台等；对于柔性加工单元，可用以反映自动交换主轴

箱；对于一机多能机床，可用以补充表示某些功能；对于一般机床，可以反映同一型号机床的变型等。其他特性代号，可用汉语拼音字母（"I、O"两个字母除外）表示。当单个字母不够用时，可将两个字母组合起来使用，如：AB、AC、AD等，或BA、CA、DA等，也可用阿拉伯数字表示，还可用阿拉伯数字和汉语拼音字母组合表示。

三、金属切削机床的技术性能与技术规格

1．工艺范围

机床的工艺范围是指其适应不同生产要求的能力，即机床上可以完成的工序种类，能加工的零件种类，毛坯和材料种类，适应的生产规模等。根据工艺范围的宽窄，机床可分为通用（万能）、专门化和专用三类。通用（万能）机床可以加工一定尺寸范围内的各种零件，完成多种多样的工序，工艺范围很宽，但结构比较复杂，自动化程度和生产效率往往比较低，适用于产品批量小、加工对象经常变动的单件、小批量生产。专门化机床只能加工一定尺寸范围内的一类或少数几类零件，完成一种（或少数几种）特定的工序，工艺范围较窄。一般说来，专门化机床和专用机床的结构比通用机床简单，自动化程度和生产效率较高，适用于大批量生产。

2．技术规格

机床的技术规格是指反映机床加工能力、工作精度及工作性能的各种技术数据，包括主参数，运动部件的行程范围，主轴、刀架、工作台等执行件的运动速度、工作精度、电动机功率、机床的轮廓尺寸和质量等。为了适应加工各种尺寸零件的需要，每一种通用机床和专门化机床都有大小不同的各种技术规格。例如卧式车床的主参数有250mm、320mm、500mm、630mm、800mm、1000mm、1250mm等8种规格；主参数相同的卧式车床，往往又有几种不同的第二参数，也就是它的工件最大加工长度。例如，CA6140型卧式车床，它的工件在床身上最大回转直径为400mm，工件最大加工长度有750mm、1000mm、1500mm和2000mm四种。

机床的技术规格可以从机床说明书中查得。它是设备维修与管理部门在机床设备选型、准备机床的维修备件、设备管理的主要原始依据之一。

第三节 起重设备

一、起重设备的分类

1. 轻小型起重设备

它包括千斤顶、滑车、绞车、手动葫芦和电动葫芦等，其特点是构造比较简单，一般只有一个升降机构，使重物作单一升降运动。

2. 起重机

（1）桥式类型起重机。在工业生产现场常看到的桥式起重机、特种起重机、梁式起重机、门式起重机、装卸桥等都属于这种类型的起重机。它们都有起升机构、大小车行走机构。重物除能作升降运动外，还能作前后和左右的水平运动，三种运动配合可完成重物在一定的三维空间内的起重与搬运。

（2）臂架式类型起重机。汽车起重机、轮胎式起重机、履带式起重机、塔式起重机、门座式起重机、浮式起重机和铁路起重机等都属于臂架式类型起重机。它们由起升机构、变幅机构、旋转机构和行走机构组成，依靠这些机构的配合动作可使重物在一定的圆柱形或椭圆柱形空间内起重和运动。在建筑工地、港口码头、货场都能看到这种类型的起重机。

3. 升降机

升降机是重物或取物装置沿着导轨升降的起重机械，它包括载人或载货电梯，连续工作的自动扶梯等。升降机虽然只有一个升降动作，但机构很复杂，特别是载人的升降机，要求有完善的安全装置和其他附件装置。

二、起重设备的基本参数

起重设备的基本参数是说明起重机械性能和规格的数据，是了解起重设备的主要依据。起重设备的基本参数主要有额定起重量、起升高度、跨度和轨距、幅度、额定工作速度、起重机的利用等级、起重机的载荷状况、起重机的工作级别等。我国已经制定出起重设备的国家标准，需要时可以查阅。

起重设备的基本参数中额定起重量、额定工作速度非常重要，在使用、维护、维修中必须特别注意满足它们的数值要求。

额定起重量是指起重机在正常工作时允许起吊物品的最大重量，用 Q 表示。使用中起重设备的起重量不允许超过额定起重量。如果使用其他辅助取物装置或吊具（电磁吸盘、夹钳等），这些装置的自重也要包括在起重量内。

起重设备工作时的工作速度也有额定值，这就是起重设备的额定工作速度。额定工作速度包括额定起升速度、额定运行速度、额定变幅速度和额定回转速度。额定起升速度是指起升机构电动机在额定转速时，取物装置的上升速度。额定运行速度是指运行机构电动机在额定转速时，起重机或小车的运行速度。额定变幅速度是指臂架式起重机的取物装置从最大幅度到最小幅度水平位移的平均速度。额定回转速度是指旋转机构电动机在额定转速时，起重机围绕其回转中心的回转速度。

三、电梯的分类与型号

1. 电梯的分类

按用途分类，电梯可以分为乘客电梯、载货电梯和专用电梯。乘客电梯主要用于运送乘客，其行驶速度一般在 0.8m/s 以上，有时可达 2m/s；载货电梯用于运送货物，行驶速度在 1m/s 以下；专用电梯一般为特殊需要而设计，如医院用来运送病员和医疗器械的专用电梯，为了出入方便，往往设计成两面开门，行驶速度较慢。

按速度分类，电梯可以分为超高速电梯（速度 $v \geqslant 5\text{m/s}$）、高速电梯（$2\text{m/s} < $ 速度 $v < 5\text{m/s}$）、快速电梯（$1\text{m/s} < $ 速度 $v \leqslant 2\text{m/s}$）、低速电梯（速度 $v \leqslant 1\text{m/s}$）。

按驱动方式分类，电梯可分为钢丝绳式、液压式、齿轮齿条式。钢丝绳式是由钢丝绳与曳引轮槽工作面之间的摩擦力而产生牵引力的，这是一种应用广泛的电梯驱动方式；液压式一般在较低压的大型货栈中使用；齿轮齿条式使用于建筑工地运送人员及材料。

按曳引电动机型式分类，电梯可分为交流电动机电梯和直流电动机电梯。

前者使用交流电动机驱动,用于运行速度在 0.5m/s 至 1m/s 之间的乘客电梯和载货电梯;后者由于使用直流电动机驱动,调速性能好,被广泛用于快速电梯和高速电梯。

2.电梯的型号

和其他机电设备一样,电梯制造厂家要在自己厂家的电梯铭牌上写上自己产品的型号,以简单明确的方式,将电梯基本规格的主要内容表示出来。

我国规定了电梯型号的编制方法。电梯的型号由三部分组成:前面是类、组、型和改型代号,中间是主要参数代号,最后是控制方式代号,其表示方法及含义如下:

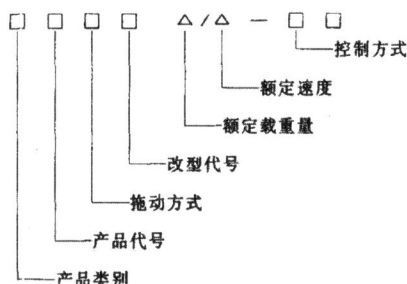

额定载重量和额定速度是电梯的两个主要参数,均用阿拉伯数字表示。额定载重量的单位是 kg,额定速度的单位是 m/s。

3.电梯产品型号举例

TKJ1000/1.6-JX 表示:交流乘客电梯,额定载重量 1000kg,额定速度 1.6m/s,集选控制方式。

TKZ1000/2.5-JX 表示:直流乘客电梯,额定载重量 1000kg,额定速度 2.5m/s,集选控制方式。

THY1000/0.63-AZ 表示:液压载货电梯,额定载重量 1000kg,额定速度 0.63m/s,按钮控制,自动门。

应该注意的是,各行各业使用的电梯都有国外进口产品。目前,我国加入了 WTO,势必将有更多的国外电梯进入我国,各国对电梯型号均有不同的表示方法。另外,一些国内电梯制造厂家,因其技术是由国外引进的,所以在生产时仍沿用被引进国或公司的型号。所以,我们有必要了解一些国外的电梯型号表示方法。

第四节　办公自动化设备

一、办公自动化设备的分类

1．计算机类设备

计算机是信息时代办公活动中的关键设备。计算机类办公自动化设备包括各种计算机以及各种联机外部设备。

联机外部设备主要包括各种计算机的输入、输出设备和外存储器。计算机输入设备除常用的键盘和鼠标器外，还有光笔、数字图像扫描仪和语言输入设备等。计算机输出设备包括显示器、打印机和自动绘图仪等。新型的输出设备还有喷墨打印机和激光打印机。在计算机系统中，用作外存储器的设备主要是磁盘（软、硬盘）驱动器和 CD-ROM 光盘驱动器。

2．通信类设备

通信类设备在办公自动化中必不可少，如收发文件、打电话、发传真都是不同形式的通信方法。通信类办公自动化设备主要包括通信网络设备和用户终端设备。

通信网络设备有程控交换机、长距离数据收发器、调制解调器、计算机局域网、公用电话网、公用分组交换数据通信网等。用户终端设备与办公人员关系最为密切，诸如按键式电话机、录音电话机、磁卡电话机、移动电话机、图文传真机、电传机等都属于用户终端设备。

3．办公用机电类设备

办公用机电类设备最多，根据其功能大致分为：

（1）信息复制设备，如复印机、一体化复印机、电子排版印刷系统等。

（2）信息储存设备，如录音机、摄像机、数码照相机等。

（3）其他辅助设备，如幻灯机、投影仪、碎纸机、装订机等。

二、打印机的常见机型

打印机可分为击打式打印机和非击打式打印机两大系列。击打式系列的打印机利用电机械原理，使用字锤击打活字载体上的字符，或者使用打印钢针撞击色带和纸，打印出点阵组成的字符图形。针式打印机就是这类打印机。非击打式系列的打印机利用各种物理或化学的方法打印。这类打字机主要产品是喷墨打印机和激光打印机。

选择打印机一般要考虑打印质量、打印速度、打印精度、工作噪声、可靠性等几项技术指标。对所选择的打印机可进行打印速度测试、打印质量测试和噪声测试。

三、传真机的常见类型

传真机的种类很多，可以按多种方法分类。按照传真机的用途，可分为相片传真机、报纸传真机、气象传真机和文件（或图文）传真机；按传真机通信时所占用的电话线路数，可分为单路传真机和多路传真机；按传真机传送色调，可分为黑白传真机和彩色传真机。

文件传真机又叫图文传真机，主要用于传送文件和图片。文件传真机以CCITT（国际电报电话咨询委员会）的建议 T 系列为依据，按传送一页 ISO（国际标准化组织）标准的 A4（210mm×297mm）幅面相同的样张所用的时间来划分，进一步分为四种类型：一类（G1）传真机；二类（G2）传真机；三类（G3）传真机；四类（G4）传真机。

按 CCITT 建议 T.2 中的规定，凡采用双边带调制，其发送信号不采取频带压缩措施，占用一个电话线的话路，在 6min 之内以每毫米 3.85 线的副（垂直）扫描密度传送一页 A4 原稿的传真机为一类传真机。按 CCITT 建议 T.3 中的规定，凡采用频带压缩措施，占用一个话路，在 3min 之内以每毫米 3.85 线的副（垂直）扫描密度传送一页 A4 原稿的传真机为二类传真机。按 CCITT 建议 T.4 中的规定，凡是在信号发送调制之前采用了减少图文信号中多余信息的技术措施，以主（水平）分辨率每毫米 8 点，副（垂直）扫描密度每毫米 3.85 线，传输速率 9600bit/s，占用一个话路，在 1min 之内传送一页 A4 原稿的传真机为三类传真机。

前三类传真机是利用公用交换电话网来进行传真通信的，而第四类传真机主要采用公用数据网和综合业务数字网来传输信号，不需要调制解调器，数据传输率大为提高。根据 CCITT 建议，在数据网上，以 64000bit/s 的传输速率，在 3s 内传送一页 A4 原稿的传真机为四类传真机。

四、复印机的常见类型

按照用途不同，复印机可分为办公用复印机、工程图纸复印机、彩色复印机和特殊用途复印机四种类型；按照复印方法的不同，复印机又可以分为重氮复印机、银盐复印机、静电复印机和热敏复印机。总的来讲，复印机有以下类型：

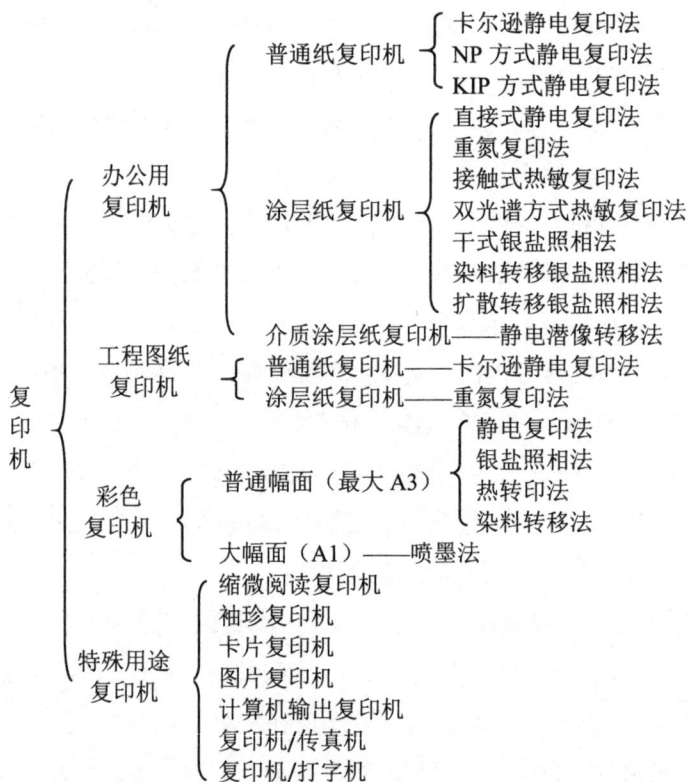

```
复印机
├─ 办公用复印机
│   ├─ 普通纸复印机
│   │   ├─ 卡尔逊静电复印法
│   │   ├─ NP 方式静电复印法
│   │   └─ KIP 方式静电复印法
│   └─ 涂层纸复印机
│       ├─ 直接式静电复印法
│       ├─ 重氮复印法
│       ├─ 接触式热敏复印法
│       ├─ 双光谱方式热敏复印法
│       ├─ 干式银盐照相法
│       ├─ 染料转移银盐照相法
│       └─ 扩散转移银盐照相法
├─ 工程图纸复印机
│   ├─ 介质涂层纸复印机——静电潜像转移法
│   ├─ 普通纸复印机——卡尔逊静电复印法
│   └─ 涂层纸复印机——重氮复印法
├─ 彩色复印机
│   ├─ 普通幅面（最大 A3）
│   │   ├─ 静电复印法
│   │   ├─ 银盐照相法
│   │   ├─ 热转印法
│   │   └─ 染料转移法
│   └─ 大幅面（A1）——喷墨法
└─ 特殊用途复印机
    ├─ 缩微阅读复印机
    ├─ 袖珍复印机
    ├─ 卡片复印机
    ├─ 图片复印机
    ├─ 计算机输出复印机
    ├─ 复印机/传真机
    └─ 复印机/打字机
```

第二章　机电设备的构成

第一节　动力源

我们知道任何机电设备的工作都离不开动力。电能、风能、热能等都可以作为机电设备的动力。机电设备中最常见的动力源是电动机。在现代机电设备中，电动机已经不单单是能量的提供者，它在自动控制系统中还具有检测、反馈、执行等方面的作用。

电动机广泛用于机械加工设备、农业机械、家用电器等各种机电设备中。电动机的输出功率有百万分之几瓦到一千兆瓦以上，转速有数天一转到每分钟几十万转，品种和规格越来越多，可适用于高山、平原、高温、低温、陆地、水下或其他液体中等的各种各样的工作环境。

一、电动机的分类

电动机是根据电磁感应原理和电磁力原理工作的，它将输入的电能转换为机械能并输出，驱动机械部分运转。使用、维护、维修机电设备都必须了解电动机的类型和性能。电动机的品种很多，可按不同的方法分类：

按电动机输入电流类型可分为直流电动机和交流电动机。交流电动机又可分为同步电动机和异步电动机。

按电动机相数可分为单相电动机和多相（常用三相）电动机。接在单相电源上的电动机称为单相电动机，接在三相电源上的电动机称为三相电动机。

按电动机的容量或尺寸大小可分为大、中、小、微型电动机。

此外，在一些特定情况下，电动机还可以按其他方式，如承受负载情况、频率、转速、运动形态、励磁磁场建立与分布等进行分类。

二、常用电动机性能特点及适用范围

1. 直流电动机

直流电动机将直流电能转换成机械能。直流电动机有以下特性：

（1）直流电动机调速范围大，速度变化较平滑，可以做到精确调速，而且调速方法比较简单，具有优良的调速性能，例如，他励直流电动机只需改变电枢电压，便可方便地实现恒转矩调速。

（2）直流电动机过载能力大，可承受频繁的冲击负载，能实现频繁的无级快速启动、制动和反转，以满足生产过程中各种不同的特殊运行要求。

（3）直流电动机的主要缺点是结构复杂、维护工作量大、价格高。

直流电动机按励磁方式可分为：永励、并励、串励、复励、稳定并励、他励六种类型。此外，它还可按转速、电流、电压、用途、工作定额以及防护等级、安装结构形式和通风冷却方式等进行分类。

直流电动机适合于调速范围宽且需要精确调速的场合，以及对运行有特殊要求的自动控制系统。但因直流电动机有机械换向器，需要经常维护，在不允许中断工作或维修环境恶劣的地方不宜使用。又由于电刷和换向器之间会产生火花，在易燃易爆或高粉尘、高腐蚀的环境中，直流电动机的使用受到限制。这些方面，交流电动机有它不可替代的优点，所以交流电动机在机电设备中应用更广。

2. 同步电动机

同步电动机是一种交流电动机，其转速与旋转磁场的转速同步，即转子转速 n 与电网频率 f 之间有恒定的比例关系（$n=60f/p$，p 为电动机的极对数）。同步电动机性能特点有如下几个方面：

（1）转速恒定。电网频率一定时，同步电动机的转速不随负载的大小变化而改变。

（2）功率因数可调。调节其励磁电流，在超前的功率因数下运行，可改善电网的功率因数。

（3）效率高。异步电动机功率因数低，效率也低，而相应的同步电动机效率较高。低速时，同步电动机这一优点更为明显。

（4）运行稳定性高。当电网电压降低或电动机过负荷时，调节励磁可以保证电动机的运行稳定性。

3．异步电动机

异步电动机也是一种交流电动机，其转子转速与旋转磁场的转速不同步，存在着转差，即这种电动机负载时的转速与所接电网频率之比不是恒定关系。异步电动机的使用最为广泛。在电网总负荷中，异步电动机占60%左右。在各种动力系统中，90%左右采用异步电动机作为动力源。异步电动机的特性如下：

（1）普通异步电动机的定子绕组接交流电网，转子绕组不需与其他电源连接，因此具有结构简单，制造、使用、维护方便，运行可靠及质量较小、成本较低等优点。

（2）异步电动机有较高的运行效率和较好的工作特性，在空载到满载整个负载变化范围内部接近恒速运行，能满足大多数生产机械的要求。

（3）便于派生成各种防护型式，以适应不同环境条件的需要。

（4）它的缺点是运行时电网吸收无功励磁功率，使电网的功率因数降低。交流电动机的规格、品种、系列繁多，分类较为复杂。

4．小功率电动机

小功率电动机是指电动机转速折算在 1500r/min 时，最大连续功率不超过 1.1kW 的电动机。它应用于机械加工设备、医疗器械、音响影视设备、日用电器、电动工具、办公自动化设备等各种机电设备之中。

小功率电动机同样也有异步电动机、同步电动机、直流电动机和交流换向器电动机之分。它的主要特点如下：

（1）主要用于专用用途或特殊用途的机电设备上。

（2）采用单相电源或低压直流电源供电。

（3）电动机适宜自动化和大批量生产。

（4）结构简单、体积小、质量小、价格低、振动和噪声小、安全性好。

5．微特电机

工作原理、结构、性能、作用、使用条件和运动方式与常规电机不同，以及体积、输出功率很大或很小的电动机都属于微特电机。例如，在雷达扫描跟踪、工业机器人控制、数控机床控制中都使用微特电机。

微特电机按其功能大体分为：

（1）测位用微特电机。它能将机械角度或直线位移进行直接指示，并变换成电压信号。

（2）测速用微特电机。它能将机械转速变换成电压信号或脉冲数字信号。

（3）执行用微特电机。它能快速而正确执行频繁变化的位置和速度指令，带动负载完成所要求的动作。

（4）放大用微特电机。它能对输入量或反馈量进行变换、校正和放大，以控制执行用微特电机的运动。

（5）特殊微特电机。它具有相应的特殊功能，适用于特殊场合。

三、电动机的选用

交流电动机虽然启动、制动及调速性能不如直流电动机，但结构简单，价格便宜，维护工作量小。特别是近年来，随着电力电子控制技术的发展，用于交流电动机调速的交流调速装置的性能与成本逐渐可以和直流调速装置抗衡，交流调速正在趋于取代直流调速。所以，在选择电动机种类时，应考虑以下几方面问题：

（1）不需调速的机械，无论是长时工作、短时工作或重复短时工作的机械，都应首选交流电动机。只有电动机的操作特别频繁，会引起电动机发热，启动特性不能满足机械需求时，才考虑用直流电动机。

（2）对于需要调速的机械，要综合分析机械的转速、功率、力矩、使用场合、调速成本、对电网的影响、电动机的损耗与通风等多项因素，合理选用电动机。

第二节　传动装置

传动装置是一种将动力源输出的运动和动力传递给设备工作终端的装置。常用的传动装置有带传动、螺旋传动、齿轮传动等形式的机械传动，以及液压与气压传动。下面分别介绍常用的几种传动装置。

一、带传动

如图 2-1 所示，带传动是利用传动带作为中间的挠性件，依靠传动带与带轮之间的摩擦力来传递运动的。带传动中常用的有平带传动、V 带传动、圆带传动和同步带传动。带传动具有传动平稳、无噪声的优点。除同步带传动外，其他几种带传动，都不能保持准确的传动比。同步齿形带传动综合了带、链传动的优点，传动比准确，但它安装要求高，带与带轮制造工艺较复杂，制造成本高。

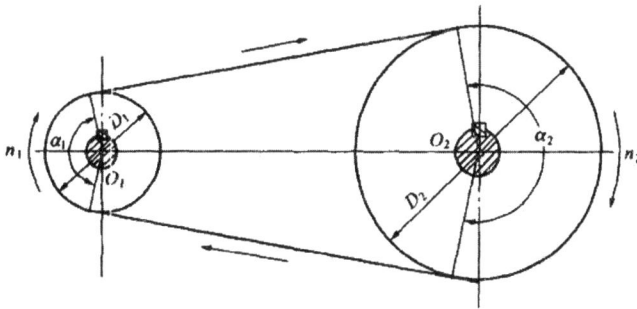

图 2-1　带传动

二、螺旋传动

螺旋传动可以把主动件的回转运动变成从动件的直线往复运动。

螺旋传动是利用螺杆和螺母组成的螺旋副来实现传动要求的，它结构简单、工作连续且平稳、承载能力大、传动精度高，但由于内外螺纹间是滑动摩擦，因而磨损快，传动效率低。图 2-2 所示为普通车床上带动大拖板移动的普通螺旋传动应用实例。

滚珠螺旋传动，如图 2-3 所示。在螺杆与螺母之间放入适量的滚珠，内外螺纹之间的摩擦是滚动摩擦，所以滚珠螺旋传动磨损小、传动效率高、传动平稳、同步性好，经过预紧后，还可消除轴向间隙，提高传动精度。但滚珠螺旋传动不能自锁，在垂直升降机构中使用时要有防逆措施，结构较复杂，成本较高。近年来，滚珠螺旋传动广泛用于数控机床、自动控制装置、升降机构以及精密测量仪器中。

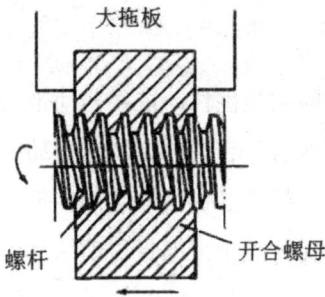

图 2-2　普通螺旋传动

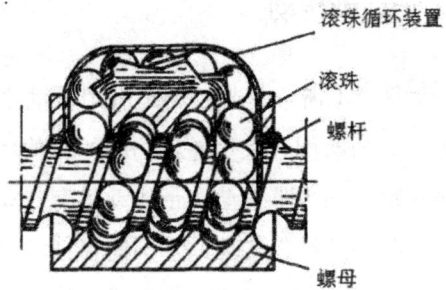

图 2-3　滚珠螺旋传动

三、齿轮传动

1．直齿圆柱齿轮传动

直齿圆柱齿轮传动有内啮合和外啮合两种形式，如图 2-4 所示，它用于传递两平行轴之间的运动和动力。内啮合直齿圆柱齿轮传动两轴旋转方向相同，外啮合直齿圆柱齿轮传动两轴旋转方向相反。

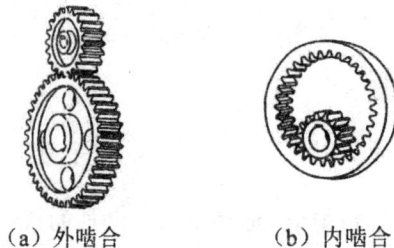

（a）外啮合　　　　　（b）内啮合

图 2-4　直齿圆柱齿轮传动

2．斜齿圆柱齿轮传动

斜齿圆柱齿轮传动如图 2-5 所示，也用于传递两平行轴间的运动和动力。它与直齿圆柱齿轮传动相比，承载能力大、传动平稳、使用寿命长，但在工作时有轴向力产生。

3．直齿锥齿轮传动

如图 2-6 所示，直齿锥齿轮用于两相交轴之间的传动。

4．齿轮齿条传动

图 2-7 所示是齿轮齿条转动，它主要用于把齿轮的旋转运动变为齿条的直线往复运动，也可把齿条的直线往复运动变为齿轮的旋转运动。在大行程传动机构中往往采用齿轮齿条传动，因为它的刚度、精度和工作性能不会因行程增大而明显降低。

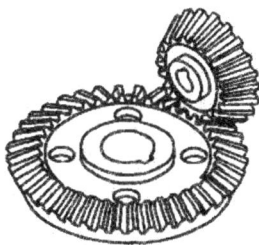

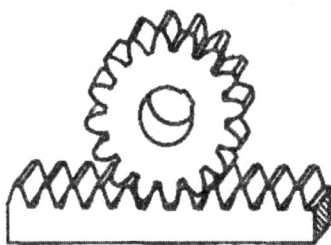

图 2-5　斜齿轮传动　图 2-6　直齿锥齿轮传动　　图 2-7　齿轮齿条传动

四、液压与气压传动

液压与气压传动都是利用各种元件（液压元件或气压元件）组成具有不同控制功能的基本回路，再由若干基本回路组成传动系统来进行能量转换、传递和控制。

1．液压传动、气压传动的组成

液压传动以液体作为工作介质，气压传动以气体作为工作介质，都可以按组成传动系统的元件的功能分成四个部分，各部分的名称、所包含的主要液压元件及其作用见表 2-1。

表 2-1 液压、气压传动系统的组成及各部分作用

传动形式		组　成	作　用
液压传动	动力元件	液压泵	将机械能转换为液压能，用以推动执行元件运动
	执行元件	液压缸、液压马达	将液压能转换为机械能并分别输出直线运动和旋转运动
	控制元件	压力阀、方向阀、流量阀、电液比例阀、逻辑阀、电液数字阀、电液伺服阀等	控制液体压力、流量和流动方向
	辅助元件	油管、接头、油箱、滤油器、密封件等	输送液体，储存液体，对液体进行过滤、密封等
气压传动	气压发生装置	空气压缩机、气源净化装置	将机械能转化为空气的压力能；降低压缩空气湿度，除去压缩空气中水分、油分
	执行元件	气缸、气马达、摆动马达	将压缩空气的压力能转变为机械能，并分别输出直线运动、连续回转和不连续回转运动
	控制元件	压力阀、方向阀、流量阀、逻辑元件、射流元件行程阀、转换器、传感器等	控制压缩空气压力、流量和流动方向
	辅助元件	分水滤气器、油雾器、消声器及管路附件等	使压缩空气净化、润滑、消声及用于元件间连接等

2．液压与气压传动的特点

液压传动可以实现无级调速，传动平稳，它的执行元件能输出较大的力或转矩，操纵方便，布局灵活。液压元件易与电气控制结合，实现自动化和遥控，所以在机床、冶金机械、矿山机械、起重运输机械、建筑机械、塑料机械、农业机械等设备上都普遍采用液压传动。

　　气压传动比液压传动传递的动力小，运动平稳性差，但它阻力损失较小，能用于较远距离的传输，特别在易燃、易爆、多尘埃、辐射等恶劣环境中，气压传动比液压传动、电子、电气控制优越。它广泛用于生产自动化的各个领域，如汽车制造、自动化生产线以及包装自动化等多个方面。

第三节　检测与传感装置

为了实现机电设备的自动控制，必须对设备的运行过程进行监控，及时掌握各种相关信息，才能保证设备正常运行。检测与传感装置的作用就是及时检测各种物理量，并将测得的数据转化为电信号输送到信息处理部分。例如，用数控机床加工一个工件，我们要对其生产的全过程实行监控，不断地采集设备工作状态、工作完成情况、产品质量等多方面的信息，对主电动机的转速、切削刀具、切削用量等不断地进行检测，然后由计算机对整个生产过程实行自动控制。又如日常生活使用的设备、设施中，对冰箱、空调器、微波炉的温度检测，对旅馆、饭店烟雾的检测，对照明系统照明亮度的检测，对高层住宅的给水设备供水压力的检测等，都离不开检测与传感装置。此外，海洋探测、宇宙飞行器、工业区机器人等高精尖技术中，更离不开自动检测技术。

一、自动检测系统的组成

自动检测系统如图 2-8 所示，传感器完成信息的采集、测量，转换电路将采集的信号变换成电路可以识别的信号，并将被测量记录或显示出来，这样就可以对被测量的大小和变化进行监控。

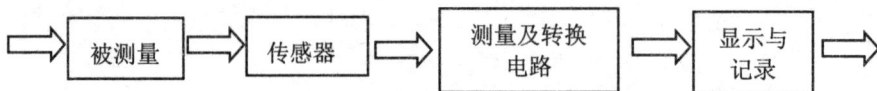

图 2-8　自动检测系统框图

二、自动检测技术的发展

1. 传感技术的发展

传感器是自动检测系统中的重要元件。现代机电设备对传感器的要求越来越高，它不断采用新材料、新原理、新结构，向高稳定、高精度、高可靠性方面发展。同时，为了使传感器使用更方便，安装位置更灵活，环境适应性更强，传感器还要向小型、集成、抗腐蚀和智能化方向发展。例如，仿生传感器可以使机电设备具有人的某些功能，应用于"电子眼""机械手"等设备中。

2．测量及转换电路的发展

测量及转换电路是将传感器采集到的非电量信号换成电信号，并对这些不断变化的电信号进行处理。所以，测量及转换电路的性能直接关系到整个检测系统的准确性、快速性和抗干扰性。目前检测装置电路已由模拟式向数字式转化，并向计算机控制的智能化方向发展，它具有自动校准、自动定时测量、自动误差修正、故障自检等诸多功能。

三、几种常用传感器的应用实例

1．电阻式传感器

电阻式传感器在不同的外界条件下，所用材料的电阻值会发生相应的变化，如受到机械力、光照、热或环境中特殊气体的影响时，会出现不同的阻值。利用电阻传感器的这一特点，可以检测出物体所受的压力、产生的形变、温度和湿度的变化以及所受周围环境中气体的影响。

电阻式传感器应用最广泛。图 2-9 所示为应用光敏电阻制作的调光灯电路，RG 为光敏电阻。当外界环境光线较强时（白天），RG 阻值较小，双向可控硅 VS 的导通角较小，灯 L 两端电压降低，亮度减小。反之，外界环境光线较弱（夜晚），RG 阻值增大，VS 的导通角增大，灯 L 两端电压较高，灯就较亮。

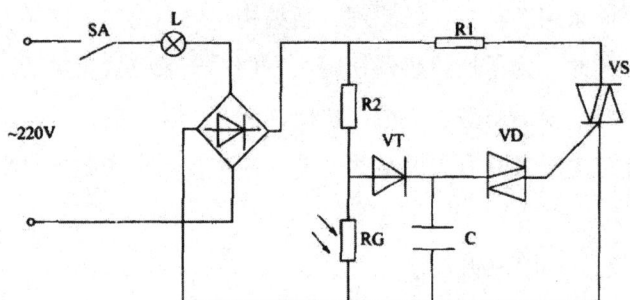

图 2-9　光敏电阻传感器工作原理

2．电容式传感器

电容式传感器可以将被检测物理量（一般是非电量）的变化，转化为电容量的变化，而电容量的变化又可以通过测量电路检测出来，从而检测出所要检测的物理量。电容式传感器的应用范围很广，它可以测量位移、压力、加速度、液位、物体的厚度、所承受的载荷等。

图 2-10 为测量金属板厚度的电容式传感器的工作原理。将金属板置于电容两极板中间，由于金属板的存在，将检测电容分割成两个相等容量的电容，当金属板变化时，总电容量会相应变化。该电容量的变化可被检测出来，经放大电路最终将金属板的厚度由显示器显示或记录在记录仪上。

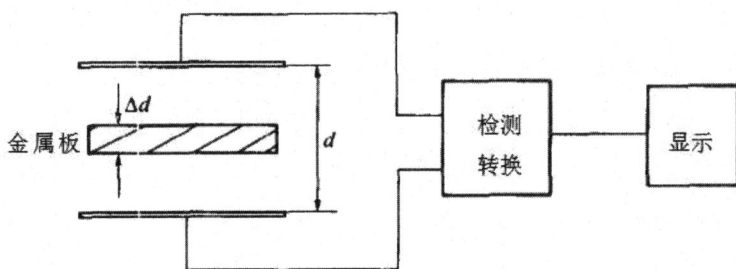

图 2-10　电容式传感器的工作原理

3．电感式传感器

电感式传感器可将被测非电量的变化，转换为线圈电感系数或互感系数的变化，使整个线圈的电感发生改变，再经转换电路变换成电压或电流信号，从而实现检测的目的。电感式传感器可以实现位移、振动、转速、物体厚度的测量。

4．光电式传感器

光电式传感器的工作原理是利用某些物质具有的光电效应，将光传导转换成电信号实现检测。在测量时，传感器与被测物体之间可以不接触，响应快，抗干扰性强。这种传感器可用来检测物体的转速、高温物体的温度，还可以制成光电耦合器、光电开关等。

5．数字式传感器

数字式传感器有编码式传感器、光栅传感器、磁栅传感器及感应同步器等，它可将被测非电量以数字方式显示而实现检测。它具有检测精度高、抗干扰性强、易于实现测量数据的计算机处理等优点，在数控机床等机电一体化设备中用来测量转速、位移、方向或用来计数等。

第四节 控制系统

控制系统是现代机电设备中重要的组成部分之一，主要用来实现控制及信息处理功能。机电设备中其他部分的功能也要在控制系统的控制和协调下才能实现。

一、控制系统的组成

控制系统由控制装置、执行机构、被控对象和检测装置等部分构成。被控对象在控制装置的控制和执行机构的驱动下,按照预定的规律或目的运行。在实际应用中，控制对象不同，控制装置在原理和结构上会有千差万别，比如全自动洗衣机上的控制系统与复杂的柔性制造系统的控制系统或航天飞机的自动控制系统是完全不同的，但它的基本构成都可以用图 2-11 来表示。

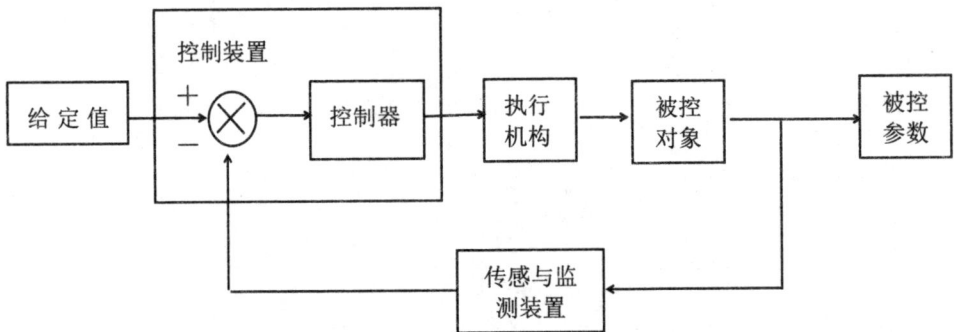

图 2-11 控制系统的基本构成

二、电气控制系统的分类

1. 按电气控制系统所用器件分类

（1）电器控制。电器控制又称继电器-接触器控制，是最早出现的控制系统。因其结构简单，价格便宜，能满足生产机械的一般要求，目前仍得到广泛应用。

（2）电子及半导体控制。电子及半导体控制装置已经从分立元件发展到大规模集成电路，它是使控制系统实现无触点、连续、弱电化、计算机控制的重要部件。

2．按电气控制系统工作原理分类

（1）逻辑控制。由电气控制装置完成电动机启动、制动、正反转或有级变速。控制信号可以来自传统的主令电器，也可以来自可编程控制器。

（2）连续速度调节。用各种电子电路连续改变电动机转速，可以是模拟控制、数字控制或模拟/数字混合控制。

三、几种常用的控制系统介绍

1．继电器-接触器控制

继电器-接触器控制是按开关量进行工作并完成一定逻辑动作的控制。它最普遍的形式是用刀开关、继电器及接触器实现对电动机启动、正反转、制动、点动、顺序的控制，是一种有触点的控制。这种控制系统有以下特点：

（1）能满足电动机的动作要求，如能够实现启动、制动、反转或在一定范围内平滑调速。

（2）各电气元件可按一定的顺序准确动作，抗干扰性强，不易发生误动作。

（3）设有安全保护电路，在电路发生故障时能实施保护，防止事故扩大化。

（4）可采用自动和手动两种控制方式，维护和操作方便。

（5）线路短，元件少，结构简单，故障率低，经济性较好。

但继电器-接触器控制动作缓慢，触头易烧蚀，寿命短，可靠性差，另外它体积大，耗电量多，尤其在计算机控制中，不能实现与计算机对话。

在继电器-接触器控制系统中，所使用的电器结构简单，一般包括：控制电器，用来控制电动机的启动、制动、反转和调速，如磁力启动器、接触器、继电器等；保护电器，用来保护电动机和电路中一些重要元器件，如熔断器、过电压和过电流保护电器等；执行电器，用来操纵或带动机械装置运动。

2．可编程控制器

目前，可编程控制器（PLC）广泛应用于性能较为先进的机电设备控制系统中。

（1）PLC 的组成与工作原理。PLC 的硬件系统主要由中央处理器（CPU）、输入/输出模块、编程器、外围设备和电源组成。

来自生产现场设备的输入信号，包括开关量（如按钮、行程、继电器的动作信号）和模拟量（如电压、温度、压力、流量），经输入模块送入中央处理器（CPU），由用户程序（包括逻辑运算、定时、计数、比较、数据的存取及传输等指令）解读，完成用户程序所规定的控制任务，并按照输入和输出信号进行逻辑判断，用其结果驱动输出模块（对输出信号进行电压或电流转换及隔离，以保护 PLC），控制继电器、电磁阀或电动机的动作，从而完成对机电设备的控制。

中央处理器（CPU）由处理器和存储器组成，用于执行用户程序、完成运算、数据处理存储等。常用的 CPU 有 MC6800、8085、8086、MCS-48、MCS-51 等。CPU 按循环扫描方式工作，读取输入、解读用户程序及为用户提供服务，每扫描一次，用户程序就被执行一次。

存储器用于存储系统程序、用户程序和系统数据。常用的存储器有随机存储器（RAM）、可擦只读存储器（EPROM）、电可擦只读存储器（E^{2}PROM）等。每个 PLC 上都装有电池，以防断电时丢失数据。

输入/输出模块（I/O 模块）是生产现场设备和 PLC 之间的接口装置，分为开关量 I/O 模块及模拟量 I/O 模块。开关量电压可用直流 12V、24V、48V，交流 115/230V，输入电流 20mA，输出电流可达 0.5～4A。每个 I/O 模块的输入（输出）接口数为 4、8、16、32 以至几十、几百，且均装有发光二极管 LED 作为工作状态指示。

编程器是用来编写、输入、调试用户程序的装置，并可以监视程序的执行。编程器由键盘、显示屏、智能处理器组成，没有光电隔离和滤波电路作为保护，发光二极管和液晶显示常用于小型机，大型机用 CRT 显示。键盘有触摸式和按键式。编程器使用时直接插在 PLC 主机上，就可以完成程序的输入，用后拔掉，使用非常方便。

（2）PLC 的特点。

①PLC 可以很方便地替代复杂的继电器控制（一些主电动机的启动仍然需要接触器），提高安全可靠性和劳动生产率。

②当工艺流程改变而需要改变控制时，只要更改 PLC 的软件即可，无需对整个低压控制线路进行改造，为设计和使用提供了方便。PLC 可与传感器、开关、执行元件直接连接，不用另加接口电路。

③编程方程比较简单，程序可读性强。

④抗干扰性强，运行可靠，平均无故障时间可达数万小时，并且可以在恶劣环境中使用（工作室温 0～60℃，存放室温 - 40～80℃，相对湿度 95%）。

⑤体积小。有些 PLC 采用模块式结构，组态灵活，维修费用低。

3．直流调速系统

机电设备中的电动机，往往需要以不同的速度运转，因此要求电动机的速度可以调节。直流电动机具有良好的调速性能。这里主要介绍自动调速系统（即连续控制系统）。

直流电动机的调速方法有改变电枢回路电阻调速、改变电枢电压调速和改变磁通调速。不同的调速方法各有其性能特点。

无论是改变电枢电压或改变磁通调速，都需要一个可靠的直流电源。随着大功率的电力半导体器件的发展，脉宽调制（PWM）的直流调速系统在直流传动中得到普遍应用。脉宽调制变换器也称直流斩波器，它利用电力半导体器件（如晶闸管、场效应管）的开关作用，将直流电源电压转换成高频（数千赫以上）的方波电压加在直流电动机的电枢上，通过对方波电压宽度的控制，改变加在电枢上的平均电压，从而调节电动机的转速。

4．交流调速系统

由于交流电动机有直流电动机不可比拟的优点，目前交流调速技术得到很大发展。交流电动机的调速有改变极对数 p、改变转差率 S 和改变电源频率 f 等几种方法。改变极对数调速只能实现有级调速，应用范围受到限制。

改变转差率 S 的调速方法应用比较广泛,如调压调速和电磁转差离合器调速。但当前技术先进、最有发展前途的是改变电源频率 f 的调速方法。

改变电源频率 f 的调速方法又称变频调速。变频调速的效率高,调速范围广、精度高。各种输出功率的变频器已经作为电子产品在市场上销售,在中小型电动机上应用十分方便。

变频调速可分为交-直-交变频调速与交-交变频调速。前者称为间接变频调速,即交流电通过整流器变为直流电,再经逆变器将直流电变为频率、电压可变的交流电,使电动机实现调速。后者称为直接变频调速,它将固定频率的交流电直接变为频率、电压可调的交流电,使电动机实现调速。

目前,晶闸管交-直-交间接变频技术较为成熟,它主要采用三种方式实现变频。方法一,用可控整流器将交流电压变为直流电压,并实现调压,再经逆变器将直流电压变成与输入不同频率的交流电压。方法二,用不可控整流器将交流电压变换为直流电压,再由逆变器变成不同频率的交流电压。方法三,用不可控整流器将交流电压变为直流电压,再用脉宽调制(PWM)逆变器调压调频,输出另外一种频率的交流电。

四、电动机常用的控制系统

(1)采用长时工作制,一般不需要调速,负载平稳(如电动机、泵类),带负载时启动不困难的电动机,一般采用交流电动机不调速,母线供电,继电器-接触器控制的控制系统。

对于上述使用要求,如果需要交流电动机调速,但调速范围不大,则可以采用双速或三速电动机,母线供电,继电器-接触器控制系统。这种控制系统成本低、可靠性较好。也可以采用串级调速,即采用绕线式电动机转子绕组串电动势调速。这种控制系统成本低,但电动机损耗大。还可以采用交-直-交变频系统。这种控制系统调速性能好,但成本高。

(2)需要长时间工作,一般情况下不需要调速,负载平稳,但启动较困难,工作转速低(如球磨机、橡胶磨)的电动机,一般采用以下控制系统:

①采用母线供电、电器控制、不调速的交流电动机。这种控制系统成本

高、噪声大、磨损严重，但维修方便。

②采用大功率变频供电系统。其优点是噪声低，不易磨损减速机，但要求较高的运行维护技术。

（3）工作时间比较长，生产时也不需要调速，但某些情况下，有调速需要的电动机，如轧钢机轧钢时不需要调速，但在改变生产品种时，要求改变机械的速度，从而要求电动机调速。如果用于调速精度要求不太严格，调速范围变化不大的机械，电动机常用的控制系统是：

①直流不可逆调速。这种调速方式经济适用，并可满足生产需要。

②交-直-交变频调速。这种调速方式成本较高，性能较好。

（4）有些宽调速类电动机，例如，机床进给机构中的电动机，要求调速范围 D 在 100 至 10000 之间（$D = n_{max}/n_{min}$，其中，n_{max} 为最高转速，n_{min} 为最低转速）。同时，在最低速时仍要求保持平稳运行，并保持一定转速变化率（转速变化率 $S = (n_0 - n)/n \times 100\%$，其中，$n_0$ 为空载转速，n 为额定负载时的转速）。这种情况下，常用的控制系统是：

①交流调速，如采用交-直-交调速系统。

②直流调速。在直流调速中，双极型功率晶体管（GTR）的脉宽调制（PWM）控制比普通晶闸管效果好。

（5）龙门刨、挖土机等机电设备中的电动机，工作时频繁启动、制动、加减速、正反转，要求控速系统具有快速性，但转速变化率不大于 20，而且经常过负荷。为使电动机不受损害，一般采用变频调速。

（6）随动伺服类机械装置中，如数控机床的工作台、机床刀具的定位及自动跟踪系统等，机械的位置、转角和速度跟随给定量变化，因此要求拖动它的电动机响应速度快。此类机械一般所需要的功率不大，可采用直流调速系统或交-直-交变频调速。

（7）提升机械，如电梯、卷扬机和起重设备，是具有位势负载的机械。它们的特点是：提升负载时，电动机转矩方向与转速方向相同，负载中储存势能；下放负载时，负载转矩大于平衡重转矩，负载释放势能转化成为动能，负载拖着机械和电动机转动，此时电动机的转矩方向和实际转速方向相反。要求电动机有良好的速度跟随性，使机械按给定的速度图运行。

其电动机的调速有直流调速、交流调速、交-直-交变频调速、交-交变频调速四种形式。

（8）高速运行（3000r/min 至每分钟几万、几十万转）的电动机必须采用特殊的高速电动机直接驱动。

第三章　机电设备应用举例

第一节　普通车床

一、CA6140 型卧式车床概述

1．车床的工艺范围

CA6140 型卧式车床的工艺范围很广，它能完成多种多样的加工工序，加工各种轴类、套筒类和盘类零件上的回转表面，如车削内、外圆柱面、圆锥面、环槽及成型回转面；车削端面及各种常用螺纹；还可以进行钻孔、扩孔和滚花等。

CA6140 型卧式车床应用范围很广，但结构较复杂而且自动化程度低，在加工形状复杂的工件时，换刀较麻烦，加工过程中的辅助时间较多，所以适用于单件、小批生产及修理车间使用等。

2．车床的运动

为了加工出各种回转表面，车床必须能进行旋转运动和刀具的移动。工件的旋转运动是车床的主运动，其转速常以 n（单位为 r/min）表示。主运动是实现切削最基本的运动，它的运动速度较高，消耗的功率较大。刀具的移动是车床的进给运动。刀具可以作平行于工件旋转轴线的纵向进给运动（车圆柱表面）、作垂直于工件旋转轴线的横向进给运动（车端面）、作与工件旋转轴线成一定角度方向的斜向运动（车圆锥表面）或作曲线运动（车成形回转表面）。进给量常以 f（单位为 mm/r）表示。进给运动的速度较低，所消耗的功率也较少。主运动和进给运动是形成被加工表面形状所必需的运动，称为表面成形运动。

此外，车床还具有一些辅助运动。例如，刀具的切入和退出，在卧式车床上由人工移动刀架来完成。为了减轻劳动强度和节省移动刀架所耗费的时间，该车床还具有由电动机驱动的刀架纵向和横向的快速移动。又如，刀架的转位、工件的夹紧与放松等也都属于辅助运动。

3．车床的总布局与组成

机床的总布局体现了机床各主要部件之间的相互位置关系，以及它们之间的相对运动关系。CA6140型卧式车床的加工对象主要是轴类零件和直径不太大的盘类零件，故采用卧式布局。为了适应工人用右手操纵的习惯和便于观察、测量，主轴箱布置在左端。

图3-1是CA6140型卧式车床的外形图，其主要组成部件及功能如下：

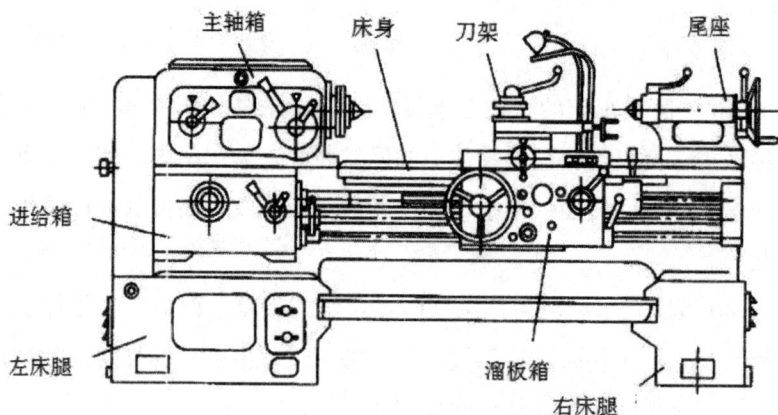

图3-1　CA6140型卧式车床外形图

主轴箱又称床头箱，固定在床身的左边，其内部装有主轴和变速传动机构。工件通过卡盘等夹具装夹在主轴前端。主轴箱的功用是支承主轴并把动力经变速运动机构传给主轴，使主轴带动工件按规定的转速旋转，以实现主运动。

进给箱又称走刀箱，固定在床身的左端前侧，其内装有进给运动的变速机构。进给运动由光杠或丝杠传出。进给箱的功用是改变进给量或加工螺纹的导程。

溜板箱位于床身前面，固定在刀架的最下层纵向溜板下面，可与刀架一起作纵向运动。溜板箱的功用是把进给箱传来的运动传递给刀架，使刀架实现纵向进给、横向进给、快速移动或车螺纹。在溜板箱上装有各种操纵手柄和按钮,工作时工人可以方便地操纵机床。

刀架安装在床身的中部,刀架由纵滑板、横滑板、上滑板和方刀架组成。它可沿床身上的导轨作纵向移动。它的功用是装夹车刀,实现纵向、横向或斜向进给运动。

尾座安装在床身右边的尾座导轨上,可沿导轨纵向调整其位置。它的功用是用后顶尖支承长工件,也可以安装钻头、铰刀等工具进行孔加工。

床身安装在左床腿和右床腿上。在床身上安装着机床的各个主要部件。床身的功用是支承机床的各主要部件,使它们在工作时保持准确的相对位置。

4. 车床的主要技术性能

床身上最大工件回转直径	400mm
中滑板上最大工件回转直径	210mm
最大工件长度(四种规格)	750,1000,1500,2000mm
主轴转速:正转(24级)	10～1400r/min
反转(12级)	14～1580r/min
进给量:纵向(64级)	0.028～6.33mm/r
横向(64级)	0.014～3.16mm/r
车削螺纹范围:米制螺纹	1～192mm
英制螺纹	2～24牙/in
蜗杆模数	0.25～48mm
蜗杆径节	1～96牙/in
主电动机功率	7.5kW

二、车床的传动系统

车床的运动是由动力源通过传动系统实现的。把执行件和动力源(例如,主轴和电动机),或者把执行件和执行件(例如,主轴和刀架)之间连接起来,这种传动联系称为传动链。根据传动联系的性质,传动链可以分为两类:

第一类是外联系传动链。它是联系动力源(如电动机)和机床执行件(如主轴、刀架、工作台等）之间的传动链。这样的传动链使执行件得到运动，而且运动的速度和方向能够改变，动力源和执行件之间没有准确的传动关系要求。

第二类是内联系传动链。它是联系运动相关的各执行件之间的传动链。传动链所联系的执行件相互之间的相对速度（即相对位移量）有严格的要求，各传动副的传动比必须准确，以保证执行件的运动轨迹。

例如，车削螺纹时，从电动机到车床主轴的传动链就是外联系传动链，它只决定车螺纹速度的快慢，而不影响螺纹表面的成形。为了保证所加工螺纹的导程，当主轴（工件）转一周时，车刀必须移动螺纹的一个导程，所以从主轴到刀架之间的螺纹传动链是一条传动比有严格要求的内联系传动链。

机床的传动比是指传动副的被动轮转速 $n_{被}$ 与主动轮转速 $n_{主}$ 之比，用 u 表示。对于带传动，$u = \dfrac{n_{被}}{n_{主}} = \dfrac{\pi D_{主}}{\pi D_{被}} = \dfrac{D_{主}}{D_{被}}$；对于齿轮传动，$u = \dfrac{n_{被}}{n_{主}} = \dfrac{D_{主}}{D_{被}} = \dfrac{z_{主}}{z_{被}}$，其中，$D$ 为轮的直径，z 为齿数。

机床传动系统图是表示机床全部传动关系的示意图。图中各种传动元件用简单的规定符号（详见国家标准 GB/T 4460-1984），按照运动传递的先后顺序，以展开图的形式画出来的。机床传动系统图尽可能绘制在机床的外形轮廓线内，为了把一个立体的传动结构展开绘在一个平面上，有时不得不把一根直轴绘成折断线或弯曲线。对于展开后失去联系的传动副，用括号或虚线连接起来，以表示它们的传动联系。该图只表示传动关系，不代表各传动元件的实际尺寸和空间位置。CA6140 型卧式车床的传动系统图如图 3-2 所示。

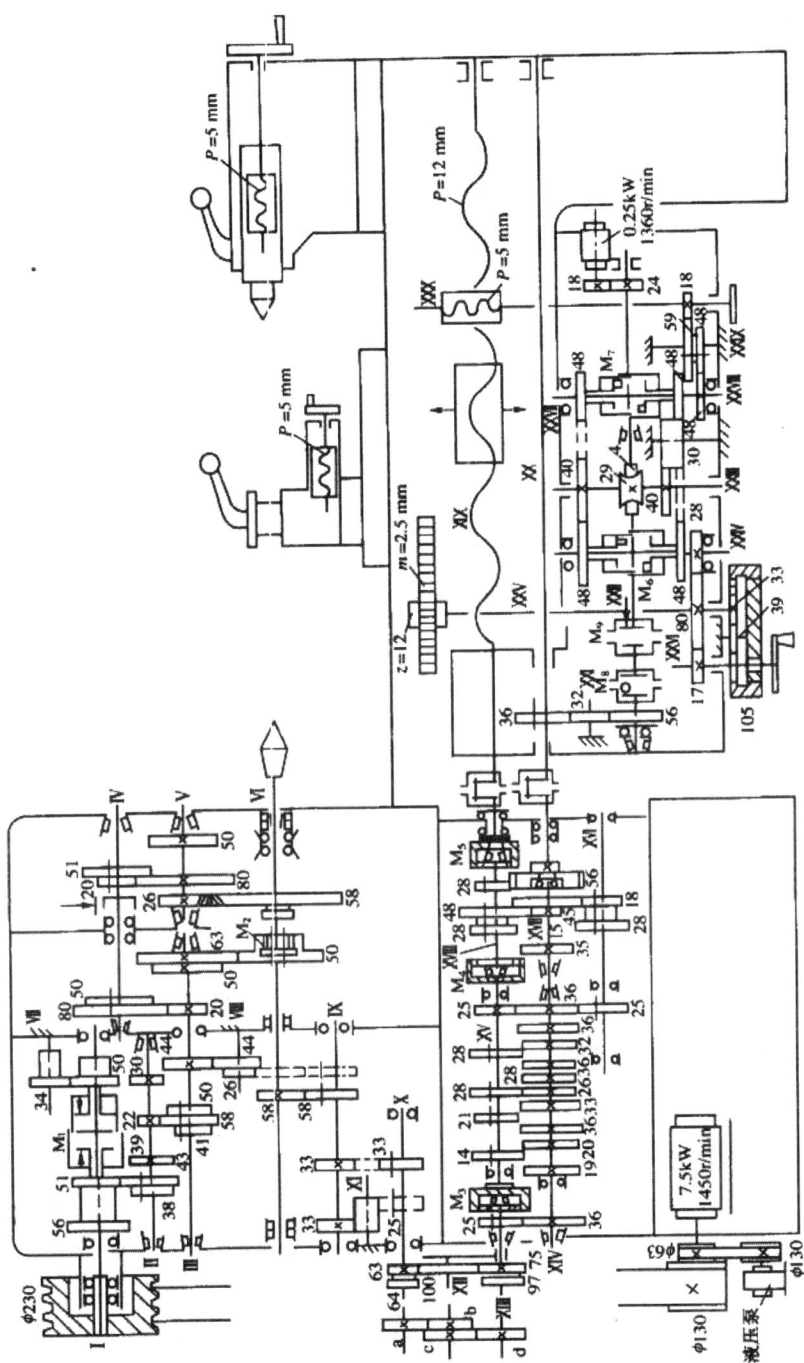

图 3-2　CA6140 型卧式车床传动系统图

根据机床传动系统图分析机床的传动关系时，首先应弄清楚机床有几个执行件，工作时有哪些运动，它的动力源是什么，然后按照运动的传递顺序，从动力源至执行件，依次分析各传动轴之间的传动结构和传动关系。在分析传动结构时，应特别注意齿轮、离合器等传动件与传动轴之间的连接关系（如是固定、空套还是滑移），从而找出运动的传递关系。下面按此方法分析 CA6140 型卧式车床的传动链。

1．主运动传动链

主运动传动链的两端件是主电动机与主轴，它的功用是把动力源（电动机）的运动及动力传给主轴，使主轴带动工件旋转实现主运动，并满足机床变速和换向的需要。

（1）传动路线。运动由电动机（7.5kW，1450r/min）经 V 带传动的传动副 $\dfrac{\phi130}{\phi230}$ 传至主轴箱中的轴 I。在轴 I 上装有双向多片摩擦离合器 M_1。M_1 的作用是使主轴正转、反转或停止，当压紧离合器 M_1 左部的摩擦片时，轴 I 的运动经齿轮副 $\dfrac{56}{38}$（数字为两齿轮的齿数，下同）或 $\dfrac{51}{43}$ 传给轴 II，从而使轴 II 获得两种转速。当压紧离合器 M_1 的右部摩擦片时，轴 I 的运动经右部摩擦片及齿轮 Z_{50}（表示齿数为 50 的齿轮，下同）传给轴 VII 上的空套齿轮 Z_{34}，然后再传给轴 II 上的固定齿轮 Z_{30}，使轴 II 转动。由于轴 I 至轴 II 的传动中多经过一个中间齿轮 Z_{34}，因此，此时，轴 II 的转动方向与经 M_1 左部传动时相反，反转转速只有一种。当离合器 M_1 处于中间位置时，其左部和右部的摩擦片都没有被压紧，空套在轴 I 上的齿轮 Z_{56}、Z_{51} 和齿轮 Z_{50} 都不转动，轴 I 的运动不能传至轴 II，因此主轴也就停止转动。

轴 II 的运动可分别通过三对齿轮副 $\dfrac{22}{58}$、$\dfrac{30}{50}$ 或 $\dfrac{39}{41}$ 传至轴 III，因而正转共有 2×3＝6 种转速。运动由轴 III 传到主轴 VI 有两条传动路线：

①高速传动路线。主轴上的滑移齿轮 Z_{50} 移至左端，使之与轴 III 上右端的齿轮 Z_{63} 啮合，于是运动就由轴 III 经齿轮副 $\dfrac{63}{50}$ 直接传给主轴，使主轴得到 450～1400r/min 的 6 种高转速。

②低速传动路线。主轴上的滑移齿轮 Z_{50} 移至右端，使主轴上的齿式离合器 M_2 啮合，于是轴Ⅲ的运动就经齿轮副 $\frac{20}{80}$ 或 $\frac{50}{50}$ 传给轴Ⅳ，然后再由轴Ⅳ经齿轮副 $\frac{20}{80}$ 或 $\frac{51}{50}$ 传给轴Ⅴ，再经齿轮副 $\frac{26}{58}$ 和齿式离合器 M_2 传给主轴，使主轴获得 10～500r/min 的低转速。

为简便起见，可以把上面的传动路线用传动路线表达式来表示：

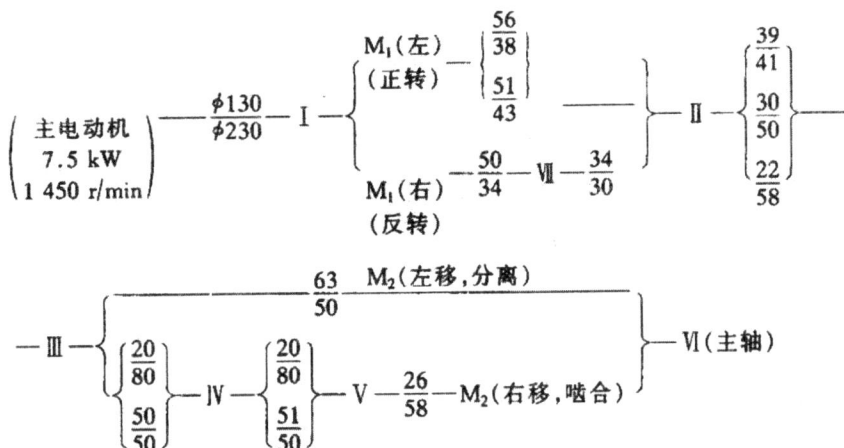

$$
\left(\begin{array}{c}\text{主电动机}\\ 7.5\ \text{kW}\\ 1\ 450\ \text{r/min}\end{array}\right) - \frac{\phi130}{\phi230} - \text{I} \left\{\begin{array}{c}M_1(左)\\(正转)\\ \\ M_1(右)\\(反转)\end{array}\right. \begin{array}{c}\left\{\begin{array}{c}\dfrac{56}{38}\\ \\ \dfrac{51}{43}\end{array}\right.\\ \\ -\dfrac{50}{34}-\text{Ⅶ}-\dfrac{34}{30}\end{array}\right\} - \text{Ⅱ} \left\{\begin{array}{c}\dfrac{39}{41}\\ \\ \dfrac{30}{50}\\ \\ \dfrac{22}{58}\end{array}\right\}
$$

$$
-\text{Ⅲ} \left\{\begin{array}{c}\dfrac{63}{50}\ M_2(左移,分离)\\ \\ \left\{\begin{array}{c}\dfrac{20}{80}\\ \\ \dfrac{50}{50}\end{array}\right. - \text{Ⅳ} \left\{\begin{array}{c}\dfrac{20}{80}\\ \\ \dfrac{51}{50}\end{array}\right. - \text{Ⅴ} - \dfrac{26}{58} - M_2(右移,啮合)\end{array}\right\} - \text{Ⅵ}(主轴)
$$

由传动系统图和传动路线表达式可以看出，主轴正转时，利用各滑动齿轮轴向位置的各种不同组合，共可得到 $2\times3\times(1+2\times2)=30$ 种传动主轴的路线。从轴Ⅲ到轴Ⅴ的 4 条低速传动路线的传动比为：

$$u_1 = \frac{20}{80}\times\frac{20}{80}=\frac{1}{16} \qquad u_2 = \frac{20}{80}\times\frac{51}{50}\approx\frac{1}{4}$$

$$u_3 = \frac{50}{50}\times\frac{20}{80}=\frac{1}{4} \qquad u_4 = \frac{50}{50}\times\frac{51}{50}\approx 1$$

其中，u_2 和 u_3 基本相同，所以实际上只有 3 种不同的传动比。因此，运动经由低速传动路线时，主轴实际上只能得到 $2\times3\times(2\times2-1)=18$ 级转速。加上由高速路线传动获得的 6 级转速，主轴总共可获得 $2\times3\times(1+3)=24$ 级转速。

同理，主轴反转时有 $3\times[1+(2\times2-1)]=12$ 级转速。

主轴各级的转速，可根据主运动传动时所经过的传动件的运动参数（如带轮直径、齿轮齿数等），利用轮系的传动比计算求出。计算时注意"找两端，连中间"，即首先应找出此传动链两端的末端件，然后再找它们之间的传动联系。例如，对于车床的主运动传动链，首先应找出它的两个末端件——电动机和主轴，然后从两端向中间，找出它们之间的传动联系，列出运动平衡式，即可计算出主轴转速的数值。对于图 3-2 中所示的齿轮啮合位置，主轴的转速为：

$$n_主 = 1450 \times \frac{130}{230} \times \frac{51}{43} \times \frac{22}{58} \times \frac{20}{80} \times \frac{20}{80} \times \frac{26}{58} \, r/min = 10 \, r/min$$

同理，可以计算出主轴正转时的 24 级转速为 10～1400r/min，反转时的 12 级转速为 14～1580r/min。主轴反转通常不是用于切削，而是用于车削螺纹时，在完成一次切削后使车刀沿螺纹线退回，而不断开主轴和刀架间的传动链，以免在下一次切削时发生"乱扣"现象。为了节省退回时间，主轴反转的转速比正转转速高。

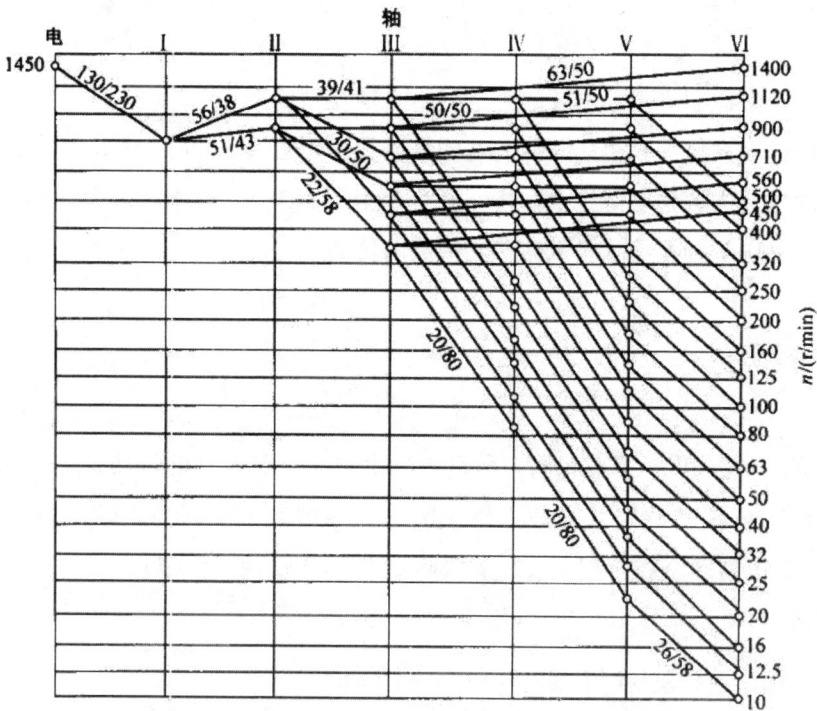

图 3-3 CA6140 型卧式车床主运动传动链的转速图

（2）转速图。图 3-3 是 CA6140 型卧式车床主运动传动链的转速图（转速分布图）。图中竖线代表传动轴。共有 7 条间距相等的竖线，分别用轴号"电、Ⅰ、Ⅱ、Ⅲ、Ⅳ、Ⅴ、Ⅵ"表示，并按照运动传递的顺序（从电动机到主轴）从左到右顺次地排列。横线代表转速值。由于主轴的各级转速通常是按照等比数列的规律排列的，所以图中的纵坐标采用对数坐标，这样可以使代表主轴各级转速的横线之间的间距相等。图中的 23 条横线由上至下依次表示由低至高的各级转速。注意，为了书写方便及阅读直观，在转速图中习惯上都略去符号"lg"直接写出转速值。竖线上的圆点（竖线与斜线的交点）表示传动轴实际具有的转速，每条竖线上的若干个小圆点（圆圈或黑点）表示各传动轴及主轴实际具有的转速。例如，代表轴Ⅵ（主轴）的竖线上有 24 个圆点，表示主轴的 24 级转速，即 10，12.5，16，20…，1400r/min。又如，代表电动机轴的竖线上只有一个圆点，表示电动机轴只有一个固定的转速（$n_电 = 1450r/min$）。竖线之间的连线代表传动副，连线的倾斜程度代表此传动副的传动比。例如，在电动机轴与轴Ⅰ之间只有一条向下斜的连线，表示在电动机轴与轴Ⅰ之间只有一对传动副（即 $\frac{130}{230}$ 的 Ⅴ 带传动），它的传动比为

$$u = \frac{n_被}{n_主} = \frac{n_Ⅰ}{n_电} = \frac{800}{1450}$$

又如，在轴Ⅱ与轴Ⅲ之间共有 6 条连线，但这 6 条连线只有 3 种不同的斜度，说明在轴Ⅱ与轴Ⅲ之间只有 3 种不同的传动比，即只有三对不同传动比的传动副（即齿轮副 $\frac{22}{58}$、$\frac{30}{50}$ 及 $\frac{39}{41}$）。这是因为，这里轴Ⅱ已有两级转速，经轴Ⅱ与轴Ⅲ之间的每一对齿轮副都可使轴Ⅲ得到 2 级转速经 3 对齿轮副传动，在转速图上就由 3 种不同斜度的 6 条连线来表示。

当传动副为减速时（$u<1$，$n_被<n_主$），连线从左到右向下斜；当传动副为加速时（$u>1$，$n_被>n_主$），连线从左到右向上斜。

所以，由图 3-3 我们可以清楚地了解到 CA6140 型卧式车床主运动传动链的传动和运动情况，这些情况包括：

①传动轴的数量及各轴传递运动的先后顺序。由图中可以看出，此传动

链共有 7 根传动轴，它们的传动顺序是电动机→Ⅰ→Ⅱ→Ⅲ→Ⅳ→Ⅴ→Ⅵ或
电动机→Ⅰ→Ⅱ→Ⅲ→Ⅵ。

②使主轴获得所需转速的变速组（每两轴之间的几对变速用传动副，称
为一个变速组）数量及每一变速组中的传动副对数（能变换的传动比种数）。
由图可以看出，主轴的 24 种转速，是利用轴Ⅰ到轴Ⅵ之间的各个滑动齿轮变
速机构改变传动比来实现的。

③各传动副的传动比。

④各轴的转速及转速级数。

第Ⅰ轴的转速　　n_I=800r/min；

第Ⅱ轴的转速　　n_{II}=950r/min 及 1180r/min，共 2 级；

第Ⅲ轴的转速　　n_{III}=360～1150r/min，共 6 级；

第Ⅳ轴的转速　　n_{IV}=90～1150r/min，共 12 级；

第Ⅴ轴的转速　　n_V=22.5～1120r/min，共 18 级；

第Ⅵ轴的转速　　n_{VI}=10～1400r/min，共 24 级。

⑤得到主轴各级转速的传动路线。例如，由图中可以看出，当主轴转速
为 1400r/min 时，传动路线为

$$电动机 - \frac{130}{230} - \frac{56}{38} - \frac{39}{41} - \frac{63}{50} - \quad (n_主 = 1400 \, r/min)$$

又如，当主轴转速为 25r/min 时，传动路线为

$$电动机 - \frac{130}{230} - \frac{51}{43} - \frac{39}{41} - \frac{20}{80} - \frac{20}{80} - \frac{26}{58} - \quad (n_主 = 25 \, r/min)$$

由于转速图能清楚而直观地表示传动链的运动和传动情况，所以它是认
识机床传动系统的有效工具。

2. 进给传动链

进给传动链是实现刀具纵向或横向移动的传动链。进给传动链的传动路
线（图 3-2）为：运动从主轴Ⅵ经轴Ⅸ（或再经轴Ⅸ上的中间齿轮 Z_{25} 使运动
反向）传至轴Ⅹ，再经过挂轮传至轴Ⅷ，然后传入进给箱。从进给箱传出的
运动，一条路线是经丝杠ⅩⅨ带动溜板箱，使刀架纵向运动，这是车削螺纹的
传动链；另一条路线是经光杠ⅩⅩ和溜板箱带动刀架作纵向或横向的机动进给

运动，这是一般机动进给的传动链。

当需要刀架快速接近或退离工件的加工部位时，可按下快速移动按钮，使快速电动机（0.25kW，1360r/min）启动。这时运动经齿轮副 $\frac{18}{24}$ 使轴 ⅩⅫ 高速转动，再经蜗杆副 $\frac{4}{29}$ 传到溜板箱内的转换机构，使刀架实现纵向或横向的快速移动，快移方向仍由溜板箱中双向离合器 M_6 和 M_7 控制。

为了缩短辅助时间和简化操作，在刀架快速移动时不必脱开进给运动传动链。这时，为了避免仍在转动的光杠和快速电动机同时将运动和动力传给轴 ⅩⅫ 而造成破坏，在齿轮 Z_{56} 与轴 ⅩⅫ 之间装有超越离合器 M_8。

三、车床的主要结构

1. 主轴箱

机床主轴箱是一个比较复杂的传动部件，其内部有多片摩擦式离合器、制动器及其操纵机构、主轴组件、变速操纵机构。

双向摩擦离合器装在轴 Ⅰ 上，左离合器传动主轴正转，用于切削加工；右离合器传动主轴反转，主要用于退刀。摩擦离合器除了靠摩擦力传递运动和转矩外，还能起过载保护的作用。当机床过载时，摩擦片打滑，就可避免损坏机床。

制动器（刹车）安装在轴 Ⅳ 上，它的功用是在摩擦离合器脱开时立刻制动主轴，以缩短辅助时间。

主轴是一个空心的阶梯轴。主轴内孔用于通过长的棒料或穿入钢棒打出顶尖，或通过气动、液压或电气夹紧装置的管道、导线。主轴前端的莫氏6号锥孔用于安装前顶尖，也可安装心轴，利用锥面配合的摩擦力直接带动顶尖或心轴转动。主轴后锥孔是工艺基准面。主轴前端采用短锥法兰式结构，用于安装卡盘或拨盘。主轴尾端的圆柱面是安装各种辅具（气动、液压或电气装置）的安装基面。

主轴箱中共有7个滑动齿轮块，其中5个用于改变主轴转速，1个用于车削左、右螺纹的变换，1个用于正常导程与扩大导程的变换。主轴箱中共有三套操纵机构分别操纵这些滑动齿轮块。图 3-4 是操纵机构的立体图。此操纵机构的变速手柄也装在主轴箱前侧。扳动变速手柄，通过扇形齿轮传动使操纵轴转动。在操纵轴的前、后端各固定着盘形凸轮 1 和 2。凸轮上标出的 6 个变速位置 1～6，分别与用红、白、黑、黄、蓝等色表示的 6 种变速位置相对应。

凸轮 1 的曲线槽中有三种不同的工作半径 $r_大$、$r_中$、$r_小$。凸轮 1 通过连杆及杠杆 1 操纵轴Ⅵ上的滑动齿轮 Z_{50}，使 Z_{50} 有左、中、右三种位置。

凸轮 2 的曲线槽中有三种半径不同的圆弧，它们的中心线分别处于半径为 R_1、R_2 及 R_3 的位置上。当杠杆 2 的滚子中心处于凸轮曲线中的 R_1 位置时，轴Ⅳ上左侧的双联滑动齿轮处于右端位置；杠杆 2 的滚子中心处于 R_2 位置时，此齿轮移到左端位置。当杠杆 3 的滚子中心处于 R_2 位置时，轴Ⅳ上右侧的双联滑动齿轮处于右端位置；而当滚子处于 R_3 位置时，则该齿轮处于左端位置。由此可知，只要将变速手柄扳至一定的位置，就可接通所需要的传动路线。

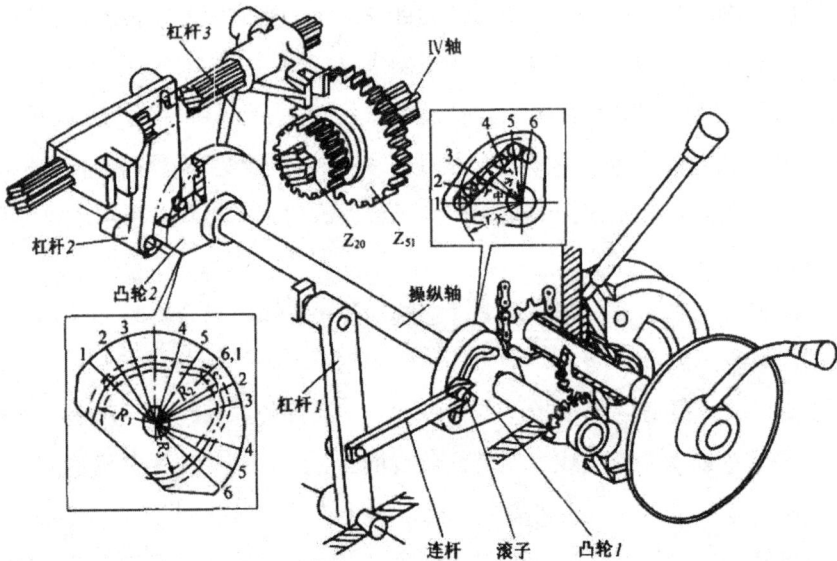

图 3-4 轴Ⅳ和Ⅵ上滑动齿轮的操纵机构

2. 进给箱

进给箱由以下几部分组成：变换螺纹导程和进给量的变速机构、变换螺纹种类的转换机构、丝杠和光杠的转换机构以及操纵机构等。

3．溜板箱

溜板箱主要由以下几部分组成：双向牙嵌式离合器 M_6 和 M_7 以及纵向、横向机动进给和快速移动的操纵机构、开合螺母及其操纵机构、互锁机构、超越离合器 M_8 和安全离合器 M_9 等。

开合螺母的功用是接通或断开从丝杠传来的运动。车螺纹时，将开合螺母扣合于丝杠上，丝杠通过开合螺母带动溜板箱及刀架。

纵向、横向机动进给及快速移动的操纵机构能实现刀架的进给和快速移动。纵向、横向机动进给及快速移动是由一个手柄集中操纵的。当需要纵向移动刀架时，向相应方向（向左或向右）扳动操纵手柄。如按下手柄上端的快速移动按钮，快速电动机启动，刀架就可向相应方向快速移动，直到松开快速移动按钮时停止。如向前或向后扳动操纵手柄，接通光杠或快速电动机，就可使横刀架实现向前或向后的横向机动进给或快速移动。操纵手柄处于中间位置时，离合器 M_6 和 M_7 脱开（图3-2），这时机动进给及快速移动均被断开。为了避免同时接通纵向和横向的运动，在盖上开有十字形槽以限制操纵手柄的位置，使它不能同时接通纵向和横向运动。

互锁机构是为了避免损坏机床，在接通机动进给或快速移动时，开合螺母不应闭合。反之，合上开合螺母时，就不许接通机动进给或快速移动。

超越离合器 M_8 装在溜板箱左端的齿轮 Z_{56} 与轴 XⅫ 之间（图3-2），它是为了避免光杠和快速电动机同时传动轴 XⅫ 而造成损坏。

安全离合器 M_9 是在进给过程中，当进给力过大或刀架移动受到阻碍过载时，刀架能自动停止进给，以避免损坏传动机构，所以安全离合器 M_9 亦称为进给的过载保险装置。

四、车床的电气控制原理

CA6140型车床的电气控制系统采用继电器-接触器控制方式。主轴的正反转用机械式双向多片摩擦离合器转换，主轴制动使用了摩擦轮。刀架的快速移动由快速电动机驱动。电气控制箱位于机床的左床腿内，主电动机在床身左后部，切削液泵装在右床腿处，快进电动机装在溜板箱内。

1. 主电路分析

主电路中有三台电动机：其中 M_1 为主轴电动机，带动主轴旋转和刀架作进给运动；M_2 为切削液泵电动机，输送切削液；M_3 为刀架快速移动用电动机。机床未设总熔断器，用户应在电源电路上装置熔断器 FU（40A），然后通过开关 QS 将三相电源引入机床。主轴电动机 M_1 由接触器 KM 控制，三相热继电器 FR_1 为主轴电动机的过载保护。切削液泵电动机 M_2 和刀架快速移动电动机 M_3 的容量都比较小，故采用中间继电器 KA_1、KA_2（ZJ7-44）控制。三相热继电器 FR_2 为切削液泵电动机 M_2 的过载保护，而刀架快速移动电动机 M_3 是短期工作，故未设过载保护装置。熔断器 FU_1 为电动机 M_2、M_3 等的短路保护。

2. 控制电路分析

控制变压器 TC 副边-分离绕组输出交流 110V 电压作为控制电路的电源。熔断器 FU_2 为控制电路的短路保护。

（1）主轴电动机 M_1 的控制。按下启动按钮 SB_2，接触器 KM 的线圈通电吸合，其在图区 2 中的三副主触头闭合，主电动机 M_1 得电启动运转，同时接触器 KM 的两副辅助动合触头也闭合，这样既使控制回路自锁，又为切削液泵电动机 M2 的启动做好准备。

（2）切削液泵电动机 M_2 的控制。电动机 M_2 与电动机 M_1 是联锁的。切削液泵只能在电动机 M_1 启动后，闭合开关 SA_1，继电器 KA_1 线圈通电吸合，使其在图区 4 中的三副动合触头闭合，电动机 M_2 启动，输送切削液。

按下停止按钮 SB_1，主轴电动机 M_1 停止，随之电动机 M_2 也停止。若此时不断开 SA_1，则在主轴电动机 M_1 恢复运转后，切削液泵电动机 M_2 也自行启动。

（3）刀架快速移动电动机 M_3 的控制。电动机 M_3 的启动、停止，是由装在床鞍滑板旁快慢速进给手柄内的快速移动按钮 SB_3 来控制的。SB_3 与中间继电器 KA_2 组成点动回路。将手柄扳到所需的方向，按下按钮 SB_3 即可得到该方向的快速移动。

3. 信号、照明电路分析

信号电路和照明电路的交流电源 6V、24V，均由控制变压器 TC 供给。

熔断器 FU_3、FU_4 分别为这两个电路的短路保护。

信号灯 HL（滑板刻度环照明）亮，表示电源已引入机床。EL 为机床工作照明灯，使用时闭合控制开关 SA_2 即可。

五、CA6140 型卧式车床的常见故障

车床在使用过程中，不可避免会出现一些故障。故障出现前一般是有征兆的，当车床出现下列征兆时，就要注意及时对车床进行修理。

1. 加工工件质量不好反映的车床故障征兆

（1）车削工件时出现椭圆或棱圆（即多棱形）。

（2）车削时工件出现锥度。

（3）车外圆尺寸精度达不到要求。

（4）车外圆工件表面粗糙度达不到要求。

（5）精车圆柱表面时出现混乱的波纹。

（6）精车圆柱表面时在轴向出现有规律的波纹（每隔一定长度距离重复出现一段波纹）。

（7）精车圆柱表面时在圆周上出现有规律的波纹。

（8）精车外圆时，圆周表面上与主轴轴心线平行或成某一角度重复出现有规律的波形。

（9）精车外径时，圆周表面上在固定的位置有一节波纹凸起。

（10）粗车外径时，主轴每一转在圆周表面上有一处振痕。

（11）用小滑板移动作精车时，出现工件母线直线度降低或表面粗糙度值增大。

（12）工件精车端面后，出现端面振摆超差和有波纹。

（13）对精车后的工件端面，在工件未松夹前，在机床上用百分表测量车刀进给运动轨迹的前半径范围内，表面直线度发生读数差值。

（14）精车后的工件端面产生中凹或中凸。

（15）精车大端面工件时，在直径上每隔一定距离重复出现一次波纹。

（16）精车大端面工件时，端面上出现螺旋形波纹。

（17）车削螺纹时，螺距不均匀及乱纹（指小螺距的螺纹）。

（18）精车螺纹表面有波纹。

（19）用方刀架进刀精车锥孔时呈喇叭形（抛物线状）或表面粗糙度值大。

（20）刀具重复定位精度差。方刀架回转一周后，重复定位精度不能保持在 0.02mm 以内。

（21）用切刀车槽时（或对外径重切削时）产生振动，切出表面凹凸不平（尤其是薄工件）。

2. 机械系统、结构性能故障征兆

（1）重切削时主轴转速低于标牌上的转速，甚至发生停机现象。

（2）停机后主轴有自转现象或制动时间太长。

（3）主轴箱变速手柄杆指向转速数字的位置不准。

（4）主轴箱某一档或几档转动噪声特别大。

（5）车床纵向和横向机动进给动作不能实现。

（6）方刀架上的压紧手柄压紧后，或刀具在方刀架上固紧后，小滑板丝杠手柄摇动加重，甚至转不动。

（7）尾座锥孔内钻头、顶尖等顶不出来或钻头等锥柄受力后在锥孔内发生转动。

3. 液压、润滑系统故障征兆

（1）主轴箱油窗不供油。

（2）机床的润滑不良。

（3）主轴前法兰盘处漏油。

（4）主轴箱手柄座轴端漏油。

（5）主轴箱轴端法兰盘处漏油。

（6）溜板箱轴端漏油。

4. 电气系统故障征兆

（1）电源自动开关不能合闸。

（2）主轴电动机接触器 KM 不能吸合。

（3）主轴电动机不转。

（4）主轴电动机能启动，但自动空气断路器跳闸。

（5）主轴电动机能启动，但转动短暂时间后又停止转动。

（6）主轴电动机启动后，冷却泵不转。

（7）快进电动机不转。

（8）机床照明灯不亮。

六、车床的维护与保养

1．使用车床时必须注意的事项

（1）各箱体中润滑油不得低于各油标中心，否则会因润滑不良而损坏机床。

（2）所有润滑点必须按时注入干净的润滑油。

（3）经常注意观察主轴箱油窗，检查是否供油，确保主轴箱及进给箱有足够的润滑油。

（4）定期检查并调整 V 带的松紧度。

（5）每天工作前应使主电动机空转 1min，随后机床各部位也作空转，使润滑油散布至各处。

（6）主轴回转时在任何情况下均不得搬动变速手柄。

（7）丝杠只能在车削螺纹时使用，以保持其精度及寿命。

（8）使用中心架或跟刀架时，必须润滑中心架或跟刀架的支承面与工件的接触表面。

（9）溜板箱增加限位碰停时，碰停环装在转向杆上，并把它固定在刀架不碰到卡盘的位置上。

（10）在装夹工件前，必须先把嵌在工件中的泥砂等杂质清除掉，以免杂质嵌进滑板滑动面，加剧磨损或"咬坏"导轨。在装夹及校正一些尺寸较大、形状复杂而装夹面积又较小的工件时，应预先在工件下面的车床床面上安放一块木板，同时用压板或回转顶尖顶住工件，防止它掉下来砸坏床面。校正时，如发现工件的位置不正确或歪斜，切忌用力敲击，以免影响车床主轴的精度，而需先将夹爪、压板或顶尖略微松开，再进行校正。

2．工具和车刀的放置

工具和车刀不要放在床面上，以免碰坏导轨，如需要放的话，一般先在床面上盖上床盖板，把工具和车刀放在床盖板上。

3．车床的清洁保养

（1）在砂光工件时，要在工件下面的床面上用床盖板或纸盖住，并在砂光工件后，仔细擦净床面。

（2）在车铸铁工件时，应在溜板上装护轨罩盖，同时要擦去切屑能够飞溅到的一段床面上的润滑油。

（3）每班下班时，必须做好车床的清洁保养工作，防止切屑、砂粒或杂质进入车床导轨滑动面而把导轨"咬坏"或磨损导轨。

（4）在使用切削液前，必须清除车床导轨及切削液盛盘里的垃圾；使用后，要把导轨上的切削液擦干，并加机械润滑油保养。

4．车床的润滑

（1）车床采用 L-AN46 号全损耗系统用油润滑。主轴箱及进给箱采用箱外循环强制润滑。油泵由主电动机驱动，把油箱的润滑油打到主轴箱和进给箱内。开机后应观察主轴箱油窗检查是否供油。启动主电动机 1min 后主轴箱内应造成油雾，使各部位得到润滑油，主轴方可启动。进给箱上有储油槽，使油润滑到各点，最后流回油箱。主轴箱后端三角形滤油器应每周用煤油清洗一次。

（2）溜板箱下部是储油箱，油箱和溜板箱的润滑油在两班制的车间，约50～60 天更换一次，但第一次和第二次应为 10 天或 20 天更换，以便排出试车时未能洗净的污物。废油放净后，储油箱和油箱要用干净煤油彻底洗净。注入的油应用网过滤，油面不得低于油标中心线。床鞍和床身导轨的润滑是由床鞍内油盒供给润滑油的，每班加一次油，加油时旋转床鞍手柄将滑板移至床鞍后方或前方，在床鞍中部的油盒中加油，溜板箱上有储油槽由羊毛线引油润滑各轴承。蜗杆和部分齿轮浸在油中，当转动时造成油雾润滑各齿轮，当油位低于油标时应打开加油孔向溜板箱内注油。

（3）刀架和横向丝杠用油枪加油。床鞍防护油毡每周用煤油清洗一次，并及时更换已磨损的油毡。

（4）交换齿轮轴头有一油塞，每班拧动一次，使轴内的 2 号钙基润滑脂供应轴与套之间的润滑。

（5）床尾套筒和丝杠、螺母的润滑可用油枪每班加油一次。

（6）丝杠、光杠及变向杠的轴颈润滑由后托架的储油池内的羊毛线引油，每班注油一次。

（7）变向机构的立轴每星期应注油一次（在电器箱内）。

第二节　数控机床

数字控制是 20 世纪中期发展起来的一种自动控制技术,是用数字化信号进行自动控制的一种方法,简称数控(NC)。采用了数控技术的机床,或者说是装有数控系统的机床,称为数控机床。数控系统能自动阅读输入载体上事先给定的数字值,并将其译码,用来控制机床动作和加工零件。数控系统包括控制介质、数控装置和伺服装置。下面对数控机床的基本组成、分类、特点及应用范围作一概要介绍。

一、数控机床的组成

数控机床的种类繁多,但从组成一台完整的数控机床上讲,它由控制介质、数控装置、伺服装置、机床本体以及辅助装置组成。

1. 控制介质

控制介质是指将零件加工信息传送到数控装置去的信息载体。控制介质有多种形式,它随着数控装置的类型不同,常用的有穿孔纸带、穿孔卡、磁带、磁盘等。此外,有些数控机床采用数码拨盘、数码插销或利用键盘直接将程序及数据输入。随着 CAD/CAM 技术的发展,有些数控设备利用 CAD/CAM 软件在其他计算机上编程,然后通过计算机与数控系统通信,将程序和数据直接传送给数控装置。

2. 数控装置

数控装置是数控机床的控制中心。数控装置通常由一台通用或专用微型计算机构成。它由输入装置、运算控制器和输出装置等构成。输入装置接受控制介质上的信息,经过识别与译码之后,送到运算控制器。这些信息将作为控制与运算的原始依据。运算控制器根据输入装置送来的信息进行运算,并将控制命令送往输出装置。输出装置将运算控制器发出的控制命令送到伺服装置,经功率放大,驱动机床完成相应的动作。

3．伺服装置

伺服装置是数控机床的执行机构，包括驱动和执行两大部分。伺服装置接受数控系统的指令信息，并按照指令信息的要求带动机床的移动部件运动或使执行部分动作，以加工出符合要求的零件。指令信息是以脉冲信息体现的，每一脉冲使机床移动部件产生的位移量称为脉冲当量（常用的脉冲当量为0.001mm～0.01mm）。

目前数控机床的伺服装置中，常用的位移执行机构有功率步进电动机、直流伺服电动机和交流伺服电动机，后两者都带有光电编码器等位置测量元件。

4．机床本体

机床本体是数控机床的主体，是用于完成各种切削加工的机械部分，它是在原普通机床的基础上改进而得到的，具有以下特点：

（1）采用了高性能的主轴及伺服传动系统，机械传动结构简化，传动链较短。

（2）机械结构具有较高的刚度、阻尼精度及耐磨性，热变形小。

（3）采用高效传动部件，如滚珠丝杠副、直线滚动导轨等。

数控机床除有上述四个主要部分外，还有一些辅助装置和附属设备，如电器、液压、气压系统与冷却、排屑、润滑、照明、储运等装置，以及编程机、对刀仪等。

二、数控机床的分类

1．按控制系统的特点分类

（1）点位控制数控机床。点位控制数控机床的特点是只控制移动部件的终点位置，即控制移动部件由一个位置到另一个位置的精确定位，而对它们运动过程中的轨迹没有严格要求，在移动和定位过程中不进行任何加工。因此，为了尽可能减少移动部件的运动时间和定位时间，通常先以快速移动到接近终点坐标，然后以低速准确移动到定位点，以保证良好的定位精度。例如数控坐标镗床、数控钻床、数控冲床、数控点焊机、数控折弯机等都是点位数控机床。

（2）直线控制数控机床。直线控制数控机床的特点是刀具相对于工件的运动不仅要控制两点之间的准确位置（距离），还要控制两点之间移动的速度和轨迹。在刀具相对于工件移动时进行切削加工，其轨迹是平行机床各坐标轴的直线。一些数控车床、数控磨床和数控镗铣床等都属于直线控制数控机床。这类机床的数控装置的控制功能比点位系统复杂，不仅控制直线运动轨迹，还要控制进给速度以适应不同材质的工件。

（3）轮廓控制数控机床。轮廓控制又称连续控制。大多数数控机床具有轮廓控制功能，其特点是能同时控制两个以上的轴，具有插补功能。它不仅要控制起点和终点位置，而且要控制加工过程中每一点的位置和速度，加工出任意形状的曲线或曲面组成的复杂零件。属于这类机床的有数控车床、数控铣床、加工中心等。

2. 按执行机构的控制方式分类

（1）开环控制系统。开环控制系统是指不带反馈装置的控制系统。其执行机构通常采用功率步进电动机或电液脉冲马达。数控装置发出的脉冲指令通过环形分配器和驱动电路，使步进电动机转过相应的步距角，再经过传动系统，带动工作台或刀架移动。移动部件的速度与位移量是由输入脉冲的频率和脉冲数决定的，位移精度主要决定于该系统各有关零部件的制造精度。

开环控制具有结构简单、系统稳定、容易调试、成本低等优点，但是系统对移动部件的误差没有补偿和校正，所以精度低。一般用于经济型数控机床和旧机床数控化改造。

（2）闭环控制系统。闭环控制系统是指在机床的运动部件上安装了位移测量装置（测量反馈单元）的控制系统，加工中将测量到的实际位置值反馈到数控装置中，与输入的指令位移相比较，用比较的差值控制移动部件，直到差值为零，即实现移动部件的最终精确定位。从理论上讲，闭环控制系统的控制精度主要取决于检测装置的精度，它完全可以消除由于传动部件制造中存在的误差给工件加工带来的影响。所以这种控制系统可以得到很高的加工精度。闭环系统的设计和调整都有较大的难度，主要用于一些精度要求较高的镗铣床、超精车床和加工中心等。

（3）半闭环控制系统。半闭环控制系统是在开环系统的丝杠上或进给电动机的轴上装有角位移检测装置，如圆光栅、光电编码器及旋转式感应同步器等的控制系统。该系统不是直接测量工作台位移量，而是通过检测丝杠转角间接地测量工作台位移量，然后反馈给数控装置。这种控制系统实际控制的是丝杠的转动，而丝杠螺母副的传动误差无法测量，只能靠制造保证，因而半闭环控制系统的精度低于闭环系统。但由于角位移检测装置比直线位移检测装置结构简单，安装调试方便，因此配有精密滚珠丝杠和齿轮的半闭环系统正在被广泛采用。目前已逐步将角位移检测装置和伺服电动机设计成一个部件，使系统变得更加简单，安装调试都比较方便。中档数控机床广泛采用半闭环控制系统。

3．按工艺用途分类

（1）金属切削类数控机床。这类数控机床包括数控车床、数控钻床、数控铣床、数控磨床、数控镗床以及加工中心。切削类数控机床发展最早，目前种类繁多，功能差异也较大。加工中心也称为可自动换刀的数控机床。加工中心有一个刀库，可容纳10～100把刀具，工件一次装夹可完成多道工序。为进一步提高生产率，有的加工中心使用双工作台，一面加工，一面装卸，工作台可自动交换。

（2）金属成型类数控机床。这类数控机床包括数控折弯机、数控组合冲床、数控弯管机、数控回转头压力机等。这类机床起步晚，但目前发展很快。

（3）数控特种加工机床。如数控线（电极）切割机床、数控电火花加工、火焰切割机、数控激光切割机床等。

（4）其他类型的数控机床。如数控三坐标测量机等。

4．按数控机床的性能分类

（1）低档数控机床。低档数控机床也称经济型数控机床，其特点是根据实际的使用要求，合理地简化系统，以降低产品价格。目前，我国把由单片机或单板机与步进电动机组成的数控系统和功能简单、价格低的系统称为经济型数控系统。主要用于车床、线切割机床以及旧机床的数控化改造等。在我国，这类数控机床有一定的生产批量。

低档数控机床的技术指标通常为：脉冲当量0.01～0.005mm，快进速度

4～10m/min，开环步进电动机驱动，用数码管或简单 CRT 显示，CPU 一般为 8 位或 16 位。

（2）中档数控机床。中档数控机床的技术指标通常为：脉冲当量 0.005～0.001mm，快进速度 15～24m/min，伺服系统为半闭环直流或交流伺服系统，有较齐全的 CRT 显示，可以显示字符和图形，人机对话，自诊断等，CPU 一般为 16 位或 32 位。

（3）高档数控机床。高档数控机床技术指标为：脉冲当量 0.001～0.0001mm，快进速度 15～100m/min，伺服系统为闭环的直流或交流伺服系统，CRT 显示除具备中档的功能外，还具有三维图形显示等，CPU 一般为 32 位或 64 位。

三、数控机床的特点

1. 加工精度高

数控机床是高度综合的机电一体化产品。它由精密机械和自动化控制系统组成，所以，机床的传动系统与机床的结构都有很高的刚度和热稳定性。在设计传动结构时采取了减少误差的措施，并由数控装置进行补偿，所以数控机床有较高的加工精度。数控机床加工零件，不受零件复杂程度的限制，这一点是普通机床无法与之相比的。由于数控机床是按所编程序自动进行加工的，消除了人为误差，提高了同批零件加工尺寸的一致性，使加工质量稳定，提高了产品合格率。对于需多道工序完成的零件，特别是箱体类零件，使用加工中心，一次安装能进行多道工序连续加工，减少了安装误差，使零件加工精度提高。

2. 加工生产率高

数控机床具有良好的刚性，可以进行强力切削，而且空行程可采用快速进给，节省了机动和空行程的时间。数控机床进给量和主轴转速范围都较大，可以选择最合理的切削用量。在数控机床上加工零件，对工夹具要求低，机床不需进行复杂的调整。数控机床有较高的重复定位精度，大大缩短了生产准备周期，节省了测量和检测时间。所以，数控机床比一般普通机床的生产率高得多。如果采用加工中心，实现自动换刀，利用转台自动换位，使一台机床上实现多道工序加工，缩短半成品周转时间，生产效率的提高尤为明显。

3. 减轻劳动强度，改善劳动条件

利用数控机床进行加工，首先，按图样要求编制加工程序，然后输入程序，调试程序，安装零件进行加工，观察监视加工过程并装卸零件。除此之外，不需要进行繁重的重复性手工操作，劳动强度与紧张程度均可大为减轻，劳动条件也因此得到相应改善。

4. 良好的经济效益

在数控机床上改变加工对象时，只需重新编写加工程序，不需要制造或更换许多工具、夹具和模具，更不需要更新机床，节省了大量工艺装备费用，又由于加工精度高，质量稳定，废品率低，使生产成本下降，生产率又较高，所以能够获得良好的经济效益。

5. 有利于生产管理的现代化

利用数控机床加工，能准确地计算零件的加工工时，并有效地简化了检验、工夹具和半成品的管理工作，易于构成柔性制造系统（FMS）和计算机集成制造系统（CIMS）。

虽然数控机床有上述优点，但初期投资大，维修费用高，要求管理及操作人员的素质也较高，因此，应合理地选择及使用数控机床，才能提高企业经济效益和竞争力。

四、数控机床的应用范围

数控机床是一种高度自动化的机床，有许多一般机床所不具备的优点，所以数控机床的应用范围不断扩大。但数控机床是一种高度机电一体化产品，技术含量高，成本高，使用和维修都有一定难度，从经济方面出发，数控机床适用于以下方面的加工：

（1）多品种小批量零件；

（2）结构较复杂、精度要求较高的零件；

（3）需要频繁改型的零件；

（4）价格昂贵，不允许报废的关键零件；

（5）需要最小生产周期的急需零件。

五、典型数控机床

1. 数控车床

数字控制车床是一种由计算机或专用数控装置控制的，具有广泛的通用性和较大灵活性的高度自动化车床，简称为数控车床。它是综合应用了微电子、计算机、自动控制、自动检测以及精密机械与设计等技术的最新成果发展起来的一种新型机床。

（1）工作原理。首先根据被加工零件的图样，将工件的形状、尺寸、加工顺序、切削用量、工件移动距离以及其他辅助动作，按运动顺序和数控车床规定的指令代码及程序格式编成加工程序单，然后将程序输入车床的控制装置。控制装置按照数码指令进行运算，并将运算结果输入驱动装置，驱动装置带动车床传动机构，操作工作部件有次序地按要求的程序自动地进行工作，从而加工出图样要求的零件。

（2）分类与结构特点。数控车床可分为卧式和立式两大类。卧式车床又有水平导轨和倾斜导轨两种。较高档的数控卧式车床一般都采用倾斜导轨。按刀架数量分，又分为单刀架数控车床和双刀架数控车床，前者是两坐标控制，后者是四坐标控制。双刀架卧式车床多数采用倾斜导轨。

与普通卧式车床相比，数控车床的结构有许多特点。由于数控车床刀架的两个方向运动分别由两台伺服电动机驱动，所以它的传动链短，不必使用挂轮、光杠等传动部件。伺服电动机可以直接与丝杠连接带动刀架运动，也可以用同步带连接。多功能数控车床采用直流或交流主轴控制单元来驱动主轴，它可以按控制指令作无级变速。现在一般还要通过齿轮系实现有级变速，随着电动机变频调速技术的发展，变速齿轮副最终将被取消。因此，数控车床的结构特点之一是床头箱内的结构比传统车床简单得多。数控车床另一个结构特点是刚性高，这是为了与控制系统的高精度控制相匹配，以便适应高精度的加工。数控车床的第三个特点是轻拖动。刀架移动一般采用滚珠丝杠副。滚珠丝杠两端用专用滚动轴承支承。为了拖动轻便，数控车床的润滑都比较充分，大部分采用油雾自动润滑。另外高档次的数控车床对机床导轨也有着特殊的要求。一般还配有自动排屑装置、液压动力卡盘和气动防护门。

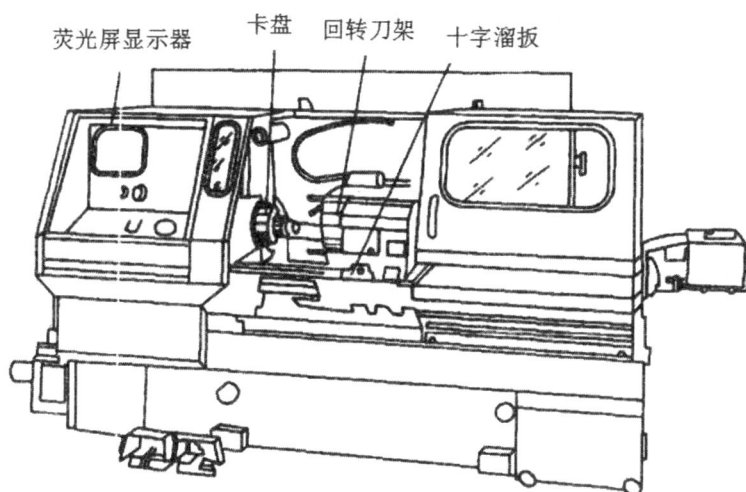

图 3-5　TND360 型数控车床

TND360 型数控车床外形如图 3-5 所示，工件装夹在卡盘中，多工位的回转刀架有 8 个装刀孔，可以安装 8 种刀具。根据预先制好的指令带，将指令输入计算机，可以按一定的程序自动地进行工作。十字溜板按指令进行纵向和横向进给，从而加工出要求的各种工件。该车床同时还具有荧光显示装置，通过显示装置可以显示工件切削的全部过程，以及编入程序的各刀具加工位置尺寸。加工前为了识别编程的差错和避免碰撞，可以先模拟切削加工过程，并根据荧光屏的显示情况进行编程调整，直到正确为止。

该机床最大的特点是操作灵活方便，能加工用一般方法很难加工的大型、精密和形状复杂的工件，并且有较高的生产率。当加工对象变换时，一般只需更换指令带，机床调整时间较短，并能节约大量的工具、夹具和模具，从而大大地缩短了新产品的试制周期。因此，它适应于产品品种变换频繁、零件形状复杂且批量较小的工厂使用。

（3）数控车床的档次。数控车床由控制和机械两大部分组成，它们有相对的独立性，各有自己的档次。数控车床的档次是这两种档次的综合，一般划分为以下几种：

①简易数控车床。这是低档次数控车床，一般是用单板机或单片机进行控制。机械部分是由传统车床略作改进而成的。主电动机一般不作改动，进给多采用步进电动机，开环控制，多为四刀位。简易数控车床没有刀尖圆弧半径自动补偿功能，所以编程时计算比较繁琐，加工精度较低。

②经济型数控车床。这是中档次数控车床。经济型数控车床一般有单显CRT、程序储存和编辑功能，一般是开环或半闭环控制。它的主电动机仍采用普通三相异步电动机，所以它的显著缺点是没有恒线速度切削功能。

③多功能数控车床。这是指较高档次的数控车床，也称为全功能数控车床。它主要采用能调速的直流或交流主轴控制单元来驱动，进给采用伺服电动机，半闭环或闭环控制。多功能数控车床具备的功能很多，特别是具有恒线速度切削和刀尖圆弧半径自动补偿功能。随着数控及相关技术的发展，数控车床的功能也会越来越多，包括高刚度、高精度和高加工速度等。例如，最小设定单位，现在多功能数控车床一般是 1μm，但超精加工数控车床已达到 0.01μm，允许切削速度也越来越高。

④车削中心。继镗铣加工中心之后，不少国家已研制出立式或卧式车削中心。车削中心的主体是数控车床配上刀库和换刀机械手。车削中心与数控车床单机相比，其自动选择和使用刀具数量大大增加。但是，卧式车削中心实质的区别并不在刀库上，它还具有以下两种先进功能：一种是动力刀具功能，如通过刀架内部结构，可使铣刀、钻头回转。另一种是 C 轴位置控制功能。C 轴是指以 Z 轴（对于车床是卡盘与工件的回转中心轴）为中心的旋转坐标轴。位置控制原有 X、Z 坐标，再加上 C 坐标，就使车床变成三坐标两联动轮廓控制。例如，圆柱铣刀轴向安装、X-C 坐标联动，就可以在工件端面铣削；圆柱铣刀径向安装、Z-C 坐标联动，就可以在工件外径上铣削。这样，车削中心就能铣削出凸轮槽和螺旋槽。

2. 数控铣床

（1）数控铣床的分类。

①数控立式铣床。数控立式铣床是数控铣床中数量最多的一种，应用范

围也最为广泛。小型数控铣床一般都采用工作台移动、升降及主轴不动方式，与普通立式升降台铣床结构相似。中型数控立式铣床一般采用纵向和横向工作台移动方式，且主轴沿垂直溜板上下运动。大型数控立式铣床，多采用龙门架移动式，其主轴可以在龙门架的横向与垂直溜板上运动，而龙门架则沿床身作纵向运动。

从铣床数控系统控制的坐标数量来看，目前三坐标数控立式铣床仍占大多数。一般可进行三坐标联动加工，但也有部分铣床只能进行三坐标中的任意两个坐标联动加工（常称为两轴半坐标加工）。此外，还有铣床主轴可以绕 X、Y、Z 坐标轴中其中一个或两个轴作数控摆角运动的四坐标和五坐标数控立式铣床，如五坐标龙门数控铣床。

数控立式铣床可以附加数控转盘，采用自动交换台，增加靠模装置等来扩大数控立式铣床的功能、加工范围和加工对象，进一步提高生产效率。

②数控卧式铣床。与通用卧式铣床相同，其主轴轴线平行于水平面。为了扩大加工范围和扩充功能，数控卧式铣床通常采用增加数控转盘或万能数控转盘来实现四、五坐标加工。这样，不但工件侧面上的连续回转轮廓可以加工出来，而且可以实现在一次安装中，通过转盘改变工位，进行"四面加工"。尤其是万能数控转盘可以把工件上各种不同的角度或空间角度的加工面摆成水平来加工，可以省去许多专用夹具或专用角度成型铣刀。对箱体类零件或在一次安装中需要改变工位的工件来说，选择带数控转盘的卧式铣床进行加工是非常合适的。

③立卧两用数控铣床。这类铣床目前正在逐渐增多，它的主轴方向可以更换，能达到在一台铣床上既可以进行立式加工，又可以进行卧式加工。这种数控铣床的使用范围更广，功能更全，选择加工的对象和余地更大，给用户带来了更多方便，特别适用于生产批量小、品种较多、又需要立卧两种方式加工的场合。

立卧两用数控铣床主轴方向的更换有手动与自动两种。采用数控万能主轴头的立卧两用数控铣床，其主轴头可以任意转换方向，加工出与水平面呈各种不同角度的工件表面。当立卧两用数控铣床增加数控转盘后，就可以实现对工件的"五面加工"，即除了工件与转盘贴合的定位面外，其他表面都可以在一次安装中进行加工，因此，其加工性能非常优越。

（2）数控铣床的结构特征。

①数控铣床的主轴特征。数控铣床主轴的开启与停止、正反转和主轴变速等都可以按输入介质上编入的程序自动执行。不同的铣床其变速功能与范围也不同：有的采用变频机组，固定几种转速，可自选一种编入程序，但不能在运转时改变；有的采用变频器调整，将转速分为几档，编程时可任选一档，在运转中可通过控制面板上的旋钮，在本档范围内自由调节；有的则不分档，编程时可在整个范围内任选一值，在主轴运转中可以在整个范围内无级调速。但是在实际操作中，调速不能有大起大落的突变，只能在允许的范围内调高或调低。数控铣床的主轴套筒内一般都设有自动拉、退刀装置，能在数秒内完成装刀与卸刀，换刀比较方便。此外，多坐标数控铣床的主轴可以绕 X、Y 或 Z 轴作数控摆动，扩大了主轴自身的运动范围，但是主轴结构更加复杂。

②控制铣床运动的坐标特征。为了要把工件上各种复杂的形状轮廓连续加工出来，必须控制刀具沿平面上设定的直线、圆弧或空间直线、圆弧轨迹运动，因此，要求数控铣床的伺服拖动系统能在多坐标方向同时协调动作，并保持预定的相互关系，这就要求铣床应能实现多坐标联动。数控铣床要控制的坐标数最少是三坐标中任意两坐标联动（即实现两轴半坐标加工）。要实现连续加工直线变斜角工件，应实现四坐标联动。若要加工曲线变斜角工件，则要求实现五坐标联动。因此，数控铣床所配置的数控系统档次，一般都比其他数控机床相应更高一些。

3. 加工中心

加工中心是一种功能较全的数控加工机床，它把铣削、镗削、钻削和切削螺纹等功能集中在一台设备上，使其具有多种工艺功能。加工中心设置有刀库，刀库中存放着不同数量的各种刀具或量具，在加工过程中由程序自动选用和更换。这是与数控铣床、数控镗床的主要区别。加工中心与同类数控机床相比，其结构较复杂，控制系统功能较多。加工中最少有三个运动坐标系，多的达十几个。其控制功能最少可实现两轴联动控制，实现刀具运动直线插补和圆弧插补。多的可实现五轴联动、六轴联动，从而保证刀具进行复杂加工。加工中心还具有不同的辅助机能，如：各种加工固定循环、刀具半径自动补偿、刀具长度自动补偿、刀具破损报警、刀具寿命管理、过载超程自动保护、丝杠螺距误差补偿、丝杠间隙补偿、故障自动诊断、工件与加工过程图形显示、人机对话、工件在线检测和加工自动补偿、离线编程等，这些功能提高了数控机床的加工效率，保证了产品的加工精度和质量，是普通加工设备无法相比的。

加工中心是一种综合加工能力较强的设备，工件一次装夹后能完成较多的加工步骤，加工精度较高，就中等加工难度的批量工件，其效率是普通设备的 5～10 倍，特别是它能完成许多普通设备不能完成的加工。加工中心对形状较复杂、精度要求高的单件加工或中小批量多品种生产更为合适，特别是对于必须采用工装和专机设备来保证产品质量和加工效率的工件，采用加工中心加工可以省去工装和专机。这为新产品的研制和改型换代节省大量的时间和费用，从而使企业具有较强的竞争能力，因此它也是从一个方面判断企业技术能力和工艺水平的标志。

（1）加工中心的分类。

加工中心按主轴在空间所处的状态，分为立式加工中心、卧式加工中心和立卧式加工中心。加工中心的主轴在空间处于垂直状态的，称为立式加工中心；主轴在空间处于水平状态的，称为卧式加工中心；主轴可作垂直和水平转换的，称为立卧式加工中心或复合加工中心。

加工中心按运动坐标数和同时控制的坐标数分为：三轴二联动、三轴三联动、四轴三联动、五轴四联动、六轴五联动等。

加工中心按工作台数量和功能分为：单工作台加工中心、双工作台加工中心和多工作台加工中心。

（2）加工中心的结构及其特点。

加工中心的结构分为两大部分：一是主机部分，二是控制部分。主机部分包括：床身、主轴箱、工作台、底座、立柱、横梁、进给机构、刀库、换刀机构、辅助系统（气动、润滑、冷却）等。控制部分包括硬件部分和软件部分。硬件部分包括：计算机数字控制装置（CNC）、可编程序控制器（PLC）、输入输出设备、主轴驱动装置、显示装置。软件部分包括系统程序和控制程序。加工中心的结构特点是：

①机床的刚度高、抗振性好。

②机床的传动系统结构简单，传递精度高、速度快。加工中心传动装置主要有：滚珠丝杠传动、静压蜗杆传动、预加载荷双齿轮齿条传动。它们由伺服电动机直接驱动，传递速度快，一般速度可达 15m/min，最高可达 100m/min。

③主轴系统结构简单，无齿轮变速系统（有的保留 1～2 级齿轮传动）。目前，加工中心基本都采用交流主轴伺服系统，转速度可达 10～200000r/min。主轴功率大，调整范围宽，并可无级变速。

④加工中心的导轨采用耐磨材料和新结构，能长期保证导轨的精度，在调整重切削下，保证运动部件不振动，低速进给时不爬行及保持运动中的高灵敏度。

⑤控制系统功能较全，其智能化程度越来越高。如 FANUC16 系统可实现人机对话，在线自动编程，加工过程中可实现在线检测，检测出的偏差可自动修正，保证首件加工一次成功，从而防止废品的产生。

（3）加工中心的组成与功能。

JCS-018 型立式加工中心，是一种具有自动换刀装置的 CNC 数控立式镗铣床，它采用了软件固定型计算机控制的 FANUC-BESKTCM 数控系统。工件一次装夹后可自动连续完成铣、钻、镗、铰、锪、攻螺纹等多种加工工序。该机床适用于小型板类、盘类、壳类、模具类等复杂零件的多品种小批量加工。这类机床对于中小批量生产的机械加工部门，可以节省大量工艺装备，缩短生产周期，确保工件加工质量，提高生产效率。

第三节 自动化生产线

一、机械加工生产线及其基本组成

在机械产品的生产过程中，为保证产品质量，提高生产率和降低成本，往往把加工装备按工件的加工工艺顺序依次排列，并用一些输送装置与辅助装置将它们连接成为一个整体，被加工工件按其工艺规程顺序地经过各台加工装备，完成工件的全部加工过程。我们把为实现零件的机械加工工艺过程，以机床为主要设备再配以相应的输送装置与辅助装置，并按工件的加工工艺顺序排列而成的生产作业线称之为机械加工生产线。

机械加工生产线由加工装备、工艺装备、输送装备、辅助装备和控制系统组成。

二、机械加工生产线的类型

机械加工生产线的结构及复杂程度常常有很大差别，主要取决于工件的生产类型和工件的加工要求，它主要有如下类型：

1．单一产品固定节拍生产线

单一产品固定节拍生产线的特点是：

（1）生产线由自动化程度较高的高效专用加工装备、工艺装备、输送装备和辅助装备组成，制造单一品种的产品，生产效率高，产品质量稳定。由于这类生产线的专用性强，投资大，较难进行改造以适应其他产品的生产，故主要用作制造产品批量大，精度稳定性要求高，可持续生产多年，且技术经济好的专用生产线。

（2）生产线所有设备的工作节拍等于或成倍于生产线的生产节拍，需配置多台工作节拍成倍于生产线生产节拍的设备并行工作，以满足每个生产节拍完成一个工件的生产任务。

（3）生产线的制造装备按产品的工艺流程布局，工件沿固定的路线，采用自动化的物流输送装置，严格按生产线的生产节拍，强制地从一台设备输送到下一台设备，接受加工、检验、转位或清洗等，故工件在工序间的搬运路线短，辅助时间少。

（4）由于工件的输送和加工严格地按生产节拍运行，工序间不必储存供周转用的半成品，因此在制品数量少。但如果生产线上出现废品，剔除废品后物流便出现空位。如空位得不到及时补充，它同样按照生产节拍往下传，所到达的设备将无工件可供制造，作空运转。如果生产线上的某台设备出现故障，将导致整条生产线瘫痪。生产线的设备越多，由于上述原因造成的损失就越大。为此，这类生产线所采用的设备必须充分可靠，对某些可靠性达不到规定要求的设备，应有备用设备。

2. 单一产品非固定节拍生产线

单一产品非固定节拍生产线的特点是：

（1）生产线由生产效率较高、具有不同自动化程度的专用制造装备组成，在一些次要的工序也可采用一般的通用设备，用于制造单一品种的产品，生产效率较高，产品质量稳定。这类生产线专用性也较强，制造的产品也必须是大量生产类型，可持续生产较长的时间，也能达到较高的精度稳定性，但投资强度少于第一类生产线。

（2）生产线的制造装备按产品工艺流程布局，工件沿固定的路线流动，可缩短工件在工序间的搬运路线，节省辅助时间。

（3）生产线上各设备的工作周期，即其完成各自工序需要的实际时间不同，工作节拍不同。工件周期最长的设备将一刻不停地工作，而工作周期较短的设备会经常停工待料。

（4）由于各设备的工作节拍不一样，在相邻设备之间，或相隔若干个设备之间需设置储料装置，将生产线分成若干工段。储料装置前后的设备或工段可以彼此独立地工作。由于储料装置储备一定数量的工件，当某设备或工段因故停歇时，其余设备或工段仍然可以在一段时间内继续工作。如果前后相邻设备或工段的生产节拍相差甚多时，生产节拍较快的设备或工段每天可以生产较短时间，完成或供应生产节拍较慢的设备或工段生产一天的工件，这些工件来自或暂放在工序间的储料装置中。

（5）生产线各设备间工件的传输没有固定的节拍，通常不是直接从加工设备到加工设备，而是从加工设备到半成品暂存地，或从半成品暂存地到下一个加工设备。半成品在暂存地一般是散放在地面或专设的货架上，较难采用自动化程度较高的工件输送装置。尤其当生产节拍较慢、批量较小、工件质量和尺寸较大时，工件在工序间也可由人工辅助输送。

3. 成组产品可调整生产线

成组产品可调整生产线的特点是：

（1）生产线由按成组技术设计制造的可调整的专用制造装备组成，用于结构和工艺相似的成组产品的生产，具有一定的生产效率和自动化程度。对成组产品中的每个产品来说，属于批量生产类型，持续生产的时间相对较短；当产品更新时改造和重组生产线的可能性大，花费少。

（2）生产线的制造装备按成组工艺流程布局，各产品沿大致相同的路线流动，可缩短工件在工序间的搬运路线，节省辅助时间。

（3）与第二类生产线一样，生产线上各设备的工作节拍是不一样的，设备或工段间需设置储料装置，输送装置的自动化程度通常不是很高。

4. 柔性制造生产线

"柔性"是指适应各种生产条件变化的能力。柔性制造生产线的主要特征是：

（1）由高度自动化的多功能柔性加工设备（如加工中心、数控机床等）、物料输送装置及计算机控制系统组成，主要用于中小批量生产各种结构形状复杂、精度要求高、加工工艺不同的同类工件。建立这类生产线技术难度高，投资大，但由于能灵活迅速地生产出符合市场需要的一定范围内的产品，应用越来越广泛。

（2）组成柔性制造生产线的加工设备数量不多（一般都小于10台），但在每台加工设备上，通过工作台转位、自动更换刀具，高度集中工序，完成工件上多个方位、多种加工面（如各种面、孔和槽等）、多工种的加工，以减少工件的定位安装次数和安装定位误差，简化生产线内工件的运送系统。

（3）生产线进行混流加工，即不同种类的工件同时上线，各设备的生产任务是多变的，由生产线的作业计划调度系统根据每台设备的工艺可能性随机地分配生产任务。因此每台设备本身的工作不是等节奏的，各设备更不会有统一的生产节拍。

（4）每种工件，甚至同一工件在生产线内流动的路线是不确定的。这是因为各工件的加工工艺不同，采用不同的机床；也由于生产线内的机床可以互相顶替，根据各机床的忙闲情况，同样的工序也不一定被安排在固定的机床上加工。

（5）由于生产线没有统一的生产节拍，工序间应存在制品的存储。因为工件在生产线中的流动路线是不确定的，为便于管理，工序间的在制品通常储放在统一的场点。对于结构形状复杂的工件，通常采用类似随行夹具的托盘。为使物料输送装置能在存储点自动地存取在制品或装有在制品的托盘，在制品或其托盘应置放在专用的托架上。

（6）物料输送装置有较大的柔性，可根据需要在任一台设备和存储场点之间，也可以在任两台设备之间进行物料的传送。

三、机床间工件传送装置

机床间的工件传递和运送装置目前包括有：托盘和随行夹具、有轨小车（RGV）和无轨小车（AGV）等。

1. 托盘和随行夹具

工件在机床间传送时，除了工件本身外，还有随行夹具和托盘等。

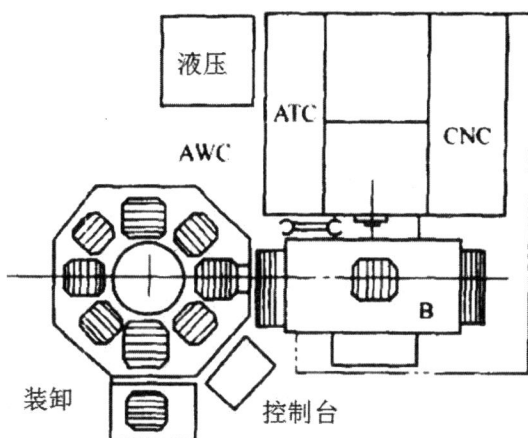

图 3-6　加工中心与托盘系统

（1）托盘。如图 3-6 所示，在装卸工位，工人从托盘上卸去已加工的工件，装上待加工的工件，由液压或电动推拉机构将托盘推到回转工作台上。回转工作台由单独电动机拖动按顺时针方向作间歇回转运动，不断地将装有待加工工件的托盘送到加工中心工作台左端，由液压或电动推拉机构将其与加工中心工作台上托盘进行交换。装有已加工工件的托盘由回转工作台带回装卸工位，如此反复不断地进行工件的传送。

如果在加工中心工作台的两端各设置一个托盘系统，则一端的托盘系统用于接受前一台机床已加工工件的托盘，为本台机床上料，另一端的托盘系统用于为本台机床下料，并传送到下一台机床去。由多台如此的机床可形成用托盘系统组成的较大生产系统。

（2）随行夹具。对于结构形状比较复杂而缺少可靠运输基面的工件或质地较软的有色金属工件，常将工件先定位夹紧在随行夹具上，和随行夹具一起传送、定位和夹紧在机床上进行加工。工件加工完毕后与随行夹具一起被卸下机床，带到卸料工位，再将加工完的工件从随行夹具上卸下，随行夹具返回到原始位置，以供循环使用。

随行夹具的返回方式有上方返回、下方返回、水平返回三种。

2．自动运输小车

自动运输小车是现代生产系统中机床间传送物料很重要的设备，它分有轨自动运输小车（RGV）和无轨自动运输小车（AGV）两大类。

（1）有轨自动运输小车（RGV）。图 3-7 是采用 RGV 搬运物料的生产系统，RGV 沿直线导轨运动，机床和辅助设备在导轨一侧，安放托盘或随行夹具的台架在导轨的另一侧。RGV 采用直流或交流伺服电动机驱动，由生产系统的中央计算机控制。当 RGV 接近指定位置时，由光电装置、接近开关或限位开关等传感器识别出减速点和准停点，向控制系统发出减速和停车信号，使小车准确地停靠在指定位置上。小车上的传动装置将托盘台架或机床上的托盘，或随行夹具拉上小车，或将小车上的托盘或随行夹具送给托盘台架或机床。RGV 适用于运送尺寸和质量均较大的托盘或随行夹具，而且传送速度快，控制系统简单，成本低廉。缺点是它的铁轨一旦铺成后，改变路线比较困难，适用于运输路线固定不变的生产系统。

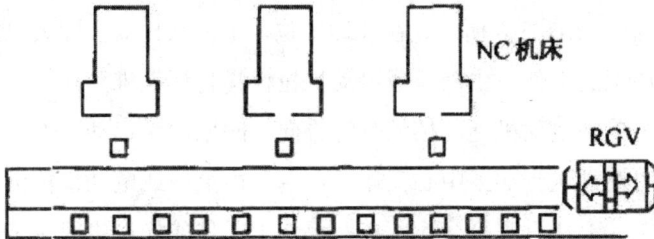

图 3-7　采用 RGV 搬运物料的生产系统

（2）无轨自动运输小车（AGV）。常见的 AGV 的运行轨迹是通过电磁感应制导的。由 AGV、小车控制装置和电池充电站组成 AGV 物料输送系统（又称 AGV 系统）。如图 3-8 所示，两台 AGV 的运行轨迹由埋在地面下的电缆传来的感应信号进行制导，功率电源和控制信号则通过有线电缆传到 AGV。AGV 由计算机控制，可以准确停在任一个装载台或卸载台，进行物料的装卸。电池充电站是用来为 AGV 上的蓄电池充电的。小车控制装置通过电缆与上一级计算机联网，它们之间传递的信息有以下几类：行走指令、装载和卸载指令、联锁信息、动作完毕回答信号、报警信息等。AGV 系统的信息传递框图如图 3-9 所示。

AGV 一般由随行工作台交换部分、升降部分、行走部分、控制部分、电源部分、轨迹制导部分等组成，如图 3-10 所示。

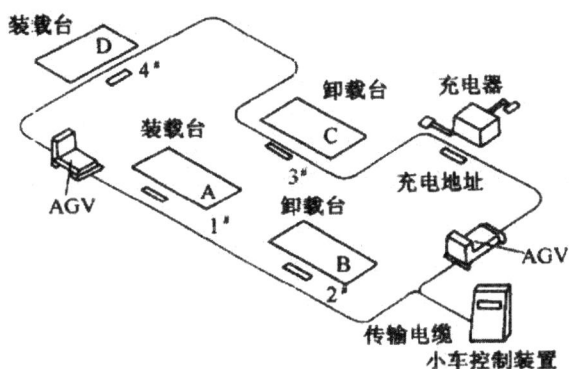

图 3-8　具有两台 AGV 的生产系统

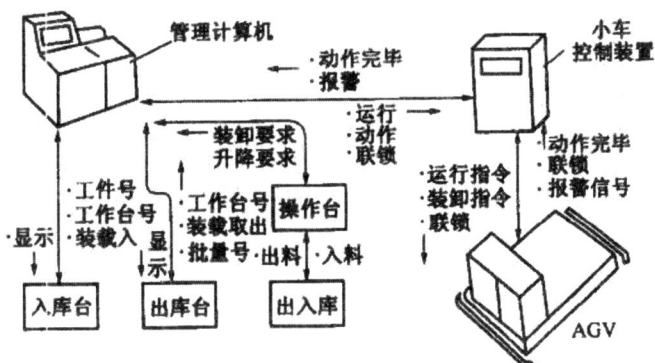

图 3-9　AGV 系统信息传递框图

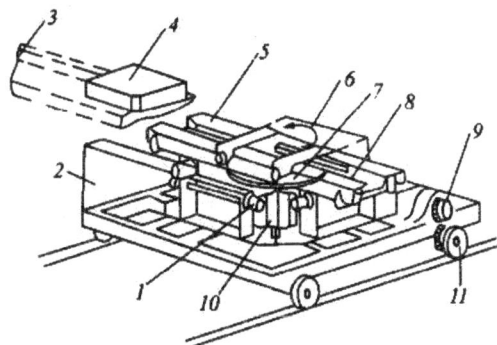

1-齿轮齿条式水平保持机构　2-控制柜　3-机床上随行工作台交换器

4-放工件用随行工作台　5-滑台叉架　6-液压单元　7-回转工作台

8-进给电动机　9-传动齿轮箱　10-升降液压缸　11-车轮

图 3-10　AGV 的组成

在 AGV 可能停下进行装卸物料的一系列站点的地面下，埋设地址码，每一个站点有一个专用地址，AGV 上的传感器在行走过程中读得地址码，由车载计算机判断在该站点是否停下。如 AGV 具有后退功能，在 AVG 的前方和后方均应装设感应接收天线，AGV 后退时由后面的感应接收天线跟踪制导电缆。

感应制导的 AGV 工作可靠，制导电缆埋在地下不怕尘土污染，不易遭到破坏，适用于一般工业环境。

AGV 可采用光学制导，在地面上用有色油漆或色带绘成路线图，装在 AGV 上的光源发出的光束照射地面，自地面反射回的光线作为路线识别信号由 AGV 上的光敏器件接收，控制 AGV 沿绘制的路线行驶。这种制导方式改变路线非常容易，但只适用于非常洁净的场合，如实验室内等。

AGV 也可采用激光束制导，在厂房墙壁或柱子上贴有条纹码标记的射靶，AGV 上每秒两转的激光扫描器不停地对墙壁和柱子进行扫描，根据各条纹码标记相对 AGV 所在位置的方位角，计算出 AGV 所处的位置，配合安装在车辆上的激光测距装置，由车载计算机引导 AGV 按指定路线行驶。为此，需将 AGV 要求的路径坐标图事先输入车载计算机。这种制导方式具有如下特点：AGV 的行驶范围不受路线限制，在现有生产现场安装 AGV，可以不影响当前的生产；改变或扩大行驶范围只需修改软件参数；对环境条件要求不高；可扩展性好。因此，激光制导的 AGV 是一种新的发展方向。

（3）AGV 应满足的功能。行走功能，包括启动、停止、前进、后退、转弯、定速、变速、多叉路口选道等。控制功能，包括由上一级计算机控制，由车载计算机或控制面板控制，由地面监控器识别 AGV 位置和装载情况进行控制，多车同时进行控制等。安全功能，包括检测到障碍物时自动减速，碰到障碍物时立即停车，防止两车相碰的措施，各种紧急停车措施，蓄电池放电过量报警，警示回转灯等。

第四节 电梯

一、电梯的结构

1. 机房

机房由曳引机、限速器、控制屏、选层屏等组成。曳引机为电梯的提升机构，由曳引电动机、制动器、减速器及曳引轮等组成。限速器是电梯的一种机械安全装置，用以限制轿厢下降速度。控制屏是在操作装置配合下，控制曳引电动机实现启动、停止、正反转、快速与慢速的电器屏。选层屏用以确定轿厢位置，进行召唤信号的登记与消除，指令选层工作。一般层站超过7站时，设有选层屏；层站超过16站时，选层屏由层楼指示屏、召唤屏、选层屏等组成；层站为7站以下者，常将选层屏与控制屏合为1个。

2. 井道

井道是轿厢上下的通道，其内装有导轨、对重、曳引钢丝绳、极限开关、限速器钢丝绳、缓冲器、控制电缆、平衡钢丝绳、接线盒及平层隔磁板等。对重是轿厢的平衡重物。导轨分轿厢导轨与对重导轨，以保证轿厢和对重严格按垂直线运动，一旦发生故障，将由安全钳将轿厢夹持在导轨上。曳引钢丝绳在曳引机驱动下，曳引轿厢与对重实现上升与下降。极限开关用来实现轿厢上下运动极限保护。限速器钢丝绳用来在电梯发生超速下降时，带动限速器动作，实现保护。在电梯井道底坑中设有轿厢缓冲器和对重缓冲器，实现电梯上、下到达终点时的缓冲作用。平衡钢丝绳用以平衡和补偿轿厢升降过程中因曳引钢丝绳在曳引轮两侧重量变化所引起的不平衡。平层隔磁板是与平层感应器配合使用实现平层控制的铁板，每一层站设置一块。平层是指电梯在停站时，应使轿厢门与厅门相对，并保持在同一水平位置上。

3. 厅门部分

厅门部分由厅门、召唤按钮箱、指层灯、厅门门锁等组成。在井道各层站处都设有厅门，只有当轿厢停靠在该层站时，此层厅门才允许开启，也只有当厅门关闭后电梯才允许启动运行。召唤按钮箱装设在每层站厅门旁，用以召唤电梯并接通电梯轿厢内的召唤信号灯通报司机。层楼指示灯及电梯运行方向的箭头设在每层站厅门的上方，用以表示轿厢在井道中所处的位置及电梯运行方向。

4. 轿厢部分

轿厢部分由轿厢、安全钳、导靴、自动门机、平层装置、轿内指层灯、操纵箱等组成，是运载乘客和物品的装置。操纵箱上装有各种按钮和开关。按钮主要有：用于发出所到层楼信号的按钮组、用于检修电梯的应急按钮、当电梯发生故障时使用的警铃按钮、开关门按钮、向上向下启动按钮等。开关主要有安全开关、风扇开关、指示灯开关、钥匙开关、专用开关及换向开关等。

二、电梯的主要参数

（1）额定载重量（kg）：设计规定的电梯载重量。

（2）轿厢尺寸（mm）：高×深×高。

（3）轿厢形式：按使用要求，例如单或双面开门及其他特殊要求，以及对轿顶、轿底、轿壁的处理，颜色的选择，对电风扇、电话的要求等等，有不同形式的轿厢。

（4）轿门形式：有栅栏门、封闭式中分门、封闭式双折门、封闭式双折中分门等。

（5）开门宽度（mm）：轿厢门和厅门完全开启时的净宽度。

（6）开门方向：人在轿内面对轿门，门向左方向开启的为左开门，向右方向开启的为右开门，两扇门分别向左右两边开启者为中开门，也称中分门。

（7）曳引方式：常用的曳引方式有半绕 1∶1 吊索法，轿厢的运行速度等于钢丝绳的运行速度；半绕 2∶1 吊索法，轿厢的运行速度等于钢丝绳运行速度的一半；全绕 1∶1 吊索法，轿厢的运行速度等于钢丝绳的运行速度。

（8）额定速度（m/s）：设计所规定的电梯运行速度。

（9）电气控制系统：包括控制方式、驱动系统形式（如交流电动机驱动或直流电动机驱动），轿内按钮控制或集选控制等。

（10）停层站数（站）：凡在建筑物内各层楼用于出入轿厢的地点均称为站。

（11）提升高度（mm）：底层端站楼面至顶层端站楼面之间的垂直距离。

（12）顶层高度（mm）：由顶层端站楼面至机房楼板或隔音层楼板下最突出构件之间的垂直距离。电梯的运行速度越快，顶层高度一般越高。

（13）底坑深度（mm）：由底层端站楼面至井道底面之间的垂直距离。电梯的运行速度越快，底坑一般越深。

（14）井道高度（mm）：由井道底面至机房楼板或隔音层楼板下最突出构件之间的垂直距离。

（15）井道尺寸（mm）：宽×深。

三、电梯的机械系统简介

电梯由机械和电气控制两大系统组成。

机械系统由曳引系统、轿厢和对重装置、导向系统、厅轿门和开关门系统、机械安全保护系统等组成。其中曳引系统由曳引机、导向轮、曳引钢丝绳、曳引绳锥套等部件组成。导向系统由导轨架、导轨、导靴等部件组成。机械安全保护系统主要由缓冲器、限速器和安全钳、制动器、门锁等部件组成。厅轿门和开关门系统由轿门、厅门、开关门机构、门锁等部件组成。

电气控制系统主要由控制柜、操纵箱等十多个部件和几十个分别装在各有关电梯部件上的电器元件组成。

下面简要介绍机械系统的主要部件。

1. 曳引机

曳引机是驱动电梯的轿厢和对重装置作上下运行的装置，可分为无齿轮曳引机和齿轮曳引机两种。

（1）无齿轮曳引机。无齿轮曳引机用在运行速度 $v > 2.0m/s$ 的高速电梯上。这种曳引机的曳引轮紧固在曳引电动机轴上，没有机械减速机构，整机结构比较简单。曳引电动机是专为电梯设计和制造的，能适应电梯运行工作特点，具有良好调速性能的直流电动机。

（2）齿轮曳引机。齿轮曳引机广泛用在运行速度 $v \leq 2.0 \text{m/s}$ 的各种货梯、客梯、杂物电梯上。为了减小曳引机运行时的噪声和提高平稳性，一般采用蜗杆减速传动装置。这种曳引机主要由曳引电动机、蜗杆、蜗轮、制动器、曳引轮、机座等构成，曳引电动机通过联轴器与蜗杆连接，蜗轮与曳引轮同装在一根轴上，曳引电动机通过蜗杆驱动蜗轮和绳轮作正反向运行。电梯的轿厢和对重装置分别连接在曳引钢丝绳的两端，曳引钢丝绳挂在曳引轮上。曳引轮转动时，通过曳引绳和曳引轮之间的摩擦力（也叫曳引力），驱动轿厢和对重装置上下运行。

为了提高电梯的安全可靠性和平层准确度，在电梯的曳引机上一般装有电磁式直流制动器。这种制动器主要由直流抱闸线圈、闸瓦、间瓦架、制动轮、抱闸弹簧等构成。

有齿轮曳引机采用带制动轮的联轴器。无齿轮曳引机的制动轮与曳引绳轮是铸成一体的，并直接安装在曳引电动机轴上。

制动器是电梯机械系统的主要安全设施之一，而且直接影响着电梯的乘坐舒适感和平层准确度。电梯在运行过程中，根据电梯的乘坐舒适感和平层准确度，可以适当调整制动器在电梯启动时松闸、平层停靠时抱闸的时间以及制动力矩的大小等。为了减少制动器抱闸、松闸的时间和减小噪声，制动器线圈内两块铁心之间的间隙不宜过大。闸瓦与制动轮之间的间隙也是越小越好，一般以松闸后闸瓦不碰擦运转着的制动轮为宜。

2．曳引钢丝绳

电梯用曳引钢丝绳是按冶金工业部标准 YB2002-78 生产的电梯专用钢丝绳。这种钢丝绳分为 8×（19）和 6×（19）两种。两种钢丝绳均有直径为 9.3、13、16mm 等三种规格，都是用纤维绳作芯子。8×（19）表示这种钢丝绳有 8 股，每股有 3 层钢丝，最里面只有 1 根钢丝，外面两层都是 9 根钢丝，用（1+9+9）表示。

电梯的曳引钢丝绳是连接轿厢和对重装置的机件，承载着轿厢、对重装置、额定载重量等重量的总和。为了确保人身和电梯设备的安全，各类电梯的曳引钢丝绳根数以及安全系数必须符合有关的规定。

3．曳引绳锥套

曳引绳锥套也称绳头组合。曳引绳锥套在曳引方法为 1∶1 的曳引系统中，是曳引钢丝绳连接轿厢和对重装置的过渡机件。在 2∶1 的曳引系统中，则是曳引钢丝绳连接曳引机承重梁及绳头板大梁的过渡机件。

曳引机承重梁是固定、支撑曳引机的机件，一般由三根工字钢或两根槽钢和一根工字钢组成，梁的两端分别固定在对应井道墙壁的机房地板上。

绳头板大梁由两根 20～24 号槽钢组成，按背靠背的形式放置在机房内预定的位置上。梁的一端固定在曳引机的承重梁上，另一端固定在对应井道墙壁的机房地板上。采用曳引方式为 2∶1 的电梯，曳引钢丝绳的一端通过曳引绳锥套和绳头板固定在曳引机的承重梁上，另一端绕过轿顶轮、曳引轮和对重轮，通过曳引绳锥套和绳头板固定在绳头板大梁上。

绳头板是曳引维套连接轿厢、对重装置或曳引机承重梁、绳头板大梁的过渡机件。绳头板用厚度为 20mm 以上的钢板制成。板上有固定曳引绳锥套的孔，每台电梯的绳头板上孔的数量与曳引钢丝绳的根数相等，并按一定的形式排列。每台电梯需要两块绳头板。曳引方式为 1∶1 的电梯绳头板分别焊接在轿架和对重架上。曳引方式为 2∶1 的电梯，绳头板分别用螺栓固定在曳引机承重梁和绳头板大梁上。

曳引绳锥套按用途可分为用于曳引钢丝绳直径为 13mm 和 16mm 两种，如按结构形式又可分为组合式和非组合式两种。组合式的曳引绳锥套的锥套和拉杆是两个独立的零件，它们之间用铆钉铆合在一起。非组合式的曳引绳锥套的锥套和拉杆是锻成一体的。

曳引绳锥套与曳引钢丝绳之间的连接处，其抗拉强度应不低于钢丝绳的抗拉强度。因此曳引绳头需预先做成类似大蒜头的形状，穿进锥套后，再用巴氏合金浇灌。

四、电梯的电气控制系统

电气控制系统是电梯的两大系统之一。电气控制系统由控制柜、操纵箱、指层灯箱、召唤箱、限位装置、换速平层装置、轿顶检修箱等十几个部件，以及曳引电动机、制动器线圈、开关门电动机及开关门调速开关、极限开关等几十个分散安装在各相关电梯部件中的电器元件构成。

电梯电气控制系统与机械系统比较，变化范围比较大。当一台电梯的类别、额定载重量和额定运行速度确定后，机械系统各零部件就基本确定了，而电气控制系统则有比较大的选择范围，必须根据电梯安装使用地点、乘载对象进行认真选择，才能最大限度地发挥电梯的使用效益。

电气控制系统决定着电梯的性能和自动化程度。随着科学技术的发展，电气控制系统发展迅速。在目前国产电梯的电气控制系统中，除传统的继电器控制系统外，又出现采用微机控制的无触点控制系统。在拖动系统方面，除传统的交流单速、双速电动机拖动和直流发电机-电动机拖动系统外，又出现交流三速、交流无级调速的拖动系统。

1．电梯电气控制系统的分类

（1）按控制方式分类。

①轿厢内手柄开关控制电梯的电气控制系统。由电梯司机控制轿厢内操纵箱的手柄开关，实现控制电梯运行的电气控制系统。

②轿厢内按钮开关控制电梯的电气控制系统。由电梯司机控制轿厢内操纵箱的按钮，实现控制电梯运行的电气控制系统。

③轿厢内外按钮开关控制电梯的电气控制系统。由乘客自行控制厅门外召唤箱或轿厢内操纵箱的按钮，实现控制电梯运行的电气控制系统。

④轿厢外按钮开关控制电梯的电气控制系统。由乘客控制厅门外操纵箱的按钮，实现控制电梯运行的电气控制系统。

⑤信号控制电梯的电气控制系统。将厅门外召唤箱发出的外指令信号、轿厢内操纵箱发出的内指令信号和其他专用信号等加以综合分析判断后，由电梯司机控制电梯运行的电气控制系统。

⑥集选控制电梯的电气控制系统。将厅门外召唤箱发出的外指令信号、轿厢内操纵箱发出的内指令信号和其他专用信号等加以综合分析判断后，由电梯司机或乘客控制电梯运行的电气控制系统。

⑦群控电梯的电气控制系统。对集中排列的多台电梯，共用厅门外的召唤信号，按规定顺序自动调配，确定其运行状态的电气控制系统。

（2）按用途（主要指按电梯的主要乘载任务）分类。

①载货电梯和病床电梯的电气控制系统。这类电梯的提升高度一般比较低，运送任务不太繁忙，对运行效率没有过高的要求，但对平层准确度的要求则比较高。

②杂物电梯的电气控制系统。杂物电梯的额定载重量只有 100～200kg，运送对象是垃圾、图书、饭菜等物品，其安全设施不够完善。国家有关标准规定，这类电梯不许乘人，因此控制电梯上下运行的操纵箱不能设置在轿厢内，只能在厅外控制电梯上下运行。

③乘客电梯的电气控制系统。装在多层站、客流量大的宾馆、饭店里，作为人们上下楼交通运输设备的乘客电梯，要求有比较高的运行速度和自动化程度，以提高其运行工作效率。

（3）按曳引电动机的类别和控制方式分类。

①交流、轿厢内手柄开关控制电梯的电气控制系统。采用交流双速异步电动机作为曳引电动机，控制方式为轿厢内手柄开关控制，适用于一般载货、病床电梯的控制系统。

②交流、轿厢内按钮开关控制电梯的电气控制系统。采用交流双速电动机作为曳引电动机，控制方式为轿厢内按钮开关控制，适用于一般载货、病床电梯的电气控制系统。

③交流、轿厢内外按钮开关控制电梯的电气控制系统。采用交流双速电动机作为曳引电动机，控制方式为轿厢内外按钮开关控制，适用于客流量不大的建筑物里作为上下运送乘客或货物的客货梯电气控制系统。

④交流、信号控制电梯的电气控制系统。采用交流双速电动机作为曳引电动机，控制方式为信号控制，具有比较完善的性能，适用于层站不多、客流量大且较均衡的一般宾馆、饭店的乘客电梯电气控制系统。

⑤交流、集选控制电梯的电气控制系统。采用交流双速电动机作为曳引电动机，控制方式为集选控制，具有完善的工作性能，适用于层站不多、客流量变化较大的一般宾馆、饭店的乘客电梯电气控制系统。

⑥交流调速、集选控制电梯的电气控制系统。采用交流双速或三速异步电动机作为曳引电动机，没有对曳引电动机进行无级调速的控制装置，控制

方式为集选控制，具有完善的工作性能，适用于层站较多的宾馆、饭店的乘客电梯电气控制系统。

⑦直流、集选控制电梯的电气控制系统。采用直流电动机作为曳引电动机，设有对曳引电动机进行无线调速的控制装置，控制方式为集选控制，具有完善的工作性能，适用于多层站高级宾馆、饭店的乘客电梯电气控制系统。

⑧交流或直流电动机拖动，二台、三台信号或集选控制电梯并联运行的电梯电气控制系统采用交、直流电动机作为曳引电动机，二台或三台信号或集选控制电梯作并联运行，以减少2～3台电梯同时扑向一个指令信号而造成扑空的情况，提高电梯的运行工作效率，还可以省去1～2套外指令信号的控制和记忆装置。它适用于宾馆、饭店内2～3台并列的乘客电梯电气控制系统。

⑨群控电梯的电气控制系统。采用交、直流电动机作为曳引电动机，具有根据客运任务变化情况，自动调配电梯行驶状态的完善性能，适用于高级宾馆、饭店具有多台梯群的电气控制系统。

（4）按管理方式分类。任何电梯不但应该有专职人员管理，而且应该有专职人员负责维修。按管理方式分类，主要指是否需要由专职司机或忙时由专职司机去控制，闲时由乘客自行控制电梯运行的方式进行分类。按这种方式分类有下列几种：

①有专职司机控制的电梯电气控制系统。轿厢内手柄开关控制电梯电气控制系统、轿厢内按钮开关控制电梯电气控制系统和信号控制电梯电气控制系统，都属于这一类电气控制系统。

②无专职司机控制的电梯电气控制系统。轿厢内外按钮开关控制电梯电气控制系统、群控电梯电气控制系统和轿厢外按钮开关控制电梯电气控制系统，都属于这一类电气控制系统。

③有/无专职司机控制电梯的电气控制系统。集选控制电梯电气控制系统就是这一类电气控制系统。采用这种管理方式的电梯，轿厢内操纵箱上设置一只具有"有、无、检"三个工作状态的钥匙开关，司机可以根据乘载任务的忙、闲以及出现故障等情况，用专用钥匙扭动钥匙开关，使电梯分别处于有司机控制、无司机控制、故障检修控制三种状态下，以适应不同乘载任务和检修工作需要。

2．电梯的电气装置

电梯的电气装备主要有拖动电动机、控制屏、选层装置、平层装置、操纵箱、召唤按钮箱、指层灯及安全保护装置等。下面仅就电梯电气控制特有的电气装备作一简介。

（1）选层装置。选层装置是电梯的心脏，用来判定并记忆内选、外呼与轿厢位置的关系，进而确定电梯运行方向；决定减速、确定停层、预告停车；指示轿厢位置；消除已应答的呼梯信号；控制发车等。目前常用的选层装置有：层楼指示器、选层继电器屏与停层感应装置、立式选层器。

（2）平层装置。平层装置由上、下平层感应器与平层隔磁铁板组成。在轿厢上方、厅门的另一侧装有上、下平层感应器，中间装有开门感应器。这3个感应器都是干簧继电器。每层站设有平层隔磁铁板。随着轿厢的上升或下降，当进入平层区域时，平层感应器便伸入平层厢磁铁板中，使平层干簧继电器处于释放状态，接通平层继电器，切断轿厢上升或下降接触器，实现平层停车。

（3）操纵箱。操纵箱包括手柄开关箱和轿厢内操纵箱。手柄开关箱上面设有轿厢内手柄开关，用来操纵轿厢门和厅门（对自开门电梯）、启动或停止轿箱；还设有召唤上下的箭头指示灯、上下召唤灯、轿厢门紧急开关按钮、厅门应急按钮、警铃按钮以及安全开关、照明灯开关、风扇开关、指层灯开关、信号灯开关等。

轿厢内操纵箱上面设有与电梯停站数相同数的内选停层指令按钮、操纵电梯的各种控制按钮和钥匙开关，以及上下方向指示灯、超载信号灯、指令记忆灯、急停按钮与警铃按钮等。其中钥匙开关用来选择电梯运行状态，通过操纵按钮可以实现自动关门、启动轿厢、正常运行、轿厢自动减速并停在记忆呼唤的层楼自动开门等过程。司机或乘客可在轿厢内选择所去层楼。

（4）召唤按钮箱。召唤按钮箱设在电梯各层站的厅门旁，供等候电梯的乘客召唤电梯用。当按下召唤按钮时，按钮内记忆灯亮，告知乘客召唤已被记忆，同时轿厢操纵箱内蜂鸣器发出响声，告知司机有人在等候电梯，另外操纵箱面板上的召唤灯亮，通告司机该乘客所在的层站。当电梯到达该层站，即已应答召唤时，召唤记忆灯便自动熄灭。

召唤按钮箱有以下几种型式：单按钮召唤箱、双按钮召唤箱、带占用灯的召唤按钮、触钮召唤箱。

（5）指层灯。指层灯有厅门外指层灯和轿厢内指层灯，用来为等候电梯的乘客（前者）或轿厢内司机与乘客（后者）显示轿厢所处位置与运行方向。

五、电梯的维护保养与常见故障

1. 电梯的维护保养

新安装的电梯投入使用后，维修人员与司机应同心协力、密切配合。维修人员应经常向司机了解电梯的运行工作情况，并通过眼看、耳听、鼻闻、手摸，乃至用必要的工具和仪器进行实地检测等手段，随时掌握电梯的运行工作情况和各零部件的技术状态是否良好，发现问题应及时处理。

为了确保电梯能安全、可靠、舒适地运行，维护人员除应加强日常维护保养外，还应根据电梯使用的频繁程度，按随机技术文件的要求，制定切实可行的预检修计划。制定预检修计划时一般可按每周、月、季、年、3～5 年等为周期，并根据随机技术文件的要求和本单位的特点，确定各阶段的维修内容，进行轮番维护保养和预检修。维护保养和检修过程中应做好记录。

2. 电梯的常见故障

由于电梯机械系统中的零部件和电气控制系统中的元器件不能正常工作，有异常振动或声音，导致严重影响电梯的乘坐舒适感，失去设计中预定的一个或几个主要功能，甚至不能正常运行必须停机修理和造成设备事故以及人身事故等情况，通称为电梯的故障。

（1）机械系统的常见故障。机械系统的故障在电梯的全部故障中所占的比重虽然比较小，但是一旦发生故障，可能会造成更长的停机待修时间，甚至会造成更为严重的设备和人身事故。实践证明，造成停机待修的机械系统的常见故障有下列几类：

①由于润滑不良或润滑系统的故障，造成部件的转动部位发热烧伤、咬死或抱轴，造成滚动或滑动部位的零部件毁坏而被迫停机修理。

②由于没有开展预检修，未及时发现部件的转动、滚动、滑动部位中有关机件的磨损情况和磨损程度，并根据各机件磨损程度和电梯使用的频繁程度，正确制定修复或更换有关机件的期限，造成零部件损坏而被迫停机修理。

③电梯在运行过程中，由于振动造成紧固螺钉松动，特别是某些存在相对运动，并在相对运动过程中实现机械动作的部件，由于零部件的紧固螺钉松动而产生位移，或失去原有精度，又不能及时检查发现修复，而造成磨、碰、撞坏电梯机件而被迫停机修理。

④由于平衡系数超过标准要求，或严重过载造成轿厢蹾底或冲顶；冲顶时由于限速器和安全钳动作而被迫停机待修复。

（2）电气控制系统的常见故障。电梯故障，绝大多数是电气控制系统的故障。造成电气控制系统故障的原因是多方面的，主要原因是电器元件质量和维护保养质量。电气控制系统的故障是多种多样的，故障发生点也是广泛的，具体的故障发生点很难预测。

①按电梯常见故障的范围分，对于采用自动开关门的电梯，门动系统和各种电气元件的接点接触不良造成的故障比较多。造成故障的原因有元器件质量、安装调整质量、维护保养质量等。

②按故障的性质或类别分，对于采用继电器和接触器为主的电梯电气控制系统，可以归结为断路和短路两种类型的故障。

断路就是应该接通的电路不通，因此应该工作的元器件不能工作，控制顺序无法继续执行，电梯被迫停车，信号无法正确指示。造成断路的原因是多方面的，如电器元件引入引出线的压紧螺钉松动或焊点虚焊；电器元件烧毁或撞毁等。

短路就是不应接通的电路被接通，而且接通后电路内电阻很小。短路时轻则烧毁熔断器，重则烧毁电器元件，甚至引起火灾。造成短路的原因也是多方面的。常见的有方向接触器或继电器的机械和电气联锁失效；电器元件的绝缘材料老化、失效、受潮、损坏；外界导电材料入侵等。

第五节　复印机

静电复印机是一种先进的提高工作效率的现代化办公工具，它是提高行政管理效率的有效装备。在文献资料的复制、文化与科学技术的交流、工程图纸的复制、工程和产品的生产过程中，是各界人士的得力助手，在记录图像和信息、文献缩微、电子计算机终端输出、遥感勘测、医疗卫生等许多领域都得到广泛应用。

一、静电复印的基本原理

静电复印也称静电摄影，是电摄影的一种。静电复印成像的许多过程与照相机类似，因此，静电复印中许多名称也就沿用照相的术语，如曝光、转印、定影等。但是，照相是利用感光材料（银盐化学材料）在光作用下产生的化学反应，而静电复印成像的原理是建立在光导体（光敏导体）在光照后改变其导电性能的基础上。这就是静电复印与银盐法照相的根本不同之处。

静电复印必须经过 8 个步骤来完成，即充电、曝光、显影、转印、分离、定影、消电和清洁。

1. 充电

感光体（硒鼓、氧化锌、硫化镉）在通常状态下不具备感光性，为了使它具有感光性就必须使它表面带有电荷，电荷的极性以硒鼓为正，感光体为负，这一过程称为充电。

2. 曝光

光照射到带电感光体表面上时，被照射部分的电荷就消失，未照射到的部分电荷残留下来。曝光灯的光射到原稿上时，感光体表面上按照原稿的深浅形成肉眼看不到的图像。

3. 显影

感光体表面上肉眼看不到的图像是借助于电荷而形成的，使它与带有相反电荷的墨粉接触时，就形成了肉眼能看到的墨粉图像。

4．转印

显影后墨粉按图像的原样吸附在感光体表面上，然后使纸与墨粉相结合，并在其下侧给予与墨粉图像相反的电荷，于是墨粉图像就吸附在纸上了。

5．分离

通过转印，虽然墨粉图像已吸附于纸上了，但由于纸是附着于感光体表面上的，因此，通以交流电或用机械方法和其他方法将纸与感光体表面分离。

6．定影

复印纸上的图像，手碰触时易被擦落，因此，对墨粉加热或加压使墨粉软化并固定在纸上。

7．消电

由于充电时给予感光体的电荷残留在感光表面上，未被转印掉的墨粉图像仍维持原状，将会妨碍下张复印。因此，用静电消除灯照射感光体使其表面电荷消失，以便于擦掉墨粉。

8．清洁

进行下张复印之前，可通过清洁机构把残留下来的墨粉清除掉，使感光体表面清洁。

二、静电复印机的结构及各系统的工作原理

静电复印机就是运用光学、机械和电控等技术，实现复印的装置。静电复印机通常由光学系统、高压电晕器系统、感光体系统、显影系统、输纸系统、分离系统、定影系统和清洁系统等构成。下面简要介绍各系统的结构和工作原理。

1．光学系统

光学系统用来将原稿影像投射到感光体上进行曝光，使感光体表面产生静电潜像。光学系统分两部分，即扫描系统和变倍系统。

（1）扫描系统。对原稿扫描曝光的光学部分称为扫描系统。扫描系统包括稿台玻璃、曝光灯、第一反射镜、第二反射镜、第三反射镜及扫描架、扫

描架位置检测器、镜头等。扫描方式有：稿台移动式、灯架移动式、光导纤维镜头式、镜旋转式、镜移动式等。

稿台移动式扫描系统是通过稿台玻璃移动，而曝光灯、反射镜、镜头不动来实现扫描曝光。

光导纤维镜头式扫描系统在轴上有最大的折射率，且随半径方向折射率连续递减，最外面的折射率最小。由于这种特殊的折射率分布，光束在纤维中传导会按正弦形式不断变换方向曲折前进。

镜旋转式扫描系统是通过反射镜和镜头角度的变化，来实现原稿在曲面上曝光。要求角变化同步于感光体表面的线速度。

镜移动式扫描系统是利用反射镜与曝光灯一起移动来完成扫描曝光。它不仅要使反射镜的扫描线速度要与感光体表面线速度同步，而且第一反射镜至第四或第五反射镜不论是在右还是在左，都必须始终处在镜头的焦点上，因此结构复杂，因它不属于全反射式，故光能损耗较少。而且，不论采取什么光路形式，在长度方向上总是等速行进，在效果上与球面透镜相同。光导纤维镜头的优点是在整个画面内成像质量均一，不但普通镜头通常具有的边缘部照度和分辨率下降等弊病可以消除，而且还能使复印机整体装置小型化。其缺点是：与镜头相比单根光导纤维的分辨率较低，而且光导纤维的分辨率与所选的纤维长度以及物、像间距离等因素有关。这种扫描方式有一定的局限性，它不容易改变复印倍率，不能采用狭缝式曝光，在使用光导鼓时只能使用原稿移动方式。

静电复印机的光学扫描部分大都采用稿台移动式或光导纤维镜头式，因为采用这两种光学扫描系统的机器结构简单。

（2）变倍系统。用来放大或缩小原稿的光学系统称为变倍系统。变倍系统中包括镜头单元、镜头架、变倍电动机及镜头位置传感器等。变倍系统有定位变倍及无级变倍两种。定位变倍又分机械凹凸轮变倍和传感器定位变倍两种。无级变倍中常见的有步进电动机变倍及机械变倍两种。

在定位变倍系统中，传感器定位变倍系统的结构较简单。它采用专用电动机推动镜头单元作前后直线运动来改变镜头的焦点，以达到变倍的目的。另外，在一定位置采用一个或多个光电传感器作为定位传感。传感器定位变倍系统的缺点是：由于电动机的惯性及传感器的位置变化，容易产生不到位或超位现象，使变倍不准。

机械凹凸轮定位变倍系统是通过机械凸轮离合器改变反射镜的位置来实现变倍。凸轮的精度较高，所以变倍的准确性比前者要高得多。

无级变倍系统，扫描速度不大于 10 次/分，复印尺寸最大为 A4 到 B4，标准机型光学系统的扫描部分有 30%是稿台移动式，60%是灯架移动式。稿台移动式变倍系统 20%是定位变倍式，10%为无级变倍，60%无缩放功能，扫描速度最低为 8 张/分，最高扫描速度在 25 张/分左右，扫描宽度在 390mm 左右。中级机和高级静电复印机多采用灯架移动式扫描方法，复印尺寸从 A3 至 A2，扫描速度最高达 60 张/分。

常用的静电复印机多为普及机。它是典型的灯架移动式扫描光学系统，由稿台玻璃、曝光灯、第一反射镜、第二反射镜、第三反射镜、扫描架、光路隔离玻璃、镜头单元、变倍系统及检测传感器等部分组成，由主电动机通过链条或钢丝绳带动扫描架及反射镜作往复运动来实现。

2．高压电晕器系统

高压电晕器系统主要包括高压发生器及电晕发生器两部分。高压发生器电路主要由晶体管自激抗整电路、升压电路和整流电路组成。自激抗整电路产生的高频交流电压，由升压电路升压，再通过整流电路产生直流高压。电晕发生器由电晕极架、电晕极罩及电晕丝组成。直流高压送至电晕器，此高电场被限制在电晕丝附近的区域。高电压强度使空气电离（电离仅限于电晕丝周围的空间中），从而产生了称为"电晕"的稳定辉光放电。静电复印机的充电、转印、消电都必须采用高压电晕放电。高压电晕器放电时产生的离子沿电场方向移动，正（或负）离子沉积在感光体表面上，使感光体充电。

目前国内外所生产的各种静电复印机，由于所用感光体材料的不同，以及显影方式的不同，其电晕充电的结构也不同。

3．感光体系统

感光体的外形随静电复印机的结构而定，可以是板、鼓、带、软片等形式。大部分的静电复印机都使用鼓形感光体，称为感光鼓。感光鼓的直径一般是根据机器而定的，其端面配有端盖，端盖上装有轴承。机器上有鼓轴，感光鼓安装在鼓轴上。有些机器的感光鼓没有端盖，但有鼓架，感光鼓就安装在鼓架上。目前大多数感光鼓的光导层是无缝的，所以安装时无需定位。

感光体种类很多，从内部结构上分为双层、三层、四层和五层结构。普通静电复印机使用的感光体为双层结构，表面是感光材料，内层是金属基体，通常是铝合金。

4. 显影系统

（1）瀑布式显影装置。瀑布式显影装置是最早采用的静电复印方法。用这种方法显影所获得的图像有边缘效应，不适用于显影连续色调的图像，但对于线条图像和文字，却能获得高分辨率和高反差的效果。

瀑布式显影使用双组分显影剂。它是玻璃球（或钢球）载体和包粉的混合剂，其显影剂的流量和流速对显影质量有很大的影响。瀑布式显影装置由提升机构、补粉机构和显影箱体等部分组成。

（2）磁刷显影装置。磁刷显影装置是静电复印机目前所采用的一种主要显影装置。其结构形式有多种，较多采用回转式磁辊结构。其特点是：对感光鼓可选定任何角度位置进行显影；可根据需要采用强摩擦或弱摩擦结构，以便与感光体和显影剂的性能相匹配，结构紧凑体积小，可缩小整机的体积；对感光层表面的平整度要求高；铁粉墨粉的飞散比瀑布式显影装置严重。回转式磁辊有两种形式，即磁体旋转和磁体固定。

（3）液干式显影装置。液干式显影属于液体显影方式，显影剂主要由调色剂和分散剂组成，它们都是高绝缘性物质，调色剂加入分散剂以后，即自然带电，并悬浮其中。图 3-11 所示为液干式显影装置的结构示意图。显影槽内用显影剂泵加压，使显影剂经中央管道，通过间距约 4mm 的狭缝喷向感光鼓面，多余的显影剂从金属的显影极板的两侧流回显影槽。显影极板离感光鼓面仅为几毫米，因此能起到显影电极的作用。由于显影极板与四周完全绝缘，显影时，在显影极板的表面上，感应产生与感光层表面静电潜像电荷极性相反的电荷，而在显影极板的另一面产生与感光层表面相同极性的电荷，如图 3-12 所示。因而感光层表面的磁力线分布均匀，无边缘效应。

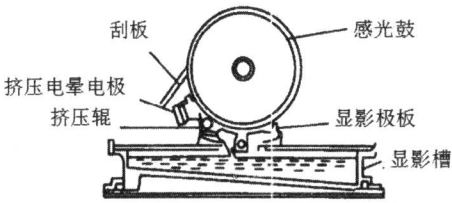

图 3-11　液干式显影装置结构示意图

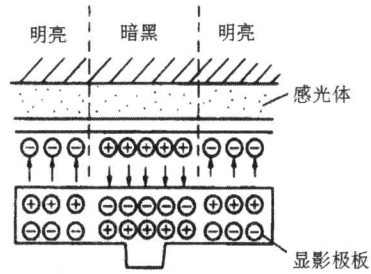

图 3-12　显影极板表面电荷分布图

显影槽中的显影剂必须保持一定的容量，一般约为 2L，否则将影响复印质量及显影工作的进行，所以要对显影剂容量进行检测。其检测装置是一个带浮子的微动开关，如图 3-13 所示。当显影槽中显影剂低于最低水平时，微动开关通过浮子的重力被接通，使得控制板上的指标灯亮，指示需添加分散剂。同时复印按钮也将变为红色，不能进行复印。当分散剂添加后，浮子上升，微动开关断开，控制板指示灯灭，复印按钮也由红色转换成绿色，复印工作才能继续进行。

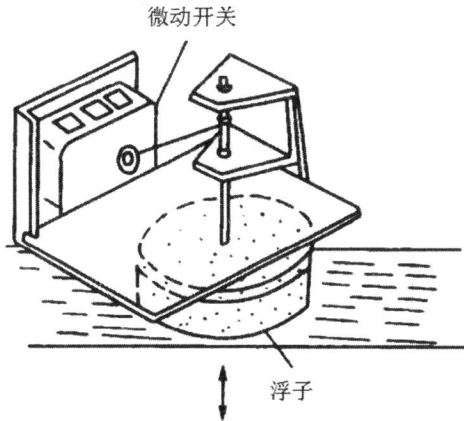

图 3-13　显影剂容量检测装置

5．输纸系统

感光体显影后，必须将复印纸输送到感光体上转印，转印后的复印纸输送到定影装置定影，最后将定影后的复印品排出复印机。纸张从进入复印机到排出复印机的输送过程都由输纸系统来完成。自动化静电复印机由于结构不同，纸的输送方式也不同。复印纸经搓纸轮从纸盒中搓进导纸板，在定位轮前作短时间停留，待扫描开始时，由定位凸轮控制使定位轮开始旋转，复印纸经过转印电极、分离电极、输纸装置、定影装置、出纸轮，最后成为复印品送到接纸盘。

6. 分离系统

目前，静电复印机采用的分离方法很多，最常见的有分离爪、分离带、气动分离器、分离辊、分离电极、塑料带分离、电晕分离等。为了保证分离可靠，通常都是几种分离方法混合使用，如分离爪加分离带，或分离带加分离电极等。分离带又分运动型分离带和固定型分离带两种。固定型分离带比运动型分离带简单，分离效果也较好。如果分离带或气动分离器等单独使用，则要在分离器附近设一排消电针，使纸张背面的正电荷泄放掉，以防止纸张上墨粉飞到空中产生玉珠式图像，即产生所谓色调剂图像移动的故障。

7. 定影系统

定影部分是静电复印的最后一个过程。定影的质量不好，复印品的质量也变坏，所以它的质量好坏，对于静电复印的全过程起着决定性作用。由此，使用中应注意保持定影装置正常工作，才能获得理想的复印效果。普通纸干法静电复印机的加热定影方法很多，最常用的有红外灯管加温、热辊定影和冷压定影等几种。

8. 清洁系统

因为转印后在感光体表面上还留有约 20% 的墨粉颗粒，所以在进行下次循环的复印之前，必须先将残余的墨粉和电荷清除干净。清洁过程包括消电清洁和全面曝光几个步骤。清洁消电因机型不同，使用的清洁结构也不一样。

三、静电复印机的使用

1. 熟悉静电复印机中的各种操作标志

静电复印机安装和验收后，在调整开机前需熟悉静电复印机上的各种标志与按键。由于生产静电复印机的厂家各不相同，各种标志按键也有所不同。一般操作标志分成两类：一类是用英文缩写表示，另一类是用符号表示。因此，在使用之前要认真阅读使用说明书，了解各种操作标志的功能。

2．静电复印机的操作程序

静电复印机使用得好坏，除了机器的本身质量外，还与操作者对复印机操作程序及保养有关，好机器也会由于操作不当而经常出现故障。虽然静电复印机型号品种繁多，但基本上操作程序大同小异，下面重点指出必须注意的几个方面

（1）按下主开关（即将主开关从"OFF"转换到"ON"位置）以接通电源，此时预热指示灯应点亮，表示机器开始预热。

（2）打开原稿盖板，将原稿放置在原稿玻璃上，把需进行复印的一面向下，原稿要放置在相应的幅面标尺线之内，然后盖上盖板并要尽量盖严。

（3）按份数控制器的数码键，在数码管上显示出来所需要复印的份数。

（4）根据原稿的色调选定适当的曝光量，即调节光缝的宽度。

（5）当预热指示灯熄灭，表示机器预热结束，而复印指示灯亮时，即可按下复印按钮，开始进行复印。这时，应检查第一张复印品的复印质量，若质量不够满意，应进行必要的调整，直到满意为止。当整个复印份数完成，机器即自行停止。

（6）复印完毕以后，可以从接纸盘上立即取出其复印品（不要忘收回原稿台上放置的最后一张原稿）。

（7）在装入复印纸前，应将复印用纸搓松，以防止因纸边纤维相互交织粘在一起而发生纸张搓不进机器的现象，或几张纸同时被搓入发生卡纸的情况。

（8）复印机工作时，操作人员不得随意离开，要注意复印品的质量，随时调整机器，遇到卡纸时，要将卡入纸张全部取出，以免纸张卡入清洁结构内刮坏感光体。操作完毕，只需关闭静电复印机上电源总开关，不要将静电复印机总电源切断，因为多数静电复印机上都有防潮或防雾设备，这些设备需要不间断供电。

（9）复印机工作中，显示器可能出现英文代码和符号，或其他标志，这是微处理机自诊断系统显示出故障的标志。遇到这种情况要及时通知维修人员维修，不能擅自修理，以免出现不必要的故障和造成不必要的损失。

3．静电复印机消耗材料的更换

（1）复印纸张的补充。复印纸的盛放形式一般有纸盒、纸盘和纸架。纸盒常用于台式复印机，纸盘一般用于落地式、可移动式复印机，而纸架因其装纸的容量大，适用于高速复印机。在补充复印纸时，其要求也略有不同。

（2）感光体的更换。普通静电复印机的感光体，其结构形式有两种：一种是鼓式，另一种是版式。形式不同，更换的操作方法也不同，若操作不当，会损坏感光体和降低其性能。

（3）显影材料的更换。单组分显影剂在使用中通常只需要补充即可，而双组分显影剂载体使用一定时间后需要更换。双组分显影剂又分为干式和湿式两种

（4）清洁材料。干式显影主要清洁元件是毛刷和刮板。在更换清洁元件时，清洁装置的下部应垫有纸张，以防止操作过程中的色粉飞扬，而污染复印机内部。

四、复印机的日常维护

日常维护应在复印机使用达到一定时间，即复印份数达到一定数量以后进行。各种型号的复印机，都应按照维修手册中的期限规定，进行必要的维护。日常维护的任务，主要是对复印机内部进行清洁工作，排除异常现象和更换已磨损坏的元器件等。

1．建立技术档案

用户应从开始使用静电复印机起，就应把机器设备的日复印量、使用情况、消耗材料更换期、故障及其排除、维护检修等记录下来，并且保存复印样张，以做到心中有数，使机器设备各时期的使用、故障、复印品质量等情况一目了然，为以后做好日常维护、定期保养和按时更换消耗材料的工作积累资料。

2．执行保养计划

静电复印机的维护保养周期，是根据复印机的设计性能并且经过试验而制定的，具有充分的科学依据。维修人员一定要严格按照随机使用手册中的

各项维护保养规定执行。

3．做好清洁保养

静电复印机的日常保养，主要是指清洁工作，这也是所有使用手册中不可缺少的内容。要想使静电复印机能长期正常工作，根本一点就是要搞好清洁保养，包括保持复印机工作环境的清洁。

4．作业注意事项

进行保养作业时，应遵照该机的维修手册中所规定的工作步骤进行操作。为了保障人身安全和保护静电复印机，在实施静电复印机各项维护保养作业时，应该注意以下几点：

（1）在进行作业前，必须切断电源，关闭主开关。如在通电状态下进行作业，则必须注意防止高压触电，避免物品或零部件卷入链条和齿轮里，尤其在取出或更换零部件时，一定要先拔下总电源插头。

（2）向操作者了解复印机的日常使用情况，并查阅操作记录本。

（3）穿好工作服或围上围裙，避免污染衣服。

（4）维护前应确认内部零部件的工作是否正常，消耗材料在使用过程中是否有效。

（5）准备好需要的材料。例如，维修参考资料、工具与仪表、静电测试、稀释剂、硅油、清洁用布、纸等，以及其他消耗材料。

（6）检查并记录总计数器所指示的复印总数，以判定零部件（特别是易损件）的使用程序和是否需要更换。

（7）在各种浓度下利用静电测试版进行复印，检查确认图像的质量，以便找出重点修理保养部位。

（8）在接通电源并进行运转和复印时，利用测试版作为原稿，将曝光调节杆调置在最佳位置（通常是在中间位置）处，复印5～10张，并对如下项目进行检查：黑度、底灰、清晰度、分辨率、起始线误差、定影牢固度、同步性、复制品背面有无污染、有无漏印现象、输纸时的歪斜度、复印多份的连续性能、整个幅面显影的均匀性、采用分离带时复制品的分离带宽度（一般应为7.5±1.5mm）以及运转时有无异常响声。若发现复印质量有问题，应查出故障原因，并予以调整或更换确已磨损或损坏的零部件。

（9）一般定影部分温度很高，在作业时尤其需要充分注意。

五、静电复印机的常见故障

1. 输纸系统故障

输纸系统故障出现在纸盒输入、转印、负压输送、定影输出等部分，或纸张超前及滞后进入机器等。以上故障每种静电复印机都可能遇到，也是经常发生的，即使一台优良的复印机也可能出现卡纸现象。

2. 驱动系统故障

静电复印机在长期搁置后重新开机使用时，常会出现电动机冒白烟、轴承发热及漏油等现象。

3. 定影系统故障

定影质量不良，主要表现在定影不足、定影过分、部分定影不足及部分定影过分、定影后复印品皱褶等方面。定影不足或定影过分都会造成图像质量下降。在定影不足时，复印品上图像经摩擦就会脱落，还容易污染定影器及排纸口。在红外定影方式中，易把纸烤焦。

4. 曝光系统故障

静电复印机在长时间使用中，由于灰尘污染各反射镜、镜头和光电开关等，使得曝光系统对光的反射能力和透光度逐渐下降，因此，反射到感光体的照度降低，静电潜像的色调变浅，从而使复印品灰度增加，复印质量变坏。

5. 显影系统故障

显影质量与显影装置有直接的关系，由于显影器故障会造成复印品底灰大、图像模糊、显影过浓、显影不足、显影不均匀和无显影等弊病。

6. 转印系统故障

复印机转印系统经常发生的故障有转印率低、转印不全、浓淡不均和模糊不清等。

7. 分离系统故障

复印品从感光体上分离的效果直接影响复印的效率，特别是当分离失效的时候，就一定会发生卡纸现象。

8．充电系统故障

充电系统故障表现在复印品上，就是图像色调非常淡，而且不清晰。

9．清洁系统故障

清洁系统故障表现在复印品上，就是复印品上有黑白的条纹、有前一次复印的图像、图像的色调浅（黑度差）、底灰太大、图像模糊、图像有无规则和有规则脏污、图像污染以及底灰突然增大等。

10．电路系统故障

电路系统的故障，影响静电复印机的可靠性和复印质量的优劣。因此，掌握静电复印机的电路控制线路系统，熟悉基本单元电路、电气的工作原理、测试、调整和维修方法，是提高使用效率、延长使用寿命和保证复印质量的首要条件。

第四章　设备管理与安全使用规范

第一节　设备管理基本知识

一、设备管理的任务

设备管理的主要任务是以提高企业竞争力和企业生产经营效益为中心，建立适应社会主义市场经济和集约经营的设备管理体制，实行设备综合管理，不断改善和提高企业技术装备素质，充分发挥设备效能，不断提高设备综合效率和降低寿命周期费用，促进企业经济效益不断提高。

设备管理不仅仅是指简单的日常管理，它已经成为一门新兴的科学，称之为设备工程。设备工程是以提高设备综合效率，追求寿命周期费用经济性，实现企业生产经营目标为目的，运用现代科学技术、管理理论和管理方法，对设备寿命周期（规划、设计、制造、购置、安装、调试、使用、维护、修理、改造、报废到更新）的全过程，从技术、经济、管理等方面进行综合研究和管理的一系列活动的总称。它是一种系统工程，包括规划工程和维修工程，并与公用工程、安全与环境保护工程密切相关。

二、设备管理现代化

我国现阶段设备管理的战略目标是推行设备管理现代化，设备管理现代化包括 5 个方面：

1. 管理思想现代化

管理思想现代化是设备管理现代化的灵魂和主导，要实现设备管理现代化，就要求用现代化科学思想理论和管理思想指导管理实践。对设备管理，其现代化管理理论有：系统论、控制论、信息论、工程经济学、管理工程学、可靠性工程、摩擦学等。现代化管理思想包括：设备综合管理观念、战略观念、效益观念、竞争观念、安全观念与环保观念等。

2．管理组织现代化

管理组织现代化是设备管理现代化的基础，就是要求不断适应经济体制改革，适应现代化大生产的要求，探索建立合理有效的设备管理运行体制和组织机构，最大限度调动和发挥组织中每个成员及群体的积极性和创造性。设备管理与维修组织形式和结构应当与推行设备管理现代化相适应，组织严密、制度健全、工作高效、充分协调、信息畅通，并且有良好的跟踪和反馈控制能力。

3．管理方法现代化

管理方法现代化是指为适应现代化大生产的要求，一方面继承传统的有效的管理经验和方法；另一方面应积极推广应用先进的管理方法，确保各项管理工作标准化、系统化、科学化。目前正在推广运用的现代化管理方法有：价值工程、网络技术、ABC 分析法、决策技术、预测技术等。

4．管理手段现代化

管理手段现代化是设备管理现代化的工具。如用先进的设备诊断仪器对连续运行的设备状态自动检测和控制，应用计算机辅助设备管理，采用各种精密检测工具提高设备修理精度等。不断采用现代科学技术成果，对管理手段进行技术改造，提高管理工作效率和管理功能。

5．管理人才素质现代化

管理人才素质现代化是设备管理现代化的关键和前提。人的素质包括政治素质、文化知识、实践经验、身体素质、心理素质、群体意识等方面。

三、设备的维护

设备的操作者，除了合理使用设备之外，必须按要求对设备进行维护，这样才能保持设备的正常技术状态，延长设备的使用寿命。设备的维护是设备操作者应尽的主要职责之一。特别是对用于企业生产、起重运输的设备，更要严格执行设备维护制度。

1. 设备维护的"四项要求"

（1）整齐：工具、工件、附件摆放整齐，设备零件及安全防护装置齐全。

（2）清洁：设备内外清洁，无污渍。

（3）润滑：润滑装备齐全，符合要求。

（4）安全：设备使用时注意观察运行情况，不出安全事故。

2. 设备维护的实施

设备的维护分为日常维护和定期维护两部分。对于不同的设备，具体的维护项目是不相同的，但维护的程序和要求基本一致。

（1）设备的日常维护。设备的日常维护包括每班和周末维护。每班维护是要在每班工作前对设备进行点检：查看设备有无异状；油箱及润滑装置的油质、油量是否符合要求，并按润滑要求加油；安全装置及电源等状态是否良好等等。确认无误后，先空车运转，待润滑情况及其他各部分正常后方可工作。设备运行要严格遵守操作规程，注意观察运转情况，发现异常立即停机处理。对于自己不能排除的故障，要按照规定的手续交维修人员维修。维修完毕后，操作人员要签字验收，修理人员要记录检修过程中零部件更换情况，以便掌握设备故障状态。

下班前要清扫擦拭设备，切断电源，清理工作场地，保持设备整洁，重要的部位，如设备滑动导轨要采取涂油等保护措施。

周末维护是在每个周末和节假日前，用一定的时间清洗设备，清除油污，达到维护"四项要求"。

（2）设备的定期维护。设备的定期维护是在维修人员辅导配合下，由操作者进行的定期维护作业，应按照设备管理计划执行。在维护作业过程中，发现故障隐患，一般由操作者自行调整、排除。操作者不能自行排除的，交维修工维修。设备的定期维护要有检查、验收，并作为设备管理执行情况的考核项目。

3. 精密、重型和数控设备的使用与维护

现代企业，设备装备越来越先进，精密、重型和数控等关键设备是保证企业实现经营方针、目标，提高企业产品质量、生产效率，创造经济效益的技术保证。对于这些设备的维护，除应达到前面提到的各项要求外，还必须针对它们的使用特点，严格执行各项特殊的要求。

四、设备的润滑管理

用润滑剂来减少两物体摩擦表面间的摩擦和磨损或其他形式的表面破坏的方法叫润滑。

润滑工作是设备管理工作中非常重要的组成部分。在大、中、小型企业中，一般都设置集中管理形式的设备润滑机构，以确保润滑工作的落实。

1. 润滑的作用

（1）降低摩擦作用。润滑剂的使用能使摩擦表面间的干摩擦变为流体摩擦或混合摩擦，使摩擦系数减小，从而使摩擦减轻，运动阻力减小，动力消耗降低。

（2）减少磨损作用。润滑剂能有效地控制机件的磨损，而且润滑油的冲洗作用能带走磨屑，减小磨粒造成的磨损。

（3）降低温升作用。摩擦表面间的干摩擦使大量能量转化成热量，造成摩擦副之间的温度升高，甚至烧结，润滑剂能吸收摩擦产生的热量，起到冷却降温的作用。

（4）防锈保护作用。金属表面与空气接触一段时间后会氧化生锈。有水、酸性或碱性物质存在时，氧化生锈现象更为严重。润滑材料依附于机件表面形成保护性油膜，隔离了金属与有害介质的接触，可避免金属的氧化锈蚀。

（5）吸收振动作用。润滑剂一般都具有弹性，能有效吸收机械振动。

（6）密封作用。润滑脂润滑既能使润滑剂不易流失、不易泄露，又能阻止杂质进入摩擦部位，起到密封作用。

2. 润滑管理的实施

（1）设备润滑"五定"。设备润滑"五定"是指润滑工作要实行定点、定质、定时、定量、定人的科学管理。定点是指首先明确每台设备的润滑点，它是设备润滑管理的基本要求。定质是指要确保润滑材料的品种和质量。定时，也称为定期，是指要按润滑卡片或润滑图表所规定的加、换油时间加油和换油。对大型油池中的润滑油，要按周期取样检验。定量是指按规定的数量注油、补油或清洗换油。定人是指要明确有关人员对设备润滑工作应负有的责任。

（2）设备的清洗换油。润滑油在使用过程中，由于受到内部和外界各种因素的影响，会发生物理和化学变化而变质，如继续使用会造成机件的腐蚀或磨损。因此，要及时更换不合格的润滑油。

换油有两种方式：定期换油方式和按质换油方式。根据设备润滑图表的要求，周期性按时换油的方式叫定期换油。定期换油方式管理实施方便，但对于一些使用不频繁的设备，无疑会把一些尚能使用的润滑油提前换掉，造成不必要的浪费。按质换油方式则是在鉴定设备油质状态后，根据实际状态确定立即换油还是延期使用。特别是对100L以上的大型油池，这种换油方式避免了浪费，更为合理、科学。

清洗换油工作的具体操作，应按照设备的清洗换油工艺进行。

五、设备的修理

设备在使用过程中随着零部件磨损程度的逐渐增大，技术状态将逐渐劣化，设备的功能和精度随之会难以满足使用要求，甚至发生故障。设备技术状态劣化或发生故障后，为了恢复其功能和精度，采取更换或修复已经磨损、失效的零件，并对局部或整机检查、调整的技术活动称为设备的修理。

1. 修理方式

设备修理方式也称为设备维修方式，国内外工业企业对生产用设备，较普遍采用的修理方式有预防修理和事后修理。企业可以根据自己企业的特点采用不同的修理方式。

（1）预防修理方式。为了防止设备的功能、精度降低到规定的临界值或为了降低故障率，按事先制定的计划以及技术要求所进行的修理活动，称为设备的预防修理。近年来国外提出的以可靠性为中心的维修（ROM）和质量维修（QM）也是预防修理方式。预防修理方式又分为状态监测修理和定期修理。

状态监测修理方式既能使设备经常保持完好状态，又能充分利用零件的使用寿命。它适用于重大关键设备，生产线上的重要设备，不宜解体检查的设备，故障发生后会引起公害的设备等。

定期修理方式适用于已经充分掌握设备磨损规律的设备，生产过程中平时难以停机修理的流程生产设备，自动化生产线中的主要生产设备，以及连续运行的动能生产设备。我国一些企业实行的"设备三级保养，大修制"就是一种定期修理方式。

（2）事后修理方式。设备发生故障或性能精度降低到合格水平以下，因不能继续使用而进行的无计划性修理称为事后修理，也就是通常所说的故障修理。

事后修理方式发生在设备发生故障后，往往影响设备的合理使用，特别是对于生产设备，会给生产造成较大损失，也使修理工作变得困难和被动。但对那些故障停机后再修理不会产生不良影响、不会造成损失的设备来讲，采用事后修理方式可能更经济。

2．修理分类

修理分类是根据修理内容、技术要求以及工作量的大小，对设备修理工作的划分。预防修理分为大修、项修和小修。

设备大修是工作量最大的计划修理。设备的项修是项目修理的简称，它是根据设备的实际情况，对状态劣化已难以达到生产工艺要求的零部件进行针对性修理。设备小修是工作量最小的计划修理。对于实行状态监测修理的设备，小修的内容是针对发现的问题，恢复正常功能的修理；对于实行定期修理的设备，小修的主要内容是根据设备磨损规律，更换或修复即将失效的零件，以保证设备的正常功能。

六、设备诊断技术

现代化设备管理需要现代化的管理技术和管理方法的支持。随着现代机电设备向大型、高速、连续、自动化、智能化发展，设备维护、修理方法也有所发展，出现了一些新的方法。我们应根据具体情况，通过试验，积极采用新方法。设备诊断技术就是一项当前在国内外发展迅速、用途广泛、效果良好的重要的设备工程新技术。

所谓设备诊断技术，就是"在设备运行中或在基本不拆卸全部设备的情况下，掌握设备运行状态，判定产生故障的部位和原因，预测、预报未来状态的技术"。所以说设备诊断技术是防止事故发生的有效措施，也是设备维修的重要依据。

采用设备诊断技术，至少可以达到以下目的：

（1）保障设备安全，防止突发故障；

（2）保障设备精度，保证产品质量；

（3）实施状态维修，节约维修费用；

（4）避免设备事故造成的环境污染；

（5）给企业带来大的经济效益。

此外，设备诊断技术还可以在其他许多方面体现出它的科学性、先进性。比如，可以为优化设备设计及消除设计缺陷提供明确的方向；可以作为新设备安装验收的重要手段；可以为设备质量纠纷、突发事故责任纠纷提供依据和线索；还可以为特殊设备提供远程诊断等等。

设备诊断技术包括信息库和知识库的建立以及信号检测、特征提取、状态识别和预报决策等 4 个工作程序。

设备诊断有振动监测诊断技术、油液监测诊断技术、磁塞检测技术、铁谱监测技术等多种方法，在不同的场合，对不同的设备可采用不同的技术手段。其中，振动监测诊断技术最为常用、最为有效。

推广设备诊断技术有利于实行设备管理现代化，实行维修体制改革，克服"过剩维修"及"维修不足"现象，从而达到设备寿命周期费用最经济和设备综合效率最高的目标，对设备工程的开展有着积极的推动作用。

第二节　机电设备的安全使用

一、安全管理

机电设备使用场地中，要张贴安全生产责任制、设备安全操作规程等有关内容，用以时刻提醒"安全第一"这一基本要求。安全工作关系着设备使用者的身心健康和企业的兴旺发达，所以我们必须掌握机电设备安全使用规范的基本内容。

安全管理要研究在各种情况下，怎样才能确保以人和设备构成的整体系统的稳定性、安全性和可靠性，使系统可以充分发挥应有的机能；还要研究怎样才能使设备符合或适应人和周围环境的要求，以减少事故的发生，保证整个系统的安全。

安全管理是一种系统工程，它需从整体观点看问题，综合考虑各种条件、各种因素所造成的影响，优化选择实施方案，并且需要有监督和控制机构，及时检查、协调，确保安全管理整体功能的实现。

安全管理包括以下基本活动：

（1）确定安全管理的目标和方针，并制定出相应的规划和计划。

（2）拟订安全管理各项可行方案，选择和确定最优化方案。

（3）确定最好的设备和人员安全配置。

（4）对生产过程（设备使用过程）进行安全组织，保证安全管理系统的运转。

二、企业安全生产

机电设备很大一部分用于企业生产，企业安全生产要执行企业安全生产责任制、安全生产教育制、安全生产定期检查制等规章制度。

1．安全生产责任制

（1）企业各级领导在管理生产的同时必须负责管理安全工作，认真贯彻执行国家有关劳动保护的法令制度，在计划、布置、检查、总结、评比生产的同时，要计划、布置、检查、总结、评比安全生产。

（2）企业中生产、技术、设计、供销、运输、财务等各有关专职机构，都应该在各自业务范围内，对实现安全生产的要求负责。

（3）企业应该根据实际情况加强劳动保护工作机构或专职人员的工作。

（4）企业内各生产小组应该设有不脱产的安全员。

（5）企业职工应该自觉遵守安全生产规章制度，不违章作业，并要制止他人违章作业，积极参加各种安全生产活动，主动提出改进安全工作的意见，爱护和正确使用机器设备、工具及个人防护用品。

2．安全生产教育制

（1）企业必须认真对新工人进行安全生产的企业教育、车间教育和现场教育，经过考试合格后，才能进入操作岗位。

（2）对于电器、起重、锅炉、受压容器、焊接、车辆驾驶等特殊工种的工人，必须进行专门的安全操作技术训练，经过考试合格后，才能准许他们操作。

（3）企业必须建立安全活动日和在班前、班后、会上检查安全生产情况等制度，对职工进行经常的安全教育，并且注意结合职工文化生活，进行各种安全生产宣传。

（4）在采用新的生产方法、添加新的技术设备、制造新的产品或调换工人工作的时候，必须对工人进行新操作法和新工作岗位的安全教育。

三、机电设备安全技术要求和使用规定

机电设备首先要符合安全技术要求。不同类型的机电设备，安全技术要求的内容侧重不同。如对电器部分有针对于触电安全防护、防雷防护、静电防护等电气安全技术措施；对起重设备有针对于起重机零部件、安全装置、操作要求的起重安全技术措施等等。

此外，在机电设备使用中还应遵守机电设备的安全使用规定。比如对于机械类机电设备，为保证设备的安全应遵守机械类机电设备的安全使用规定：

（1）传动带、裸露的齿轮、砂轮、电锯、接近地面的联轴器、转轴、带轮和飞轮等危险部位，要设置防护装置。

（2）压延机、冲压机、碾压机、压印机等压力机械的施压部分要有安全装置。

（3）机器的转动摩擦部分，可设置自动加油装置或者蓄油装置；工人用长嘴注油器难于加油处，应该停车注油。

（4）起重机应该标明起重吨位，并且要有信号装置。桥式起重机应该有卷扬限制器、起重量控制器、行程限制器、缓冲器和自动联锁装置。

（5）起重机应该由经过专业训练并考试合格的专职人员操作。

（6）起重机的挂钩和钢丝绳都要符合规格，并应该经常检查。

（7）起重机在使用的时候，不能超负荷、超速度和斜吊；并禁止任何人站在吊运物品上或者在下面停留和行走。

（8）起重机应该规定统一的指挥信号。

（9）设备和工具要定期检修，如果损坏，应立即修理。

总之，安全是机电设备使用的头等大事。无论在任何场合，使用任何设备，都必须遵守安全管理规定和设备安全规定，树立安全生产意识。只有这样，才能保障设备安全和设备使用者的人身安全，才能充分发挥机电设备的效用，体现其应有的价值。

第五章　机械制造工艺基础

第一节　生产过程与工艺过程

一、生产过程与工艺过程概述

1. 生产过程

生产制造过程是把产品设计的技术信息转化为实际产品的核心环节，根据设计信息将材料和半成品转化为产品的全部过程称为生产制造过程，简称生产过程。

生产过程包括原材料的运输保管和准备、生产准备、毛坯制造、零件的制造过程、部件和产品的装备过程、质量检验和喷漆包装等工作。

2. 工艺过程

在生产过程中，毛坯的制造成型（如铸造、锻压、焊接等），零件的机械加工、热处理、表面处理、部件和产品的装配等是直接改变毛坯的形状、尺寸、相对位置和性能的过程，称为机械制造工艺过程，简称工艺过程。

机械制造工艺过程又可分为：毛坯制造工艺过程、机械加工工艺过程、机械装配工艺过程等。本课程主要研究零件加工的方法、产品的装配方法和由这些方法合理组成的机械加工工艺和产品装配工艺。

对于同一个产品或零件，其加工工艺过程或装配工艺过程可以是各种各样的，但对于确定的条件，可以有一个最为合理的工艺过程。在企业生产中，把合理的工艺过程以文件的形式规定下来，作为指导生产过程的依据，这一文件称为工艺规程。根据工艺过程的内容不同，工艺规程可有机械加工工艺规程、机械装配工艺规程等多种形式。

二、工艺过程的组成

机械加工工艺过程是由一个或若干个顺序排列的工序组成的，而工序又可分为若干个安装、工位、工步和走刀。

1. 工序

一个或一组工人，在一个工作地或一台机床上对同一个或同时对几个工件连续完成的那一部分工艺过程称为工序。划分工序的依据是工作地点是否变化和工作是否连续。

2. 安装

工件经一次装夹后所完成的那一部分工序内容称为安装。在一道工序中，工件可能被装夹一次或多次，才能完成加工。

3. 工位

为了减少工件的装夹次数，常采用各种回转工作台、回转夹具或移动夹具，使工件在一次装夹中，先后处于几个不同的位置进行加工。工件相对于机床或刀具每占据一个加工位置所完成的那部分工艺过程，称为工位。

4. 工步

在加工表面、加工工具和切削用量（不包括背吃刀量）都不变的情况下，所连续完成的那一部分工序内容称为工步。

三、生产纲领与生产类型

1. 生产纲领

生产纲领是指企业在计划期内应当生产的产品产量和进程计划，某零件的年生产纲领就是包括备品和废品在内的年产量，可用下式计算：

$$N = Q \cdot n(1 + a\%)(1 + b\%) \qquad (5-1)$$

式中：N——零件的年生产纲领（件/年）；

　　　Q——产品的年生产量（台/年）；

n——每台产品中，该零件的数量（件/台）；

$a\%$——备品率；

$b\%$——废品率。

2．生产类型

生产类型是指某生产单位（企业、车间、工段、班级、工件地）生产专业化程度的分类，一般分为三种类型：

（1）单件生产。单个生产不同结构和不同尺寸的产品，并且很少重复。例如，重型机械专用设备、大型船舶制造及产品试制等就属于此类。

（2）成批生产。一年中分批地制造相同的产品，制造过程有一定的重复性。例如，普通机床、食品机械、纺织机械等的制造就属于此类。按批量大小，成批生产又可分为小批生产、中批生产和大批生产3种类型。

（3）大量生产。产品数量很大，结构和规格比较固定，大多数工作地点经常重复地进行某一零件的某一道工序的加工。例如，汽车、拖拉机、轴承、自行车等的制造就属于此类。生产类型的划分主要取决于生产纲领、产品尺寸、结构复杂程度。

生产类型直接影响加工和装配工艺，进而影响效率和成本。同一种产品，大量生产比成批生产和单件生产的效率高、成本低、质量可靠。

然而，随着社会的发展、进步，生活水平的提高，产品更新换代频繁，周期缩短，导致产品品种增多、批量下降，多品种、小批量生产所占比例越来越大，而效率低下，这是机械制造业亟待解决的问题。推行成组技术（GT），推广柔性制造系统（FMS）、计算机辅助工艺规程设计（CAPP）、计算机集成制造系统（CIMS）等，都是行之有效的途径。

第二节　零件结构的工艺性分析

零件图是制定工艺规程最基本的原始资料之一。对零件图的分析是否透彻，将直接影响所制定工艺规程的科学性、合理性和经济性。分析零件图，主要从以下两个方面进行：

一、零件的结构及工艺分析

1．零件的表面组成分析

零件的结构千差万别，但都是由一些基本表面和特型表面所组成。基本表面主要有内外圆柱面、平面等；特型表面主要指成形表面。首先分析组成零件的基本表面和特型表面，然后可针对每一种基本表面和特型表面，选择出相应的加工方法。如对于平面，可选择刨削、铣削、拉削或磨削等方法进行加工；对于孔，选择钻削、铰削、车削、拉削或磨削等方法进行加工。

2．零件各表面的组合情况分析

对于零件结构分析的另一方面是分析零件表面的组合情况和尺寸大小。组合情况和尺寸大小的不同，形成了各种零件在结构特点上和加工方案选择上的差别。在机械制造业中，通常按零件的结构特点和工艺过程的相似性，将零件大体上分为轴类、箱体类、齿轮类零件等。

3．零件的结构工艺性分析

零件的结构工艺性是指零件的结构在保证使用要求的前提下，是否以较高的生产率和最低的成本而方便地制造出来的特性。许多功能相同而结构不同的零件，它们的加工方法与制造成本往往差别很大，所以应仔细分析零件的结构工艺性。

二、零件的技术要求分析

分析零件的技术要求是制定工艺规程的重要环节。只有认真地分析零件的技术要求，分清主次后，才能合理地选择每一加工表面应采用的加工方法和加工方案，以及整个零件的加工路线。零件技术要求分析主要有以下几个方面的内容：

（1）精度分析。主要包括被加工表面的尺寸精度、形状精度和相互位置精度的分析。

（2）表面粗糙度及其他表面质量要求的分析。

（3）热处理要求和其他方面要求（如动平衡、去磁等）的分析。

在认真分析了零件的技术要求后，结合零件的结构特点，对零件的加工工艺过程便有了一个初步轮廓。加工表面的尺寸精度、表面粗糙度和有无热处理要求，决定了该表面的最终加工方法，进而得出中间工序和粗加工工序所采用的加工方法。

分析零件的技术要求时，还要结合零件在产品中的作用，审查技术要求规定得是否合理，有无遗漏和错误，发现不妥之处，应与设计人员协商解决。

第三节　毛坯的选择

零件是由毛坯按照其技术要求经过各种加工而最后形成的。毛坯选择得正确与否，不但影响产品质量，而且对制造成本也有很大影响。因此，正确选择毛坯有着重大的技术经济意义。

一、毛坯的种类

1．铸件

形状复杂的毛坯，如机架、壳体、床身等宜采用铸造方法制造。目前生产铸件的主要方法是手工砂型铸造，少数尺寸较小的优质铸件可采用特种制造，如金属铸造、熔模铸造和压力铸造等。

2．锻件

锻件毛坯适用于强度要求较高、形状比较简单的零件。锻件有自由锻件和模锻件两种。自由锻件的加工余量大，锻件精度低，生产率不高，适用于单件小批生产以及大型锻件。模锻件的加工余量小，锻件精度高，生产率高，适用于大批大量生产且小型锻件。

3．型材下料件

型材下料件是指从各种不同截面形状的热轧和冷拉型材上切下的毛坯件。热轧型材的精度较低，适用于一般零件的毛坯。冷拉型材的精度较高，多用于毛坯精度要求较高的中小型零件和自动机床上加工零件的毛坯。

4．焊接件

焊接件是将型钢或钢板焊接成所需要的结构毛坯件。其优点是结构重量轻，制造周期短，但是焊接件抗振性差，零件热变性大。

二、选择毛坯应考虑的问题

毛坯的种类与质量对加工质量、材料消耗、生产率、成本密切相关。我们总是希望毛坯与成品零件尽可能接近，以节约材料、降低成本，但这样又会造成毛坯制造难度大、成本提高。为合理解决这一矛盾，在选择毛坯时必须考虑以下问题：

（1）零件的生产纲领。当零件的产量较大时，应选择精度和生产率都比较高的毛坯制造方法。

（2）毛坯材料及其工艺特性。材料是决定毛坯制造方法的重要因素。

（3）零件形状和尺寸。零件的尺寸和形状也是决定毛坯制造方法的重要因素。

（4）现有生产条件。在选择毛坯时，不应脱离生产设备和工艺水平，但又要结合产品的发展，积极创造条件，采取先进的毛坯制造方法。

第四节 工件的定位与基准

一、工件的装夹

在加工中，使工件相对机床、刀具占据一个正确位置的过程，称为定位。使工件在加工过程中保持所占据的确定位置不变的过程称为夹紧。定位后一般需要可靠夹紧才能进行加工。

定位和夹紧的过程称为装夹。工件的装夹方法与生产纲领有很大的关系。

1．直接找正装夹

直接找正装夹是用画针和百分表或通过目测直接在机床上找正工件的正确位置的装夹方法。如图 5-1 所示是用四爪单动卡盘装夹工件，先用百分表对工件 A 圆进行找正后，夹紧工件车削外圆 B，从而保证 A、B 圆柱面的同轴度要求。

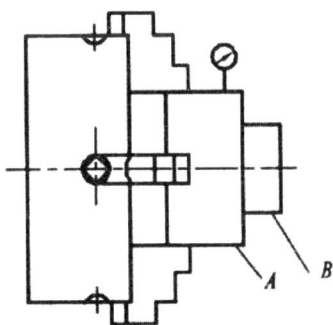

图 5-1 直接找正装夹

使用工具：画线盘、百分表或千分表。

定位精度：0.1～0.5mm（画线盘），0.001～0.005mm（千分表）。

特点：生产率低，适用于单件、小批量生产。对操作工人技术水平要求高。

2．按画线找正装夹

画线找正装夹是根据毛坯或半成品上所画的加工线为基准，用画针找到工件在机床中的安装位置的方法。如图 5-2 所示，当加工箱体时，在龙门刨床上用千斤顶或垫铁支起工件毛坯，用画针按画线找正并夹紧，然后进行刨削。

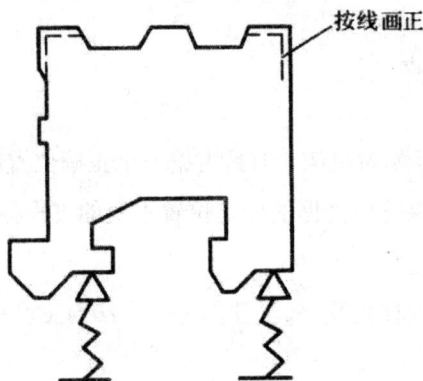

图 5-2　按画线找正装夹

定位精度：0.2～0.5mm。

特点：适合于形状复杂的铸件或锻件，毛坯余量可较大，精度要求不高。生产率低，适用于单件、小批量生产。对操作工人技术水平要求高。

3．用专用夹具装夹

夹具的定位夹紧元件能使工件迅速获得正确位置，并使其固定在夹具和机床上。因此，工件定位方便，定位精度高（可以达到 0.01mm 的定位精度）而且稳定，装夹效率也高。但专用夹具制造费用高，周期长，一般用于中、大批和大量生产。

特点：生产率高，一批产品的精度稳定。对工人技术水平要求低。

二、定位基准及分类

所谓基准就是工件上用来确定其他点、线、面的位置的那些点、线、面。一般用中心线、对称线或平面来做基准。根据作用和应用的场合不同，基准可分为设计基准和工艺基准两大类。

1．设计基准

设计基准是指零件设计图上用来确定其他点、线、面位置关系所采用的基准，如图 5-3（a）所示，B 面是 A 面的设计基准，也可以说 A 面是 B 面的设计基准。很多设计基准都是互为设计基准。如图 5-3（b）所示，由同轴度要求可知，ϕ50mm 圆柱面的轴线是 ϕ30mm 圆柱面的轴线，而 ϕ30mm 和 ϕ50mm 两端圆柱面本身大小的设计基准则是其各自的轴线。如图 5-3（c）所示，键槽底面的设计基准是圆柱面的下母线。

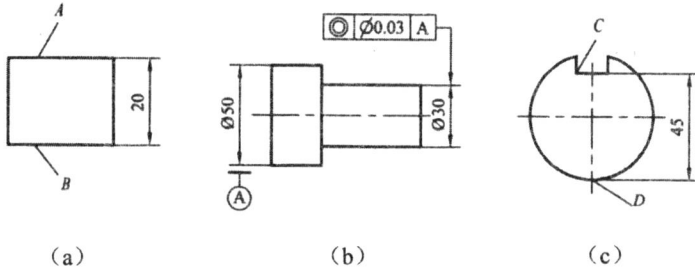

（a）　　　　　　　（b）　　　　　　　（c）

图 5-3　设计基准例图

2．工艺基准

工艺基准是在工艺过程中所采用的基准。按其在工艺过程中的用途不同，工艺基准又可分为四类。

（1）工序基准。指的是在工序图上用来确定本工序所加工后的尺寸、形状、位置的基准。相应地，用来确定被加工表面位置的尺寸称之为工序尺寸。

（2）定位基准。在加工中用作定位的基准。如用直接找正法，找正面是定位基准；用画线法，所画线为定位基准；用夹具装夹，工件与定位元件相接触的面（线、点）是定位基准。定位基准按使用情况可分为两种：用未加工的表面作定位基准为定位粗基准；用已加工表面作为定位基准为定位精基准。

（3）测（度）量基准。即测量时所采用的基准。测量基准应当是实际的点、线、面。

（4）装配基准。即在装配时用来确定零件或部件在产品中相对位置所采用的基准。装配基准应当是实际的点、线、面。

三、定位基准的选择

在制定零件的机械加工工艺规程时，总是先考虑选择怎样的精基准把各个表面加工出来，然后考虑选择怎样的粗基准把精基准的各个基面加工出来。

1. 精基准的选择

当选择精基准时，主要考虑如何减少加工误差，保证加工精度，并使工件的装夹方便。一般应遵循以下原则：

（1）基准重合原则。应尽可能选用加工表面的设计基准（设计图上所采用的基准）作为定位基准。

（2）基准统一原则。一个零件上往往有很多表面需要加工，这些表面之间还有相互位置精度要求。尽可能在多个表面加工和不同工序中使用同一个或一组表面作定位基准，易于保证各加工表面间的相互位置精度。例如，加工较精密的台阶轴时，轴上各外圆表面的精基准都是两端中心孔，粗车、精车和磨削各工序的精基准也是两端的中心孔。

（3）互为基准原则。相互位置精度要求高的零件，采用互为基准反复加工的原则。

（4）自为基准原则。当精加工或光整加工工序要求余量小而均匀时，应选择加工表面本身作为精基准。例如，用浮动铰刀铰孔、用圆拉刀拉孔和无心外圆磨床磨削外圆等都是利用这一原则保证位置公差的要求。

2. 粗基准的选择

（1）余量最小原则。为了保证零件各个加工面都能分配到足够的余量，应选择加工余量最小的表面作为粗基准。

（2）重要表面原则。选择导轨面作为加工床身铸件两底面的粗基准，目的在于保证重要导轨面上只需少而均匀地切去一层金属，从而保留下尽可能多的优良组织层。另外，选择导轨面这样大而平的毛坯面作为粗基准，也使工件安装平稳可靠。

（3）非加工面原则。选择非加工表面作为基准，可以使加工表面与非加工表面之间的位置误差最小。例如，外表面是非加工表面的套筒零件，为保证镗孔后壁厚均匀，即内圆表面与外圆表面同轴，应选择外圆表面作为粗基准。

　　（4）不重复使用原则。粗基准一般只能使用一次。毛坯上的表面都比较粗糙，在一般情况下，同一尺寸方向上的粗基准表面只能使用一次，重复使用会使相应的加工面间产生较大的位置误差。

第五节　加工工艺路线的拟定

一、表面加工方法的选择

把零件图上所有要加工的表面都找出来，然后按照各类表面的加工精度和表面粗糙度要求，制定各表面经济的加工方案（路线），以待下一步使用。表面加工方法的选择应考虑如下问题：

（1）考虑表面所要求的加工质量。

（2）考虑零件的结构、表面特点、材料等。

（3）考虑生产率和经济性。

（4）考虑工厂现有设备和技术的发展。

二、加工阶段的划分

为保证加工精度，一般不能采用先把某个表面加工到技术要求，再以此类推把每个表面都加工完成的方法。例如，某箱体上有好几个轴承孔需要加工，其中一孔的加工方案是粗镗、半精镗、精镗，不能连续进行这三个步骤把孔加工到位，而应采用加工过程分阶段的方法一步一步达到精度要求。

一般将主要表面的加工划分为最多五个加工阶段：去皮加工阶段，粗加工阶段，半精加工阶段，精加工阶段，光整加工阶段。一般零件的加工常分为三个加工阶段（粗加工阶段，半精加工阶段，精加工阶段），毛坯误差大的可安排去皮加工阶段，精度较高的还有光整加工阶段。

划分加工阶段的理由（原因、必要性）是：

（1）易于保证加工质量。粗加工阶段的主要任务是尽快地切除多余的金属层，半精加工阶段是为精加工做准备，而精加工阶段的目的是最终保证加工质量。精加工阶段余量小，受力小，受力变形小，振动小，切削热小，受热变形小，这样就能保证加工质量。

（2）粗加工切除较多余量，可及时发现毛坯缺陷，及早采取措施，避免浪费工时。

（3）可以合理使用机床、设备。不同的设备具有不同的精度能力和精度寿命，加工过程分阶段，可以在粗加工阶段使用低精度或旧设备，精加工阶段使用高精度设备。

三、工序的集中与分散

每个表面都有加工方案，有若干个加工步骤，还要分成若干个阶段来加工，不能对准一个表面连续加工。这样就产生了一道工序由哪几个加工步骤组成的问题，即工序的集中与分散。

1．工序集中的特点

（1）可减少装夹次数。

（2）便于采用高生产率的机床。

（3）有利于生产组织和计划工作。

（4）占用生产面积小。

机械加工的发展方向是工序集中。中心机床的加工是典型的工序集中的例子。工序集中存在的问题：

①机床机构复杂，刀具多，降低了机床的可靠性，可能影响生产率。

②设备过于复杂，调整维护都不方便。

2．工序分散

其特点与工序集中相反。

四、工序顺序的安排

1．机械加工工序的安排

机械加工工序的安排应遵循以下原则：

（1）先基准后其他。选作精基准的表面应安排在工艺过程的一开始就进行加工，以便为后续工序的加工提供基准。

（2）先粗后精。整个零件的加工工序，应是粗加工工序在前，相继为半精加工、精加工及光整加工工序。

（3）先主后次。先加工零件主要表面（装配基准面、工作表面），然后加工次要表面（键槽、紧固螺钉用的光孔和螺孔、润滑油孔等）。由于次要表面的加工工作量较小，又常常与主要加工表面之间有位置精度要求，所以次要表面的加工一般安排在主要表面加工结束之后或穿插在主要表面加工过程中进行。但是，次要表面的加工必须安排在主要表面最后精加工或光整加工之前，以免主要表面的精度和表面质量因搬运、安装等原因受到损伤。

（4）先面后孔。对于箱体等类零件，平面的轮廓尺寸较大，用它定位比较稳定，先加工平面有利于保证孔的加工精度。

2．辅助工序的安排

辅助工序种类很多，包括工件的检验、去毛刺、平衡及清洗工序等，其中检验工序是主要的辅助工序。

检验是保证产品质量的关键措施之一。在每道工序中，操作者应自检。在粗加工阶段结束之后，在重要工序的前后，工件在车间转移时和全部加工结束之后，都应安排相应的检验工序。

其他的辅助工序也应重视。如果缺少辅助工序或对辅助工序要求不严，常常会给加工和装配工作带来困难，甚至使机器不能运转。例如，前工序的毛刺未去净，影响下道工序的安装精度和加工质量，也会使装配发生困难；切削未去净会使润滑部位得不到充足的润滑油，从而影响机器的正常运转。

3．热处理工序的安排

为了满足工件的力学性能要求或改善切削性能，消除内应力，应在工艺过程的适当位置安排热处理工序。

第六节 加工余量的确定

一、加工余量的概念

为保证零件的加工质量，从某一表面上所切除的金属层厚度，称为加工余量。在某加工表面上切除的金属层的总厚度，即某一表面的毛坯尺寸与零件设计尺寸之差，称之为该表面的总余量 Z_0。每道工序所切除的金属层厚度，即相邻两道工序的工序尺寸之差，称为工序余量 Z_i。

余量有单面余量和双面余量之分。单面余量指平面上的余量，非对称的单边余量，它等于实际切削的金属层厚度。双面余量指回转表面上的余量，对称的双边余量，实际切削的金属层厚度等于加工余量的一半。

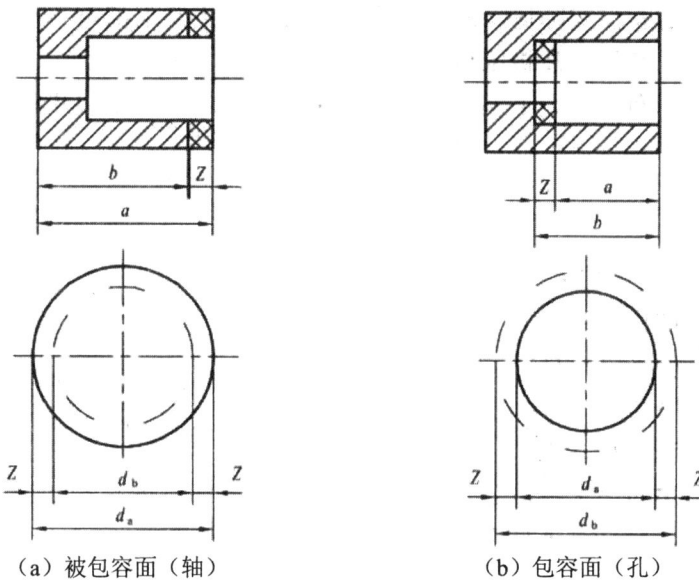

（a）被包容面（轴） （b）包容面（孔）

图 5-4 工序余量与工序尺寸的关系

图 5-4 表示了工序余量与工序尺寸的关系。由图可知，工序余量的基本尺寸可按以下公式计算：

对于被包容面：
$$Z = a - b \tag{5-2}$$

对于包容面：$\qquad Z = b - a \qquad$ （5-3）

对于回转体表面，余量的计算公式为：

轴：$\qquad Z = (d_a - d_b)/2 \qquad$ （5-4）

孔：$\qquad Z = (d_b - d_a)/2 \qquad$ （5-5）

式中：Z——工序余量的基本尺寸；

$\quad a$、d_a——上道工序基本尺寸；

$\quad b$、d_b——本道工序基本尺寸。

如图 5-5 所示，加工总余量与工序余量的关系：

$$Z_0 = \sum_{i=1}^{n} Z_i \qquad （5\text{-}6）$$

式中：Z_0——加工总余量；

$\quad Z_i$——各工序余量；

$\quad n$——工序总数。

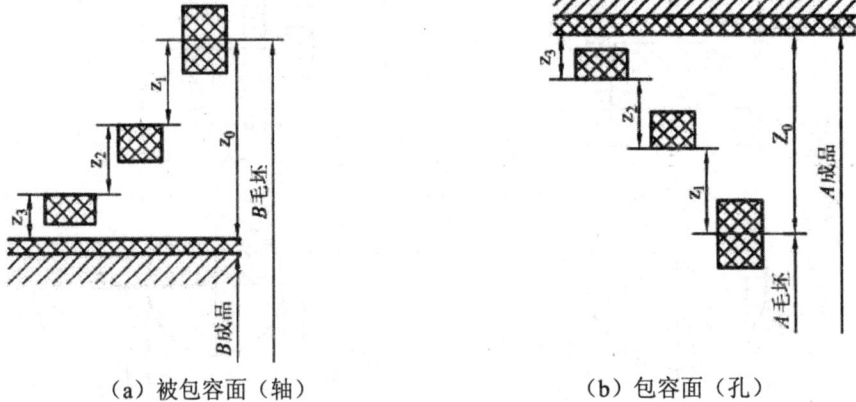

（a）被包容面（轴）　　　　　　（b）包容面（孔）

图 5-5　加工余量和工序尺寸计算关系

由于工序尺寸有公差，实际切除的加工余量也会在一定的范围内变动。为了便于加工，工序尺寸都按"入体原则"标注极限偏差，即按被包容面取上偏差为零；包容面取下偏差为零。毛坯尺寸则按双向布置上、下偏差。工序余量和工序尺寸公差的计算公式如下：

$$Z_{min} = Z - T_a \qquad （5\text{-}7）$$

$$Z_{\max}=Z+T_b \qquad\qquad (5\text{-}8)$$

$$T_Z=Z_{\max}\text{-}Z_{\min}=T_a+T_b \qquad\qquad (5\text{-}9)$$

式中：$Z_{\min}$——最小工序余量；

　　　$Z_{\max}$——最大工序余量；

　　　T_a——上道工序尺寸公差；

　　　T_b——本道工序尺寸公差；

　　　T_Z——工序余量公差。

由此可见，本工序的加工余量公差为相邻两道工序公差之和。

二、影响加工余量的因素

（1）上道工序的各种表面缺陷和误差因素。本道工序的加工余量应能修正上道工序的表面粗糙度 R_a 和缺陷层 D_a、上道工序的尺寸公差 T_a 和上道工序的形位误差 ρ_a。

（2）本道工序加工时的装夹误差。它包括定位误差、夹紧误差（夹紧变形）和夹具本身的误差，安装误差应为上述三项误差的向量和。

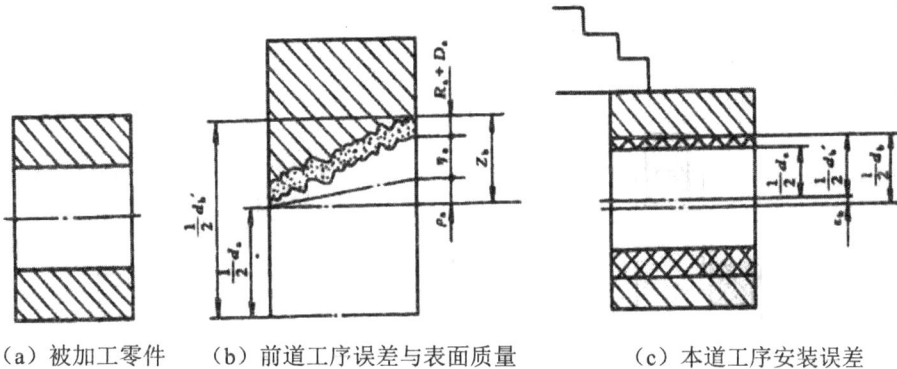

（a）被加工零件　　（b）前道工序误差与表面质量　　（c）本道工序安装误差

图 5-6　影响加工余量的因素

本道工序的工序余量应大于 R_a、D_a、T_a、ρ_a 和装夹误差之和。如图 5-6 所示工件镗孔时的加工余量必须大于上道工序 R_a、D_a、T_a、ρ_a 和本道工序装夹偏心误差 ε_b 之代数和。

三、确定加工余量的方法

（1）估计法：凭经验，一般都偏大。适用于单件小批量生产。常用类比法来估计。

（2）查表法：查阅各种手册、资料，适合于批量生产。应用广泛。

（3）计算法：通过分析影响余量的各个因素来计算余量的大小。

第七节　工序尺寸公差的确定

工序尺寸是加工过程中各道工序应保证的加工尺寸，其公差即工序尺寸公差。正确确定工序尺寸及公差，是制定工艺规程的重要工作之一。

在确定了工序余量和工序所能达到的经济精度后，便可计算出工序及公差。计算分两种情况：一种是基准重合，另一种是基准不重合。

一、当基准重合时工序尺寸及公差的确定

零件上外圆和内孔的加工多属这种情况。当某表面经多次加工时，各工序的加工尺寸及公差取决于各工序加工余量及所采用加工方法的经济加工精度，计算是按顺序由最后一道工序开始反向推算。例如加工某工件上的孔，其孔径为 $\phi 60_0^{+0.03}$ mm，表面粗糙度为 $R_a = 0.8\mu m$，如图 5-7 所示，需淬硬，加工步骤为粗镗、半精镗、精磨。工序尺寸及公差的确定步骤如下：

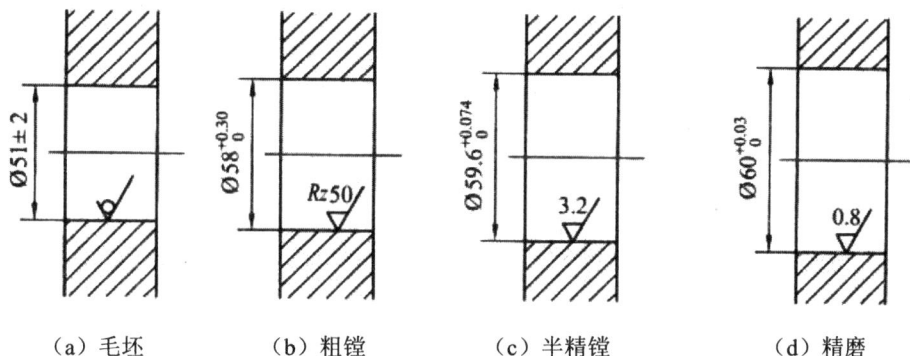

（a）毛坯　　　（b）粗镗　　　（c）半精镗　　　（d）精磨

图 5-7　内孔工序尺寸计算

（1）确定各工序的加工余量。根据各工序的加工性质，查表得它们的加工余量。

（2）根据查表得的余量计算各工序尺寸。其顺序是从最后一道往前推算，图样上规定的尺寸就是最后的磨孔工序尺寸。

（3）确定各工序的尺寸公差及表面粗糙度。最后磨孔工序的尺寸公差和粗糙度就是图样上所规定孔径公差和粗糙值。各中间工序公差及粗糙度根据其对应工序的加工性质，查有关经济加工精度的资料得到。

（4）确定各工序的上、下偏差。查得各工序公差之后，按"入体原则"确定各工序尺寸的上、下偏差。对于孔，基本尺寸值为公差带的下限，上偏差取正值（对于轴，基本尺寸为公差带的上限，下偏差取负值）；对于毛坯尺寸偏差应取双向值（孔与轴相同）。

二、工艺尺寸链

1．尺寸链的定义

在机器的装配或零件的加工过程中，一组相互联系的尺寸，按一定的顺序排列形成封闭尺寸组合，叫作尺寸链。

尺寸链的特点是其具有封闭性和关联性。组成尺寸链的尺寸数（环数）不能少于 3 个。

2．尺寸链的组成

组成尺寸链的每一个尺寸，称作一个环。按各环的性质不同，又可将环分成组成环和封闭环。

（1）封闭环。加工过程中间接获得的环或装配过程中最后自然形成的环，称为封闭环。一个尺寸链中，封闭环仅有一个。

（2）组成环。对封闭环有影响的全部环，称为组成环。组成环按其对封闭环的影响不同又可分成增环和减环。如果某一组成环的变化引起封闭环同向变化，则该环属于增环；反之，如果某一环的变化引起封闭环反向变化，则该环属于减环。

3．增、减环的判定

一般用回路法来判定增、减环。其方法是：对于一个尺寸链，在封闭环旁画箭头（方向任选），然后沿箭头所指方向绕尺寸链一圈，并给各组成环标上与绕行方向相同的箭头，凡与封闭环箭头同向的为减环，反向为增环。

4．尺寸链的种类

尺寸链按不同分类方法有不同的类别。

按各尺寸在空间的分布形式分为：直线尺寸链、角度尺寸链、平面尺寸链、空间尺寸链。

按其独立性分为：独立尺寸链和并联尺寸链。

按在生产过程中所处阶段分为：装配尺寸链、零件设计尺寸链与工艺尺寸链。

5．尺寸链计算

（1）正计算。已知组成环，求封闭环。

（2）反计算。已知封闭环，求组成环。

6．尺寸链的计算公式

如图 5-8 所示是一个 n 环尺寸链。A_0 是封闭环，其中有 k 个环，$n\text{-}k\text{-}1$ 个减环。

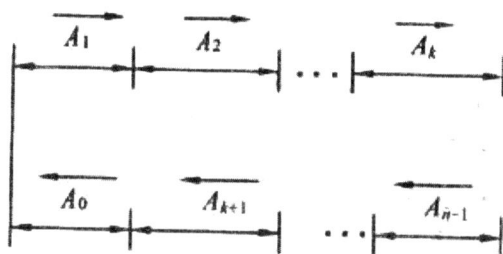

图 5-8　n 环尺寸链

（1）封闭环基本尺寸确定。

$$A_0 = \sum_{z=1}^{k} A_z - \sum_{j=k+1}^{n-1} A_j \tag{5-10}$$

也就是封闭环尺寸的上偏差等于增环尺寸上偏差之和。

（2）极限法解尺寸链。

极值尺寸：

$$A_{0\max} = \sum_{z=1}^{k} A_{z\max} - \sum_{j=k+1}^{n-1} A_{j\min} \tag{5-11}$$

$$A_{0\min} = \sum_{z=1}^{k} A_{z\min} - \sum_{j=k+1}^{n-1} A_{j\max} \quad\quad (5-12)$$

封闭环上、下偏差：

$$ES_{A0} = \sum_{z=1}^{k} ES_{Az} - \sum_{j=k+1}^{n-1} EI_{Aj} \quad\quad (5-13)$$

$$EI_{A0} = \sum_{z=1}^{k} EI_{Az} - \sum_{j=k+1}^{n-1} ES_{Aj} \quad\quad (5-14)$$

也就是封闭环尺寸的上偏差等于增环尺寸上偏差之和减去尺寸下偏差之和；封闭环尺寸的下偏差等于增环尺寸下偏差之和减去减环尺寸上偏差之和。

（3）封闭环公差。封闭环公差等于各组成环公差之和。

$$T_{A0} = \sum_{i=1}^{n} T_{Ai} \quad\quad (5-15)$$

三、解算基准不重合时工序尺寸与公差

应用工艺尺寸链解决实际问题的关键，是要找出工艺尺寸之间的内在联系，正确确定出封闭环和组成环。当确定了尺寸链的封闭环和组成环后，就能运用尺寸链的计算公式进行具体计算。

第八节 机械加工的生产效率及技术经济分析

制定机械技工工艺规程，必须在保证零件质量要求的前提下，提高劳动生产率和降低成本。也就是说，在制定机械加工工艺规程时必须做到优质、高效、低成本。劳动生产率是指工人在单位时间内制造出合格产品的数量。或者是指用于制造单件产品所消耗的劳动时间。经济性是指在机械加工中用最少的费用制造出合格的产品。

一、时间定额

在工艺设计中的一个重要内容是确定劳动定额。它是劳动生产率的指标。劳动定额可表现为时间定额和产量定额两种形式。时间定额，又称为工时定额，是在一定生产技术及组织条件下，规定生产一件产品或完成一道工序所需的时间。产量定额是在一定生产技术及组织条件下，规定在单位时间生产合格产品数量的标准。目前，多数企业采用时间定额这一劳动定额形式。

时间定额是安排生产计划、计算产品成本和企业经济核算的主要依据，也是设计新产品或扩建工厂时决定设备、人员数量和车间布置的依据。确定合理的时间定额，能促进工人生产技术的不断提高，发挥他们的积极性和创造性，从而促进生产发展。

在机械加工中，完成一个工件的一道工序所需的时间，称为单件时间 t_d。它由下述部分组成：

（1）基本时间 t_j。基本时间是直接改变生产对象的尺寸、形状、相对位置、表面状态或材料性质等工艺过程所消耗的时间。对机械加工而言，就是直接切除工序余量所消耗的时间（包括刀具的切入和切出时间）。基本时间可由计算公式求出。例如，车削时：

$$t_j = \frac{L_{\text{计}}z}{nfa_p} \tag{5-16}$$

式中：t_j——基本时间，单位：min；

$L_{计}$——工件行程的计算长度，包括加工表面的长度，刀具切入和切出长度，单位：mm；

z——工序余量，单位：mm；

n——工作的旋转速度，单位：r/min；

f——刀具的进给量，单位：mm/r；

a_p——背吃刀量，单位：mm。

（2）辅助时间 t_f。辅助时间是为了保证完成基本工作而执行的各种辅助动作所需要的时间。它包括：装卸工件的时间、开动和停止机床的时间、完成工序中变换刀具（如刀架转位）的时间、改变加工规范（如改变切削用量）的时间、试切和测量工件等所消耗的时间。

辅助时间的确定方法随生产类型而异。当大批大量生产时，为使辅助时间规定得合理，需将辅助动作进行分解，再分别确定各分解动作的时间，最后予以综合；中批生产则可根据以往的统计资料来确定；单件小批生产则常用基本时间的百分比进行估算。

（3）工作地服务时间 t_b。工作地服务时间是指在工作进行期内，消耗在照看工作地的时间，一般包括：更换刀具、润滑机床、清理切屑、收拾工具等。一般按作业时间的 2%～7%估算。

（4）休息和生理需要时间 t_x。休息和生理需要时间是指工人在工作班内恢复体力和满足生理上的需要所消耗的时间。对机床操作工人，一般按作业时间的 2%估算。

以上四部分时间的总和即为单件时间，即

$$t = t_j + t_f + t_b + t_x$$

此外，在成批生产中，每加工一批工件的开始和终了时，需做以下工作：开始时，工人需熟悉工艺文件，领取毛坯、材料，领取和安装刀具和夹具，调整机床及其他工艺装备等；终了时，工人要拆下和归还工艺装备，送交成品等。工人完成这些工作的总时间为 t_z。分摊到一件产品或零部件上，进行准备和结束工作所消耗的时间为 t_z/N。将这部分时间加到单件时间上去，则

为成批生产的单件核算时间 t_h，即

$$t_h = t_d + t_Z / N \qquad (5\text{-}17)$$

大批大量生产时，每个工作地始终完成某一固定工序，故不考虑准备、终结时间，即

$$t_h = t_d \qquad (5\text{-}18)$$

二、提高机械加工生产率的工艺措施

提高劳动生产率不单纯是一个工艺技术问题，而是一个综合性问题，其涉及产品设计制造工艺和生产组织管理等方面。这里仅就通过缩短单件时间来提高机械加工生产率的工艺途径作一个简要说明。

1. 缩短基本时间

在大批大量生产中，基本时间在单件时间中占有较大比重。缩短基本时间的主要途径有以下几种：

（1）提高切削用量。增大切削速度、进给量和背吃刀量都可缩短基本时间。但切削用量的提高，受到刀具耐用度和机床刚度的制约。随着新型刀具材料的出现，切削速度得到了迅速的提高。目前硬质合金刀具的切削速度可达 200m/min。近年来出现的聚晶人造金刚石和聚晶立方氮化硼新型刀具材料，其切削速度可达 900m/min。采用高速磨削和强力磨削可大大提高磨削生产率，目前，国内生产的高速磨削磨床的砂轮磨削速度已达 67m/s，国外已达 90～120m/min。强力切削的切入深度可达 6～12mm，最高可达 37mm。

（2）减少或重合切削行程长度。减少切削行程长度也可以缩减基本时间。例如，用几把刀同时加工同一表面或几个表面。若采用切入法加工时，要求工艺系统具有足够的刚性和抗振性，横向进给量要适当减少以防止振动，同时要增大主电动机的功率。

2. 缩减辅助时间

随着基本时间的减少，辅助时间在单件时间中所占比重就越来越高，

此时提高切削用量，对提高生产率已不产生显著的效果，因此必须从缩减辅助时间着手。

（1）直接缩减辅助时间。采用先进的高效夹具可缩减工件的装卸时间。在大批大量生产中，采用气动、液压驱动的夹具，不仅减轻了工人的劳动强度，而且大大地减少了工件的安装时间。在中、小批生产中，可减少采用组合夹具，其经济性也好。如果采用成组加工工艺，对中、小批生产亦可采用高效率的夹具和加工方法。

采用主动检验法可减少加工中的测量时间。主动检验装置能在加工过程中测量工件加工表面的实际尺寸，并根据测量结果控制机床进行自动调整。目前在磨床上应用较普遍。

在各类机床上配备数字显示装置，也可大大减少测量时间。显示装置以光栅等为检测元件，把工件在加工过程中的尺寸变化情形连续显示出来，并能直观地反映出刀具的位移量，节省了停机测量的辅助时间。

（2）间接缩短辅助时间。间接缩短辅助时间，即使辅助时间与基本时间重合，从而减少辅助时间。例如采用多工位连续加工，工件的装卸时间与基本时间相重合。又如采用转位夹具或转位工作台以及多根心轴（夹具）等，可在加工时间内对另一工件进行装卸。这样也可使辅助时间中的装卸工件时间与基本时间相重合。

前面提到的主动检验或数字显示装置也能起到同样的作用。

（3）缩减工作服务时间。缩减工作服务时间的主要方向是：缩减刀具调整和每次更换刀具的时间；提高刀具或砂轮的耐用度。其目的是在一次刃磨和修整中可以加工更多的零件。

采用各种快换刀、自动换刀装置，刀具微调装置，专用对刀样板或刀块等，以减少刀具的调整、装卸、定位和夹紧等工作所需的时间。采用高耐磨性的不重磨硬质合金刀片，可以大大地缩短刀片的装卸、对刀及刃磨时间。

（4）缩短准备和终结时间。在成批生产中，除设法缩减安装刀具、调整机床等辅助时间外，应尽量扩大制造零件的批量，减少分摊到每个零件上的准备和终结时间。在中、小批生产中，由于批量小、品种多，准备和终结时间在单件时间中占有较大比重，使生产率受到限制。因此，应设法使零件通用化和标准化，以增加被加工零件的批量，或采用成组技术。

提高机械加工生产率的工艺措施还有很多，如在大批量生产中广泛采用的组合机床和组合机床自动线，在单件小批生产中广泛采用的各种数控和柔性制造系统等，都可以缩短单件时间，有效地提高劳动生产率。

第六章　机械加工工艺系统

第一节　零件表面的成形和机械加工运动

一、零件表面的成形

零件的表面通常是几种简单表面的组合，而简单表面如平面、圆柱面、圆锥面、球面、成形表面等，都是以一条线为母线，以另一条线为轨迹（称导线）运动而形成的。平面是以一直线为母线，以另一直线为轨迹，作平移运动而形成的；圆柱面是以一直线为母线，以圆为轨迹，作旋转运动而形成的；直齿渐开线齿轮的轮齿表面是由渐开线作母线，沿直线运动形成的。这类表面称为线形表面，形成工件上各种表面的母线和导线统称为发生线。

形成平面、圆柱面和直线成形表面的母线和导线的作用可以互换，称为可逆表面。而形成螺纹面、圆环面、球面和圆锥面的母线和导线则不能互换，称为非可逆表面。

发生线是形成工件表面的几何要素，实际上加工所需表面的运动就是要在金属切削机床上，使工件和刀具的相对运动关系符合发生线的要求。机床上形成发生线的方法概括起来有以下四种：轨迹法、成形法、展成法和相切法。

二、机械加工的运动

1. 表面成形运动

为形成工件表面的发生线所需要的刀具和工件之间的相对运动称为表面成形运动，简称成形运动。形成零件形状表面所需的成形运动的形式和数目，取决于采用的加工方法和刀具结构。

（1）简单成形运动。如果一个独立的成形运动是由单独的旋转运动或直线运动构成，则称此成形运动为简单成形运动。如车外圆时，就是由工件的回转运动和刀具的直线运动两个独立的成形运动形成的圆柱面。

（2）复合成形运动。如果一个成形运动是由两个或两个以上简单运动按照一定的运动关系组合而成的成形运动，则称为复合成形运动。当用展成法加工齿轮时，刀具的旋转和被加工齿轮的旋转必须保持严格的相对运动关系，才能形成所需的渐开线齿面，因而这是一个复合成形运动。同理，当车螺纹时，螺纹表面的导线（螺旋线）必须由工件的回转运动和刀架直线运动保持确定的相对运动关系才能形成，这也是一个复合成形运动。

根据切削过程中所起作用不同，成形运动可分为主运动和进给运动两种。

2. 辅助运动

除主运动和进给运动外，为完成机床工作循环，还需一些其他的辅助运动。

（1）空行程运动。刀架、工作台的快速接近和退出工件等，可节省辅助时间。

（2）切入运动。为保证被加工面获得所需尺寸，刀具相对于工件表面的深入运动。

（3）分度运动。使工件或刀具回转到所需要的角度，多用于加工若干个完全相同的沿圆周均匀分布的表面，也有在直线分度机上刻直尺时，工件相对刀具的直线分度运动。

（4）操纵及控制运动。包括变速、换向、启停及工件的装夹等。

三、切削用量

1. 切削过程中工件上的表面

在刀具和工件相对运动过程中，在主运动和进给运动作用下，工件表面的一层金属不断被刀具切下转变为切屑，从而加工出所需要的工件新表面，因此，被加工的工件上有 3 个依次变化着的表面。

（1）待加工表面。加工时即将切除的工件表面。

（2）已加工表面。已被切除多余金属而形成符合要求的工件新表面。

（3）过渡表面。加工时由切削刃在工件上正在形成的那部分表面，并且是在切削过程中不断变化着的表面，它在待加工表面和已加工表面之间。

2. 切削用量

在切削加工过程中，针对不同的工件材料、工件结构、加工精度、刀具材料和其他技术经济要求，所需的成形运动的量值也不相同。根据加工要求选定的成形运动量值，就是切削要素的选择。主运动速度、进给运动速度或进给量，还有切入运动的切入量等切削要素称为切削用量。

（1）切削速度 v_c。切削速度是主运动的线速度。主运动为旋转运动时，切削刃选定点的瞬时线速度为切削速度（单位：m/min），其计算速度如下：

$$v_c = \frac{\pi \, d_w \cdot n}{1000} \qquad (6\text{-}1)$$

式中，d_w——工件待加工表面直径（mm）；

n——主运动转速（r/min）。

当转速值 n 一定时，选定点不同，其切削速度也不同，计算时取最大切削速度。如车外圆时，按待加工表面计算速度，钻削时计算钻头外径处的速度。

当主运动为直线运动，切削运动是刀具相对于工件的直线运动速度。

（2）进给速度 v_f、进给量 f 和每齿进给量 f_z。刀具上选定点相对于工件的进给运动时的瞬时速度，称为进给速度（单位：mm/min）。进给量是工件或刀具每回转一周时，两者沿进给方向的相对位移量（单位：mm/r）。当主运动是直线往复运动时，进给量是每一往复行程沿进给方向的相对位移量（mm/行程）。对于铣刀、拉刀等多齿刀具，每转或每行程相对于工件在进给运动方向上的位移量称为每齿进给量（单位：mm/齿），记作 f_z。各进给量有如下关系：

$$v_f = nf = nf_z z \qquad (6\text{-}2)$$

（3）背吃刀量 a_p。是在与主运动和进给运动垂直方向上测量的工件与刀具切削长度（单位：mm）。外圆车削时 a_p 是已加工表面与待加工表面之间的垂直距离：

$$a_p = \frac{d_w - d_m}{2} \qquad (6\text{-}3)$$

式中，d_w——工件待加工表面直径（mm）；

$\quad\ \ d_m$——工件已加工表面直径（mm）。

第二节 金属切削机床

一、机床的分类及型号

1．按机床的主要加工方法分类

根据国家标准 GB/T15375-94，按加工性质和所用刀具的不同，将机床分为 12 大类：车床、钻床、镗床、磨床、齿轮加工机床、螺纹加工机床、铣床、刨（插）床、拉床、特种加工机床、锯床和其他机床。

2．按其他特征分类

按照机床工艺范围宽窄，分为通用机床（或称万能机床）、专门化机床和专用机床。通用机床可对多种零件完成各种不同的工序加工，多用在单件小批量生产或修配生产中。专门化机床用于大批量生产中，加工不同尺寸的同类零件，如曲轴车床。专用机床用来加工某一种零件的特定工艺，仅用于大量生产，根据特定的工艺要求专门设计。

按机床重量和尺寸不同，可以分为：仪表机床、中型机床、重型机床（重量达到 10t）。按加工精度分为普通精度、精密和高精度级机床。按自动化程度分为手动、机动、半自动和自动化机床。

3．机床型号的编制

现行机床型号编制标准（GB/T15375-94）中对机床型号的编制规定如下：

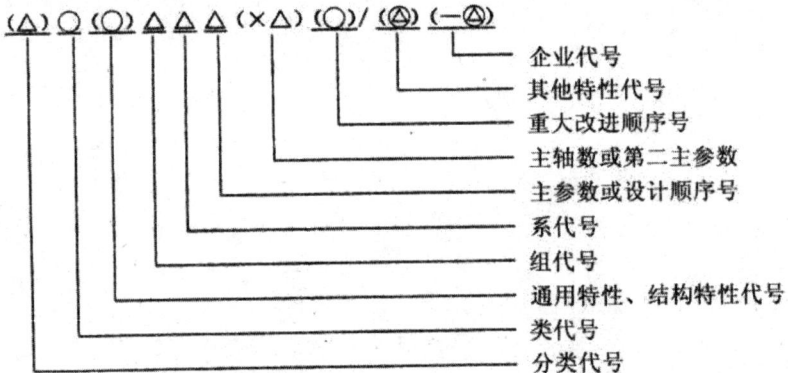

（△）〇（〇）△△△（×△）（〇）/（〇）（-△）

企业代号
其他特性代号
重大改进顺序号
主轴数或第二主参数
主参数或设计顺序号
系代号
组代号
通用特性、结构特性代号
类代号
分类代号

一般机床型号包括：组代号、主参数以及通用特性代号和结构特性代号。

二、机床的传动原理及运动计算

1．机床的传动原理和传动链

机床的每一个运动都是由运动源与执行件，或者执行件与执行件以及联系两者的一系列传动装置所构成的。这些传动装置和运动源、执行件一起构成了机床的一个运动传动链。传动链中通常包含两类传动机构：一类是传动比和传动方向固定不变的传动机构，称为定比传动机构；一类是根据加工要求可以变换传动比和传动方向的传动机构，统称为换置机构。

根据传动联系的性质不同，传动链分为内联系传动链和外联系传动链。内联系传动链连接的是两个相关的执行件，保证它们具有准确的传动比关系，如在车床上加工螺纹时，传动机构必须确保工件（机床主轴）和车刀（丝杠螺母）之间满足螺纹导程要求。外联系传动链一般连接运动源和执行件，执行件的运动轨迹由机床结构保证，传动机构的传动比不要求非常准确。

2．机床的传动系统及运动调整计算

在实现机床加工过程中全部的成形运动和辅助运动的各传动链，组成一台机床的传动系统。根据执行件所完成的运动的作用不同，传动系统中各传动链分别被称为主运动传动链、进给运动传动链等。

为了清晰地表示机床传动系统中各零件及其相互连接关系，按照国家标准（GB4460-84）规定的图形符号画出机床各个传动链的综合简图，称为机床传动系统图。机床传动系统图是分析机床运动、计算机床转速和进给量的重要工具。

一般的机床传动系统图均绘成平面展开图，对于空间啮合关系，在展开传动系统图中失去联系的传动副（如齿轮副）采用大括号或双点画线把它们联系起来。在机床传动系统图上，还必须标明机床的传动路线、传动元件、变速方式和运动调整计算的各种有关数据。

在阅读机床传动系统图时，第一步是找出传动链的两端件，即首先找出主动轴（动力输入轴），再找出从动轴（动力输出轴），抓住传动链的两端件，然后逐个从头向尾分析。第二步是研究传动链中各个传动零件之间的连接关系和各传动轴之间的传递方式及传动比。第三步是分析整个运动的传动关系，列出传动路线表达式及运动平衡式，然后进行计算。

第三节　刀具

一、刀具的结构和几何参数

金属切削刀具是完成切削加工的重要工具，切削刀具种类繁多，构造各异，但刀具切削部分的组成有着共同点。

1. 刀具切削部分的基本定义

切削刀具中较典型、较简单的是车刀，其他刀具的切削部分都可以看成是以车刀为基本形态演变而来的。

（1）刀具切削部分的组成。普通外圆车刀，由刀头和刀柄两部分组成。刀柄用于夹持刀具，又称夹持部分；刀头用于切削，又称切削部分。切削部分一般由三个表面、两个切削刃和一个刀尖组成。

（2）确定刀具几何角度的辅助平面。刀具角度对切削加工影响很大，为便于度量和刃磨刀具，需要假定三个辅助平面作基准，构成刀具静止参考系，如图 6-1 所示。刀具静止参考系是在下列理想条件下确定的。

①刀尖与工件回转轴线等高。

②刀柄纵向轴线垂直或平行进给运动方向。

③刀具安装和刃磨的基准面垂直于切削平面 P_s，平行于基面 P_r。

④假定 $f=0$，即没有进给运动。

基面 P_r：指过切削刃选定点 A 并垂直于该点切削速度方向的平面。

切削平面 P_s：指过切削刃选定点 A 与切削刃相切并垂直于基面的平面。

正交平面 P_o：指过切削刃选定点 A 并同时垂直基面和切削平面的平面。

上述三个平面在空间是相互垂直的。

（3）车刀的几何角度。刀具的几何角度是在刀具静止参考系内度量的，如图 6-2 所示。

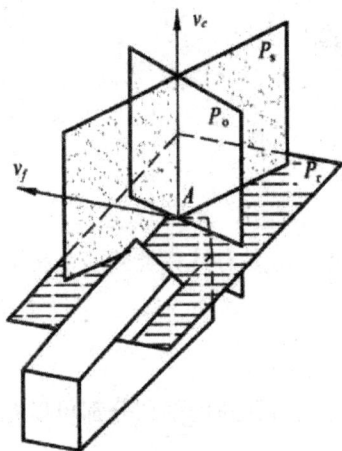

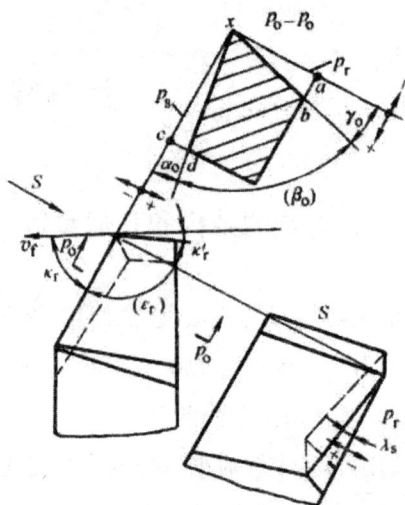

图 6-1　刀具参照系　　　　图 6-2　正交平面参考系刀具角度

①在正交平面 P_o 内测量的角度

前角 γ_o：前面与基面在正交平面内的投影之间的夹角。

后角 α_o：主后面与切削平面在正交平面内的投影之间的夹角。

楔角 β_o：前刀面与主后刀面在正交平面内的投影之间的夹角。

前角、后角和楔角三者之间的关系为

$$\gamma_o + \alpha_o + \beta_o = 90° \qquad (6-4)$$

②在基面 P_r 内测量的角度

主偏角 κ_r：切削刃在基面内的投影与进给运动方向之间的夹角。

副偏角 κ_r'：副切削刃在基面内的投影与进给运动方向之间的夹角。

刀尖角 ε_r：主、副切削刃在基面内的投影方向之间的夹角。

主偏角、副偏角和刀尖角三者之间的关系为

$$\kappa_r + \kappa_r' + \varepsilon_r = 180° \qquad (6-5)$$

③在切削平面 P_s 内测量的角度

刃倾角 λ_s 是主切削刃和基面平面内的投影之间的夹角，如图 6-3 所示。当刀尖为主切削刃上的最低点时，λ_s 为负值；当刀尖为主切削刃上的最高点时，λ_s 为正值；当主切削刃为水平时，λ_s 为零。

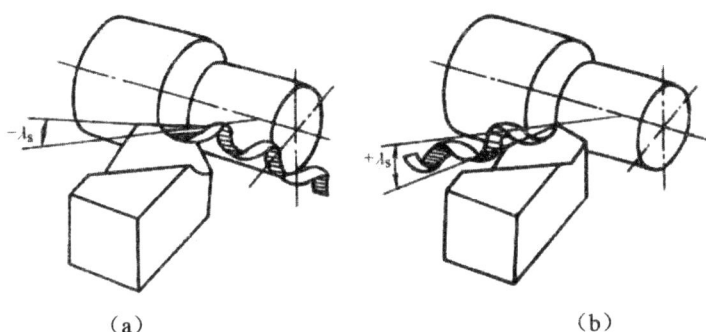

（a）   （b）

图 6-3　刃倾角对切屑流向的影响

（4）车刀的工作角度。当工作时，由于与理想条件不符，车刀的实际角度不等于上述的标注角度，这种变化了的角度称为工作角度。在通常情况下，进给速度远小于主运动速度，刀具的工作角度近似等于标注角度，可不考虑其影响。但在一些特殊情况（如车螺纹或丝杠）下，需计算工作角度。一般当刀尖安装得高于工件轴线时，其工作前角γ_{oe}增大，工作后角α_{oe}减小；当刀尖安装得低于工件轴线时，其工作前角γ_{oe}减小，工作后角α_{oe}增大。

2．切削参数

切削层是指工件上正被刀具切削刃切削着的一层金属。如图 6-4 所示车削时工件转过一转，车刀主切削刃移动一个f距离，车刀切下来的金属层即为切削层。切削层参数是在与主运动方向垂直的平面内度量的切削层截面尺寸。

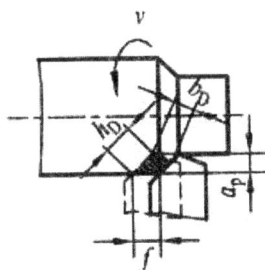

图 6-4　切削层尺寸

（1）切削层公称宽度b_D。车削时，是车刀主切削刃参加切削的长度在切削层横截面内的投影。若车刀主切削刃的投影与工件轴线之间的夹角为κ_r，则计算公式为

$$b_D = a_p / \sin \kappa_r \qquad (6\text{-}6)$$

（2）切削层公称厚度 h_D。车削时，是车刀每移动一个 f，主切削相邻两个位置间的垂直距离。计算公式为

$$h_D = f \sin \kappa_r \qquad (6\text{-}7)$$

（3）切削层公称横截面积 A_D。车削时，A_D 为切削层在切削尺寸平面内的实际横截面积，它的大小反映了切削刃所受载荷的大小，并影响加工质量、生产率及刀具寿命等。此面积近似等于背吃刀量与进给量的乘积或切削层公称厚度与切削层公称宽度的乘积。计算公式为

$$A_D = b_D h_D = a_p f \qquad (6\text{-}8)$$

二、刀具材料

1．刀具材料应具备的性能

在切削过程中，刀具切削部分是在很大的切削力、较高的切削温度及剧烈摩擦等条件下工作的，同时，由于切削余量和工件材质不均匀或切削时形不成带状切屑，还会产生冲击和振动，因此刀具切削部分的材料应具备以下几方面的性能要求。

（1）高硬度。硬度是刀具材料最基本的性能。其硬度必须高于工件材料的硬度，以便刀具切入工件。在常温下刀具材料的硬度应在 60HRC 以上。

（2）高耐磨性。高耐磨性是刀具抵抗磨损的保障。在剧烈的摩擦下刀具磨损要小。一般来说，材料的硬度越高，耐磨性越好。

（3）高耐热性。高耐热性是指刀具在高温下仍能保持原有的硬度、强度、韧性和耐磨性的性能。

（4）足够的强度和韧性。刀具只有具备足够的强度和韧性，才能承受较大的切削力和切削时产生的振动，以防止刀具断裂和崩刃。

（5）良好的工艺性。为便于刀具本身的制造，刀具材料还应具有良好的工艺性能如切削性能、磨削性能、焊接性能及热处理性能等。

2. 刀具材料

在目前机械加工中常用的刀具材料以高速钢和硬质合金为主，碳素工具钢、低合金工具钢因耐热性差，一般仅用于手工工具或切削速度较低的刀具。

（1）高速钢。又称锋钢，白钢，以钨、铬、钒、钼、铝为主要合金元素，热处理后硬度可达 62～67HRC，在 550℃～660℃时仍能保持常温下的硬度和耐磨性，有较高的抗弯强度和冲击韧性，并易磨出锋利的刀刃，因此，特别适宜制造形状复杂的切削刀具。其允许切削速度一般为 $v_c<30m/min$。常用的牌号有 W18Cr4V 和 W6Mo5Cr4V2。

（2）硬质合金。硬质合金是用难熔的金属碳化物（WC、TiC）粉末做基体，以金属 Co 为黏结剂，经高压压制成形后烧结而成。硬质合金具有较高的耐磨性和耐热性，能耐 850℃～1000℃的高温，硬度可达 74～82HRC，允许使用的切削速度可达 100～300m/min，耐用度比高速钢高几十倍，一般制成各种形状的刀片，焊接或夹固在刀体上。由于硬质合金的优良性能，现在绝大多数形状简单的刀具，如车刀等都采用硬质合金刀具。

常用的硬质合金按化学成分和使用性能分为三类：钨钴类硬质合金 YG（K 类）、钨钛钴类硬质合 YT（P 类）和通用硬质合金 YW（M 类）。合理地选择不同类型的硬质合金刀具，对于发挥其效能具有特别重要的意义。

（3）其他刀具材料。用于制作刀具的材料还有陶瓷、人造金刚石和立方氮化硼等。

陶瓷刀具材料主要有氧化铝-碳化物系陶瓷和氮化硅基陶瓷。刀具硬度可达 90～95HRC，耐热温度高达 1200℃～1450℃，能承受的切削速度比硬质合金还要高，但抗弯强度低，冲击韧性差，目前主要用于半精加工和精加工高硬度、高强度钢及冷硬铸铁等材料。

人造金刚石是目前人工制成的硬度最高的刀具材料。人造金刚石不但可以加工硬度高的硬质合金、陶瓷、玻璃等材料，还可以加工有色金属及其合金，但不宜切铁族金属。

立方氮化硼（CBN）的硬度和耐磨性仅次于人造金刚石，耐热性和化学稳定性好，在 1300℃～1500℃时仍能切削，但抗弯强度低，焊接性能差。立方氮化硼适用于高硬度强度淬火钢和耐热钢的精加工、半精加工，也可用于有色金属的精加工。

第四节　金属切削过程简介

金属切削过程实质上是一种挤压过程，是刀具与工件相互作用又相对运动的过程。切削时，切削层金属受刀具的挤压而产生变形是切削过程的基本问题。在金属切削过程中产生的积屑瘤、切削力、切削热和刀具磨损等物理现象，都是由切削过程中的变形和摩擦引起的。

一、切屑的形成及切屑类型

1．切屑的形成

金属的切削过程也是切屑形成的过程。如图 6-5 所示，当切削塑性金属时，当工件受到刀具的挤压以后，切削层金属在始滑移面 OA 左下方发生弹性变形，愈靠近 OA 面，弹性变形愈大。在 OA 面上，应力达到材料的屈服点 σ_s，发生塑性变形，产生滑移现象。随着刀具的连续移动，原来处于始滑移面上的金属不断向刀具靠拢，应力和变形也逐渐加大。在终滑移面 OE 上，应力和变形达到最大值。越过 OE 面，切削层金属将脱离工件母材，沿着前刀面流出而形成切屑。经过塑性变形的金属，其晶粒沿大致相同方向伸长。

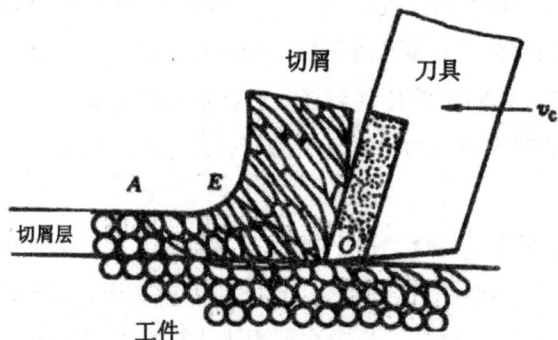
图 6-5　切削变形

在切削过程中刀具与工作接触的区域，出现三个变形区。OA 和 OE 之间是切削层的塑性变形区，称为第一变形区或称基本变形区。基本变形区的变形量最大，常用于说明切削过程的变形情况。切屑和前刀面摩擦的区域称为第二变形区或摩擦变形区。切屑形成后与前刀面之间存在很大的压力，沿前刀面流出时必然有很大的摩擦，因而使切屑底层又一次产生塑性变形。工件已加工面表面与后面接触的区域称为第三变形区或称已加工表面变形区。第三变形区发生的塑性变形是已加工表面产生加工硬化和残余应力的主要原因。

2. 切屑的类型

当工件材料的性能、切削条件不同时，会产生不同类型的切屑，并对切削加工产生不同的影响。

（1）带状切削。使用较大前角的刀具并选用较高切速、较小的进给量和背吃刀量，当切削塑性材料时，切削层金属经过终滑移面 OE 虽产生了较大的塑性变形，但尚未破裂即被切离母体，从而形成连绵不断的带状切屑。带状切屑缠绕在刀具或工件，会损坏刀刃，刮伤工件，且清除和运输也不方便，常成为影响正常切削的关键。为此，常在刀具前面上磨出各种不同形状和尺寸的卷屑槽或断屑槽。形成带状切削的切削过程比较平稳，切削力波动也较小，加工表面质量好。

（2）节状切屑。采用较小的前角、较低的切削速度加工中等硬度的塑性材料时，容易得到这类切屑。当切削层金属到达 OE 面时，材料已达到破裂程度，被一层一层地挤裂而呈锯齿形，越过 OE 面后，被切离母体而形成节状切屑。由于变形较大，切削力大，且有波动，加工后工件表面较粗糙。

（3）单元状切屑。切削塑性很好的材料，如铅、退火铝、紫铜时，切屑易在前面上形成黏结，不易流出，产生很大变形，使材料达到断裂极限，形成较大的单元而成为此类切屑。

（4）崩碎切屑。在切削铸铁和黄铜等脆性材料时，切削层金属发生弹性变形后，一般不经过塑性变形就会突然崩碎，形成不规则的碎块屑片，即为崩碎切屑。工件愈硬脆，愈容易产生这类切屑。当产生崩碎切屑时，切削热和切削力都集中在主切削刃和刀尖附近，刀尖容易磨损，并产生振动，从而影响加工件的表面粗糙度。

同一加工工件，切屑的类型可以随切削条件的不同而改变，在生产中，常根据具体情况采取不同的措施来得到需要的切屑，以保证切削加工的顺利进行。例如，增大前角、提高切削速度或减小切削厚度可将节状切屑转变成带状切屑。

二、积屑瘤

在一定范围的切削速度下切削塑性金属时，在刀具前面靠近刀刃的部位黏着一小块很硬的金属，这块金属就是在切削过程中产生的积屑瘤，或称刀瘤，如图 6-6 所示。

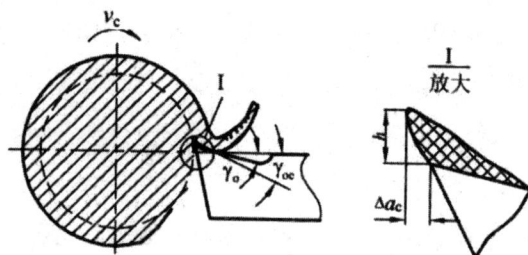

图 6-6　积屑瘤

1. 积屑瘤的形成

积屑瘤是由于切屑和前面剧烈的摩擦、黏结而形成的。当切屑沿前面流出时，在高温和高压的作用下，切屑底层受到很大的摩擦阻力，致使这一层金属的流动速度降低，形成"滞流层"。当滞流层金属与前面之间的摩擦力超过切屑本身分子间的结合力时，就会有一部分金属联结在刀刃附近形成积屑瘤。积屑瘤形成后不断长大，达到一定高度又会破裂，而被切屑带下或嵌附在工件表面上，影响表面粗糙度。上述过程是重复进行的。积屑瘤的形成主要取决于切削温度，如在 300℃～380℃时切削碳钢易产生积屑瘤。

2. 积屑瘤对切削加工的影响

由于积屑瘤在形成的过程中经过剧烈变形而被强化，其硬度是工件的2～3 倍，因此可以代替刀刃进行切削，起到保护刀刃，减小刀具磨损的作用。另外，积屑瘤的存在增大了刀具的工作前角，如图 6-6 所示，使切削变形减小。但由它堆积的钝圆弧刃口造成挤压和过切现象，降低加工精度；积屑瘤脱落后有一些黏附在工件表面上，使表面粗糙不平。由此可知，粗加工时产生积屑瘤有好处，但精加工时必须避免积屑瘤的产生。

3．影响积屑瘤的因素

工件材料和切削速度是影响积屑瘤的主要因素。当切削塑性材料时容易产生积屑瘤。切削脆性材料时，一般无积屑瘤产生。

切削速度是通过切削温度影响积屑瘤的，以切削 45 钢为例，在低速（$v_c <$ 3m/min）和较高速度（$v_c \geq 100$m/min）时，摩擦系数都较小，不易形成积屑瘤。在切削速度 $v_c \approx 20$m/min 时，切削温度约为 300℃，产生的积屑瘤高度最大。

此外，减小进给量、增大前角、提高刀具刃磨质量以及选用合适的切削液，以降低切削温度和减小摩擦，都有助于防止积屑瘤的产生。

三、切削力

总切削力是切削金属的变形抗力、刀具前面与切屑之间的摩擦力以及后面与过渡表面之间的摩擦力的总和。在图 6-7 中的 F 即为总切削力。

1．切削力的分解

总切削力 F 是一个空间力。为了便于测量和计算，以适应机床、刀具设计和工艺分析的需要，常将 F 分解为三个互相垂直的切削分力，如图 6-7 所示。

（1）切削力 F_c。切削力是总切削力 F 在主运动方向上的正投影，也称为切向

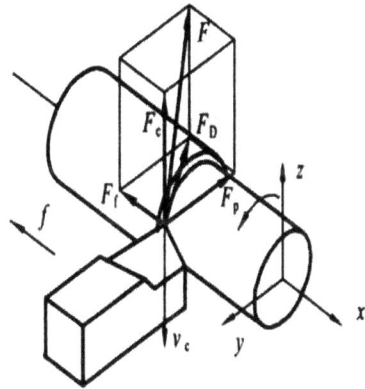

图 6-7　切削力的分解

力。切削力是三个分力中最大的，消耗机床功率也最多（95%以上），是计算机床动力和主传动系统零件（如主轴箱内的轴和齿轮）强度和刚度的主要依据。

（2）进给力 F_f。进给力是总切削力 F 在进给运动方向上的正投影，车削外圆时与主轴轴线方向一致，又称轴向力。进给力一般只消耗总功率的 1%～5%，是计算进给系统零件强度与刚度的重要依据。

（3）背向力 F_p。背向力是总切削力 F 在垂直于进给运动方向上的正投

影，也称为径向力或吃刀抗力。因为切削时在此方向上的运动速度为零，所以 F_p 不做功，但会使工件弯曲变形，还会引起工件振动，对表面粗糙度产生不利影响。

2. 切削力、切削功率的计算

（1）切削力计算。由于切削过程十分复杂，影响因素较多，生产中常采用经验公式计算

$$F_c = K_c A_D = K_c a_p f \qquad (6\text{-}9)$$

式中：F_c——切削力，单位 N；

K_c——切削层单位面积切削力，单位 N/mm²；

A_D——切削层公称横截面积，单位 mm²。

K_c 与工件材料、热处理方法、硬度等因素有关，其数值可查切削手册。

（2）切削功率计算。切削功率是三个切削力消耗功率的总和。在车外圆时背向力方向速度为零，进给力又很小，它们消耗的功率可忽略不计，因此切削功率 P_m 可按下式计算：

$$P_m = F_c v_c \qquad (6\text{-}10)$$

式中：v_c——切削速度，单位 m/s。

3. 影响切削力的因素

工件材料是影响切削力的主要因素。工件材料的强度和硬度愈高，变形抗力愈大，切削力愈大。在强度、硬度相近的材料中，塑性大、韧性高的材料切削时产生的塑性变形大，使之发生变形或破坏所消耗的能量较多，故切削力较大。

在刀具角度中对切削力影响最大的是前角。当切削各种材料时，增大刀具的前角都会使切削力减小。当切削塑性大的材料时，增大前角可使切削力降低得更多一些。主偏角对 F_f、F_c、F_p 都有影响，但对 F_p 的影响最大。为了减小 F_p，防止工件的弯曲变形和振动，在车削细长轴时常选取较大的主偏角（90°或 75°）。

切削用量对切削力的影响主要表现在背吃刀量和进给量上。当增大背吃

刀量和进给量时，被切削的金属增多，切削力明显增大。实验表明，当其他切削条件一定时，背吃刀量加大一倍，切削力增大一倍；而进给量加大一倍，切削力只增加 68%～86%。切削速度对切削力的影响不大，一般可不予考虑。

四、切削热与切削温度

1．切削热及其传散

在切削过程中，由于切屑层金属的弹性变形、塑性变形以及摩擦而产生热，称为切削热。通过切屑、工件、刀具以及周围的介质传导出去，加工方式不同，切削热的传散情况也不同。例如不用切削液车削工件时，切削热的 50%～86%由切屑带走，10%～40%传入工件，3%～9%传入刀具，1%左右传入空气。

2．切削温度

切削区域（工件、切屑、刀具三者之间的接触区）的平均温度，称为切削温度。切削温度的高低决定于产生热量多少和传散热量快慢两方面的因素。

3．影响温度的因素

（1）工件材料的影响。工件材料对切削温度的影响与材料的强度、硬度及导热性有关。材料的强度愈高，切削时消耗的功率愈多，切削温度也就愈高。材料的导热性好，有利于降低切削温度。

（2）切削用量的影响。增大切削用量，单位时间内切除的金属量增多，产生的切削热也相应增多，致使切削温度上升。但切削速度、进给量、背吃刀量对切削温度的影响程度是不同的。切削速度增大一倍时，切削温度大约增加 20%～33%；进给量增大一倍时，切削温度大约只升高 10%；背吃刀量增大一倍时，切削温度大约只升高 3%。因此，为了有效地控制切削温度，选用大的背吃刀量和进给量比选用较大的切削速度有利。

（3）刀具角度的影响。前角和主偏角对切削温度影响较大。前角增大，变形和摩擦减小，因而切削热减少。但前角不能过大，否则刀头部分散热体积减小，不利于降低切削温度；主偏角减小，将使刀刃工作长度增加，散热条件得到改善，有利于降低切削温度。

4. 切削热对切削加工的影响

传入工件的切削热会引起工件变形，影响加工精度，特别是当加工细长轴、薄壁套以及精密零件时，热变形的影响更需注意。所以，切削加工中应设法减少切削热的产生，改善散热条件。

五、刀具的磨损

在切削过程中，刀具与切屑、工件之间产生剧烈的挤压、摩擦作用，从而产生磨损。刀具的磨损会对加工质量、加工成本和加工效率带来很大的影响。

1. 刀具磨损的形式

刀具的正常磨损，按其发生的部位不同可分为三种形式。

（1）后面磨损。在切削脆性金属或以较低的切削速度、较小的切削层厚度（$h_D < 0.1mm$）切削塑性金属时，前刀面上的压力和摩擦力不大，磨损主要发生在后刀面上。后面磨损后，在刀刃附近形成后角接近于 0° 的小棱面，用高度 VB 表示。

（2）前面磨损。在以较高的切削速度和较大的切削厚度（$h_D < 0.5mm$）切削塑性金属时，切屑对前刀面的压力大、摩擦剧烈、温度高，磨损主要发生在前刀面上。磨损后在前刀面切削刃口附近出现月牙洼，月牙洼的深度用 KT 表示。

（3）前、后面同时磨损。发生的条件介于上述两种磨损之间。

2. 刀具的磨损过程

刀具的磨损过程如图 6-8 所示，一般可分为三个阶段。

（1）初期磨损阶段（OA 段）。由于刃磨后的刀具表面微观形状高低不平，起初与加工表面的实际接触面积很小，故磨损较快。

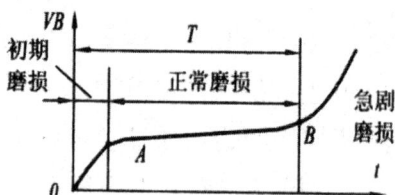

图 6-8　刀具磨损的过程

（2）正常磨损阶段（AB 段）。由于刀具上微观不平的表层被迅速磨去，表面光洁，摩擦力减小，故磨损较慢。

（3）急剧磨损阶段（BC 段）。刀具经过正常磨损阶段后即进入急剧磨损阶段，切削刃将急剧变钝。如继续使用，将使切削力骤然增大，切削温度急剧上升，加工质量显著恶化。

3．刀具的耐用度和刀具寿命

（1）刀具磨损标准。在正常磨损阶段后期、急剧磨损阶段之前换刀或重磨，既可保证加工质量，又能充分利用刀具材料。在大多数情况下，后面都有磨损，而且测量也较容易，故通常以后面磨损的宽度 VB 作为刀具磨损标准。

（2）刀具耐用度。刀具耐用度是指两次刃磨之间实际进行切削的时间，以 T（min）表示。在实际生产中，不可能经常测量 VB 的高度，而通过确定刀具耐用度，保证刀具处于磨损标准之内。刀具耐用度的数值应规定得合理。对于制造和刃磨比较简单、成本不高的刀具，耐用度可定得低些；对于制造和刃磨比较复杂、成本较高的刀具，耐用度应定得高些。通常，硬质合金车刀 $T = 60 \sim 90 \text{min}$；高速钢钻头 $T = 80 \sim 120 \text{min}$；齿轮滚刀 $T = 200 \sim 300 \text{min}$。

（3）刀具寿命。刀具寿命 t 是指一把新刀具从开始切削到报废为止的总切削时间。刀具寿命与刀具耐用度之间的关系为

$$t = nT \tag{6-11}$$

式中：n——刀具刃磨次数。

（4）影响刀具耐用度的因素。影响刀具耐用度的因素很多，主要有工件材料、刀具材料、刀具几何角度、刀削用量以及是否使用切削液等因素。在切削用量中切削速度 v_c 对其影响最大，所以为了保证各种刀具所规定的耐用度，必须合理地选择切削速度。

六、切削过程规律的应用

影响加工质量和生产率的因素很多，此处仅就切削加工中一对矛盾的主体——刀具和工件以及与之有关的方面，指出一些提高加工质量和生产率的途径。

1．改善工件材料的切削加工性

通常采用热处理的方法改变工件材料的物理、力学性能和金相组织以改善切削加工性，如对高碳钢进行球化退火，以降低硬度，而对低碳钢则采取正火处理，能减少塑性，适当提高硬度，都是为了改善其加工性，减少刀具磨损，从而提高加工效率。

2．选择合理的刀具几何参数

刀具几何参数主要包括：刀具角度、前刀面与后刀面形式、切削刃入口形状等。所谓合理的刀具几何参数是指在保证加工质量的前提下，能够满足高生产率和低加工成本的刀具几何参数。

刀具几何参数要选择得合理，首先要考虑工件和加工条件的实际情况，充分了解工件材料的物理、力学性能、毛坯的表层状况，以及机床功率大小、工艺系统的刚性、加工精度，此外还要了解同时工作的刀具数量及自动化程度等。上述各个因素的情况不同，将使刀具几何参数产生很大的差异。例如当工件材料的切削加工性好、工艺系统刚性差和机床功率不足时，前角应较大；反之则较小。在粗加工时后角应较小，在精加工时则应较大。

3．选择合理的切削用量

所谓合理的切削用量，是指用选定的背吃刀量 a_p、进给量 f 和切削速度 v_c 进行加工，能获得最高生产率或最低生产成本之一的目标，以充分发挥机床和刀具的效能。

图 6-9 纵车外圆时单件切削时间的计算

如图 6-9 所示，外圆纵车时单件切削时间 t_m 的计算公式为

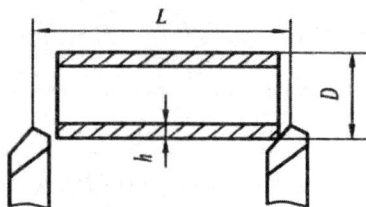

$$t_m = \frac{\pi}{1000} \frac{L \cdot D \cdot h}{v_c \cdot f \cdot a_p} \text{ (min)} \qquad (6\text{-}12)$$

式中：L——工件工作行程，单位 mm；

H——加工余量，单位 mm；

D——工件直径，单位 mm。

如果用单位时间加工的工件数 Q 来表示切削加工生产率，则 Q 的计算公

式为

$$Q = \frac{10^3 \cdot v_c \cdot f \cdot a_p}{\pi \, D \cdot L \cdot h} \ (\text{min}^{-1}) \qquad (6\text{-}13)$$

从式（6-13）可知，D、L、h 均为定值，要获得高生产率，就必须采用尽可能大的切削用量，即 $v_c \cdot f \cdot a_p$ 的乘积最大。切削用量受到加工工艺系统以及加工精度和表面粗糙度等多方面的限制，所以增大 $v_c \cdot f \cdot a_p$ 应是按一定顺序进行。由于切削速度 v_c 对刀具寿命影响最大，其次为进给量 f，影响最小是背吃刀量 a_p。因此，在选择合理的切削用量时，首先选取尽可能大的背吃刀量 a_p；其次根据机床动力和刚性的限制条件（对粗加工而言），或加工表面粗糙度的限制条件（对精加工而言），选取尽可能大的进给量 f；最后则根据切削用量手册选取，或根据有关公式计算出切削速度 v_c。

4．合理选用切削液

（1）切削液的作用。为了提高切削加工效果而使用的液体称为切削液。合理选用切削液，可以减少切削时的摩擦，降低切削温度，减少刀具磨损，从而提高加工表面质量和生产率。切削液最基本的作用是冷却和润滑，另外还具有清洗和防锈的作用。

（2）切削液的分类和选用。切削液分为以下三类：

①切削油。主要成分为矿物油，使用时要根据需要加入不同的添加剂。切削油具有较好的润滑作用。

②乳化液。系用矿物油、乳化剂和添加剂制成的乳化油膏加水稀释而成。因水的含量大，占 90%～95%，故具有良好的冷却作用。它可以按需要配制成不同的浓度。浓度高，则乳化液的润滑性高，冷却性低。

③水溶液。主要成分为水，加入一些添加剂，使其具有一定的润滑和防锈作用。它的冷却性能良好。

切削液主要根据加工性质、工件材料、刀具材料、工艺要求等具体情况合理选用。选用时应按不同情况，对切削液的冷却、润滑、清洗、防锈等作用有所侧重。一般来说,在粗加工时应着重从冷却作用来选择切削液;在精加工时应着重从润滑作用来选用切削液。钢件的粗、精加工分别使用乳化液和切削液。铸铁和某些有色金属,粗加工不使用切削液;而精加工为了降低表面粗糙度,则使用乳化液和煤油等的混合液。

第五节 专用夹具初步

一、机床夹具的工作原理及功用

夹具是对工件进行定位和夹紧的工艺装备的统称。它广泛应用于工件的焊接、热处理、机械加工、检测、装配等环节。

1. 机床夹具的工作原理

由前所述，工件在机床上的装夹方法有三种：直接找正装夹、画线找正装夹、专用夹具装夹。

利用专用夹具装夹保证工件加工精度时应该注意下列几点：

（1）工件在夹具中的定位和夹紧。工件定位面必须与定位元件限位面相接触或配合，以保证工件相对于夹具的准确几何位置关系，并通过夹紧使这一位置关系在加工过程中不至于由于其他作用力而发生变化。

（2）刀具在机床上的装夹。刀具在机床上安装时，也需要定位和夹紧，刀具相对于机床必须保证有准确的几何位置关系。刀具一般是通过辅助工具（简称辅具）安装在机床上。

（3）夹具在机床上的安装与调整，其最终目的是为了保证工件和刀具之间的准确几何位置关系。

2. 机床夹具的功用

在工件成批量加工中，广泛采用专用夹具装夹。专用夹具的功能主要表现在下列几个方面：

（1）能够可靠地保证工件的加工精度，减少人为因素影响。

（2）可大大地缩短工件装夹时间，提高劳动生产率，进而降低工件生产成本。

（3）可以扩大机床的工艺范围。

（4）可以改善工人的劳动条件，降低劳动强度。

二、机床夹具的分类与组成

1．机床夹具的分类

常采用的机床夹具分类方法有三种：按机床分类、按夹紧动力源分类和按夹具用途、特点分类。

当按夹具用途、特点分类时，机床夹具分为下列几类：

（1）通用夹具。指具有一定通用性的夹具，如三爪自定心卡盘、四爪单动卡盘、机用虎钳等。通用夹具适应性强，但效率较低，定位精度不容易保证，多用于中、小批和单件生产的场合。

（2）专用夹具。针对某一工件的某一工序的加工精度要求而专门设计、制造的夹具，称为专用夹具。专用夹具定位精度有保证，效率很高，但制造周期较长，成本较高，多用于生产批量较大的场合。当工件加工精度较高或加工困难时，小批量生产也采用专用夹具。

（3）组合夹具。组合夹具是由可循环使用的标准夹具零部件（或专用零部件）组装成易于连接和拆卸的夹具。其零部件的相互配合部分的尺寸公差小、硬度高和耐磨性好，而且有良好的互换性。利用这些元件，根据被加工零件的工艺要求，可以很快地组装成专用夹具。夹具使用完毕，可以方便地拆开，将元件清洗擦净加油后保管，留待以后组装新夹具时再使用。因此，组合夹具非常适合于新产品的开发试制和单件、小批生产类型。

（4）随行夹具。随行夹具是指在自动线加工中，可随同工件按加工工艺需要一起移动的夹具。随行夹具必须要与固定安装在各加工工位的工位夹具配套使用。

除上述分类外，按使用机床分类，夹具可分为：车床夹具、铣床夹具、钻床夹具、镗床夹具、拉床夹具等；按夹紧方式可分为：手动夹具、电动夹具、气动夹具、液压夹具、电磁夹具、真空夹具等。

2．机床夹具的组成

虽然机床夹具的种类繁多，但它们的工作原理基本是相同的。将各类夹具中作用相同的结构或元件加以概括，则夹具一般由下列几部分组成：

（1）定位元件。是指与工件定位表面相接触或配合，用以确定工件在夹具中准确位置的元件。

（2）夹紧装置。用以夹紧工件，防止加工中其他作用力对工件已定好位的破坏。

（3）对刀、引导元件。用来保证刀具相对于夹具或工件之间准确位置的元件。常见的这类元件有：钻床夹具中的钻套、铣床夹具中的对刀块和镗床夹具中的镗套。

（4）连接元件。用以确定夹具相对于机床之间准确位置，并将夹具紧固在机床上的元件。如夹具与机床工作台之间连接用 T 形槽螺栓。

（5）其他元件和装置。为了满足工件装卸和加工中其他需要所设置的元件及装置。如：为提高工件局部刚度的辅助支承；装卸工件用的上下料装置、顶出器；为实现多分布面加工用的分度装置；为了让刀抬起的装置等。

（6）夹具体。用来连接夹具其他各部分使之成为一个有机整体的基础件。在一般情况下夹具体是夹具中最大的一个元件。

在夹具中，定位元件和夹具体是必有的，其他组成部分并不是每一夹具所必需的。

三、六点定位原理

要解决工件在夹具中的定位问题，必须首先弄清楚工件在空间有几个自由度，如何限制这些自由度等问题。

1．六点原则

一个在空间处于自由状态的物体，具有六个自由度，即沿三个互相垂直的坐标轴的移动自由度 x、y、z，绕这三个坐标轴的转动自由度 x、y、z。确定物体在空间的位置，就是要限制其六个空间自由度。确定工件相对于机床和刀具的位置，即是要限制工件的六个自由度。如图 6-10 所示，用合理分布的六个抽象支承点就可以限制工件的六个自由度，这一原则称为六点原则。

（a）　　　　　　　　　　　　（b）

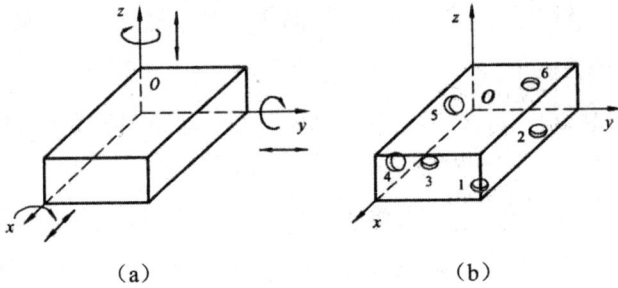

图 6-10　六点定位原理

根据工件的不同加工要求，有些自由度对加工有影响，这样的自由度必须限制，有些不影响加工要求的自由度，有时可以不必限制。如图 6-11 所示零件，如在长方体工件上铣槽，为保证槽底面与 A 面的平行度和 h 尺寸两项加工要求，需限制 x、y、z 三个自由度；为保证槽侧面与 B 面平行度及 b 尺寸两项加工要求，需限制 x、z 两个自由度。若铣通槽，则 y 自由度不必限制。这种被限制的自由度少于六个，但能保证加工要求的定位称为不完全定位。

若槽不铣通，则槽在 y 长度方向要有尺寸，此自由度 y 必须限制。这种工件的六个自由度都限制、工件在空间占有确定的唯一位置的定位称为完全定位。

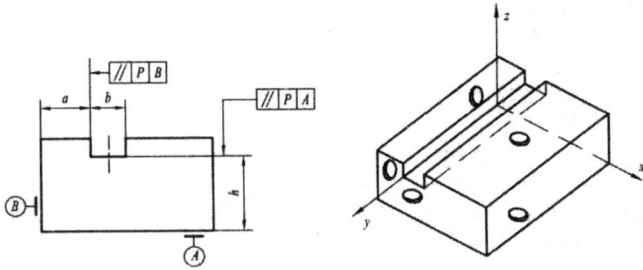

图 6-11　定位方案的确定

2. 过定位与欠定位

如上例中板状零件，在底平面处只能用三个定位支承点，若设置了四个支承点，由于三点决定一平面，则其中必有一个是多余的，工件反而不稳定。几个支承点重复限制同一个自由度，这种定位现象称为过定位。

如果上例中侧面减少一个支承点定位，则工件就有可能绕 z 轴旋转，这样，无法保证槽与 B 面的距离和平行度。这种工件实际定位所限制的自由度数目少于按其加工要求必须限制的自由度数目的定位现象，称为欠定位。

四、常用定位方式与定位元件

1. 工件以平面定位时的定位元件

（1）主要支承。主要支承用来限制工件的自由度，起定位作用。常用的有固定支承、可调支承、自位支承三种。

固定支承有支承钉和支承板两种形式，其结构和尺寸都已经标准化。当工件以粗基准定位时，常用球头支承钉或锯齿头支承钉；而精基准定位时常用平头支承钉和支承板，支承板用于接触面较大的情况。

可调支承主要用于毛坯的分批制造，其形状、尺寸变化较大而又以粗基准定位的场合。

自位支承（又称浮动支承）是在工件定位过程中能自动调整位置的支承，其作用相当于一个固定支承，只限制一个自由度，适于工件以粗基准定位或刚性不足的场合。

（2）辅助支承。辅助支承只用来提高工件的装夹刚度和稳定性，不起定位作用。它是在工件夹紧后再固定下来，以承受切削力。

2. 工件以圆孔定位时的定位元件

（1）定位销。常用定位销有圆柱销和圆锥销。如图 6-12 所示为常用定位销结构，限制两个自由度，图 6-12（a）（b）（c）为固定式；当大批大量生产时，为方便定位销的更换，可采用图 6-12（d）带衬套的结构形式。定位销已标准化，设计时可查相关手册。

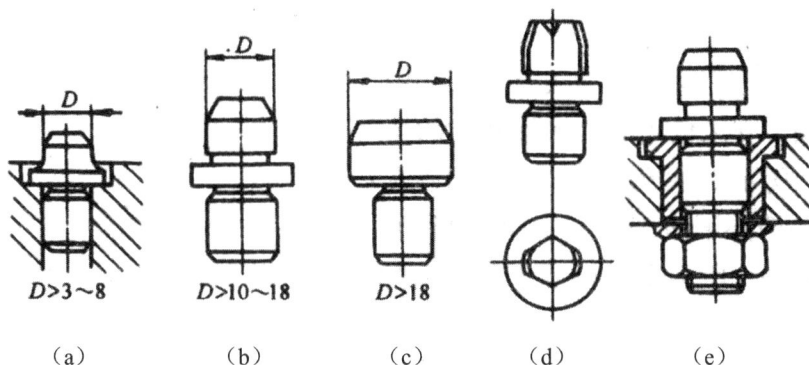

图 6-12　定位销

（2）心轴。心轴常用的有圆柱心轴和圆锥心轴。如图 6-13 所示为常用的圆柱心轴结构形式。它主要用于车、铣、磨、齿轮加工等机床上加工套筒和盘类零件。图 6-13（a）为间隙配合心轴，工件内孔与心轴一般采用基轴制间隙配合（H7/g6、H7/f6），装卸方便，定心精度不高。图 6-13（b）为过盈配合心轴，当工件孔的长径比 $L/D>1$ 时，为了安装工件方便和有较高的定心精度，心轴的定位工作部分可采用小锥度圆锥。这种心轴制造简单、定位准确，不用另设夹紧装置，但装卸不方便。

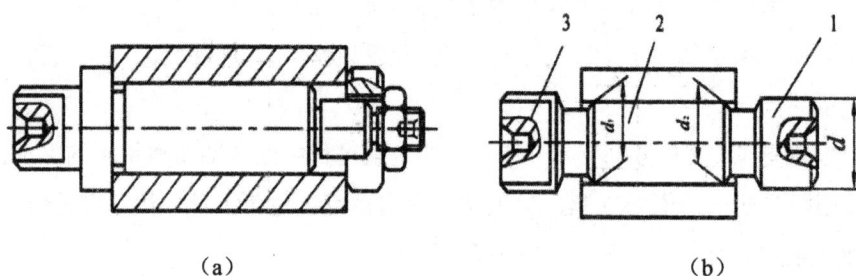

（a）   （b）

1-引导部分　2-工作部分　3-传动部分

图 6-13　圆柱心轴

小锥度心轴的优点是靠楔紧产生的摩擦力带动工件，不需要其他夹紧装置；定心精度高，可达 0.005～0.01mm（锥度应很小，否则工件在心轴上接触长度短，会产生倾斜）。缺点是工件的轴向无法定位。

3．工件以外圆柱面定位时的定位元件

（1）V 形块。其优点是对中性好（工件的定位基准始终位于 V 形块两个限位基面的对称平面内），并且安装方便。

（2）定位套。其内孔面为限位基面，为了限制工件沿轴向的自由度，常与端面组合定位，此时，定位套应设计得短一些，以免过定位。定位套的定位精度不高，只适用于精定位基面。

五、夹具定位误差的分析和计算

刀具与工件之间的相互位置对能否保证工件的加工精度有极其重要的影响。影响这一正确位置关系的误差因素有以下几种：

（1）定位误差。它是指与工件定位基准和定位方法的选择有关的因素所造成的加工误差，用Δ_D表示。

（2）安装误差和调整误差。它是由夹具在机床上安装位置的准确度有关的因素所造成的加工误差，用Δ_A表示。

（3）加工过程误差。是由机床运动精度和工艺系统的变形等因素造成的加工误差，用Δ_J表示。

这三类误差按概率法进行合成后，可求得夹具的精度$\delta = \sqrt{\Delta_D^2 + \Delta_A^2 + \Delta_J^2}$。

为了保证工件的加工精度，必须使各项误差的合成值d控制在工件允许的公差T范围之内，即：

$$\delta = \sqrt{\Delta_D^2 + \Delta_A^2 + \Delta_J^2} \le T \qquad (6\text{-}14)$$

在实际生产中经常可先假设上述三种误差各占工件公差的1/3，然后进行调整计算。

1．定位误差的种类及产生的原因

（1）基准不重合误差。由于定位基准与工序基准不重合而引起的加工误差，称为基准不重合误差，用Δ_B表示，如图6-14所示。

$$\Delta_B = A_{\max} - A_{\min} = S_{\max} - A_{\min} = T_s$$

（2）基准位移误差。工件在夹具中定位时，由于工件的定位基面与定位元件的工作表面的制造误差和最小配合间隙的影响，使定位基准在加工尺寸方向上产生位移，导致各个工件的位置不一致，从而造成加工误差，称为基准位移误差，用Δ_Y表示。如图6-14所示。

如图6-14（a）所示为在圆柱面上铣槽的工序简图，加工尺寸为A和B。如图6-14（b）所示是加工示意图，工件以内孔D在圆柱心轴上定位，O是心轴轴心，C是对刀尺寸。对尺寸A而言，工序基准是内孔轴线，定位基准也是内孔轴线，两者重合，$\Delta_B = 0$。

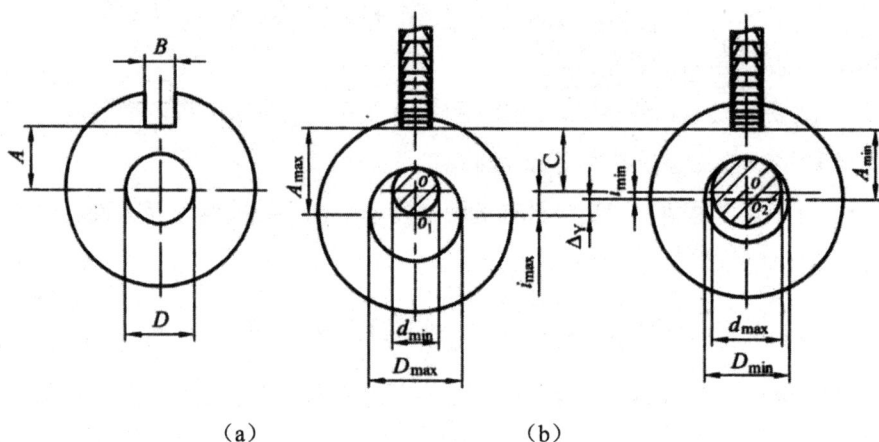

（a）　　　　　　　　　（b）

图 6-14　基准位移误差

同样,基准位移误差的大小等于定位基准在加工尺寸方向上的变动范围。在图 6-14（b）中,当工件孔的直径为最大（D_{max}）,定位销直径为最小（d_{min}）时,定位基准的位移最大（$i_{max} = OO_1$）,加工尺寸也最大（A_{max}）;当工件孔的直径为最小（D_{min}）,定位销直径为最大（d_{max}）时,定位基准的位移量最小（$i_{min} = OO_2$）,加工尺寸也最小（A_{min}）。因此

$$\Delta_Y = A_{max} - A_{min} = i_{max} - i_{min} = \delta_i$$

式中：i——定位基准的位移量；

δ_i——一批工件定位基准的变动范围。

2. 定位误差的计算

由以上分析可知,定位误差应由基准不重合误差和基准位移误差组成。计算时,先分别求出 Δ_B 和 Δ_Y,然后将两者合成即为 Δ_D。

①$\triangle_Y \neq 0$、$\triangle_B = 0$ 时,$\triangle_D = \triangle_Y$。

②$\triangle_Y = 0$、$\triangle_B \neq 0$ 时,$\triangle_D = \triangle_B$。

③$\triangle_Y \neq 0$、$\triangle_B \neq 0$ 时：

如果工序基准在定位基面上,$\triangle_D = \triangle_Y + \triangle_B$;

如果工序基准在定位基面上,$\triangle_D = \triangle_Y \pm \triangle_B$。当基准位移和基准不重合引起的加工尺寸变化方向相同时,取"＋"号;反之,取"－"号。

第七章　机械制造质量分析

第一节　机械制造质量分析概述

机械产品的质量与其组成的零件质量及装配质量密切相关。零件的质量由机械加工质量和零件材料的质量等因素所决定，而机械加工质量主要涵盖两个方面的内容，即加工精度和表面质量。研究机械加工质量的目的，就是要分析影响加工质量的各种因素及其存在的规律，从而找出减小误差、提高加工质量的合理途径。

一、机械加工精度的概念

机械加工精度是指零件加工后的实际几何参数（尺寸、形状和相互位置）与理想几何参数的符合程度。实际几何参数与理想几何参数的偏离程度称为加工误差。加工误差越小，加工精度就越高。所以，加工精度与加工误差是一个问题的两个提法。

二、获得加工精度的方法

1．获得形状精度的方法

获得形状精度的方法，主要有轨迹法、成形法、相切法和展成法。

2．获得尺寸精度的方法

（1）试切法。通过"试切—测量—调整—再试切"，反复进行直到加工尺寸达到要求为止的加工方法称为试切法。试切法的生产效率低，但它不需要复杂的装置，加工精度主要取决于工人的技术水平和计量器具的精度，故常用于单件小批量生产，特别是新产品试制中。

（2）调整法。按工件预先规定的尺寸调整好机床、刀具、夹具和工件之间的相对位置，并在一批工件的加工过程中，保持这个位置不变，以保证获得一定尺寸精度的方法称为调整法。影响调整法加工精度的主要因素有：测量精度、调整精度、重复定位精度等。当生产批量较大时，调整法有较高的生产率。调整法对调整工的要求高，对机床操作工要求不高，常用于成批生产和大量生产。

（3）定尺寸刀具法。用刀具的相应尺寸（如钻头、铰刀、键槽铣刀等）来保证工件被加工部位尺寸精度的方法称为定尺寸刀具法。影响尺寸精度的主要因素有：刀具的尺寸精度，刀具与工件的位置精度等。定尺寸刀具法操作简便，生产效率高，加工精度稳定。可用于各种生产类型。

（4）自动控制法。用测量装置、进给装置和控制系统组成一个自动加工系统，加工过程中的测量、补偿调整、切削等一系列工作依靠控制系统自动完成。基于程控和数控机床的自动控制法加工，其质量稳定，生产率高，加工柔性好，能适用多品种生产，是目前机械制造的发展方向。

3. 获得位置要求的方法

工件加工表面相互位置的精度，主要和机床、夹具及工件的定位精度有关，如车削端面时，端面与轴线的垂直度就与中拖板的精度有关；一次安装同时加工几个表面的相互位置精度与工件的定位精度有关。因此，要获得各表面间的相互位置精度就必须保证机床、夹具及工件的定位精度。

第二节　机械加工精度

一、加工误差的组成

生产中加工精度的高低，是用加工误差的大小来表示的。设计机器零件时，应根据零件在机器中的作用、技术要求和经济性，合理确定制造公差。

零件的机械加工是在由机床、刀具、夹具和工件组成的工艺系统内完成的。零件的几何尺寸、几何形状和表面之间的相互位置关系取决于刀具与工件之间的相对运动关系。因此，工艺系统各种误差就会以不同程度和方式反映为零件的加工误差。工艺系统的误差，一方面是系统各环节本身及其相互之间的几何关系、运动关系与调整测量等因素的误差；另一方面是加工过程中因负载等因素使系统偏离其理论状态而产生的误差。

1．误差的分类

从工艺因素角度考虑，可将产生加工误差的原因分为：

（1）加工原理误差。加工原理误差是由于采用近似的加工方法所产生的误差。它包括近似的成形运动、近似的刀刃轮廓或近似的传动关系等不同类型。为了获得规定的加工表面，理论上应采用理想的加工原理以获得精确的零件表面。但在实践中，有些理论的加工原理很难实现，有时即使能够实现，加工效率也很低，甚至使机床或刀具的结构极为复杂，制造困难；有时由于结构环节多，造成机床传动中的误差增加，使机床刚度和制造精度很难得到保证。采用近似的加工原理以获得符合加工质量、生产率和经济性要求的产品加工过程是实际生产中常用的方法。

（2）工艺系统的几何误差。由于工艺系统中各组成环节的实际几何参数和位置，相对于理想几何参数和位置发生偏离而引起的误差，统称为几何误差。几何误差只与工艺系统各环节的几何要素有关。对于固定调整的工序，该项误差一般为常值。

165

（3）工艺系统受力变形引起的误差。工艺系统在切削力、夹紧力、重力和惯性力等作用下会产生变形，从而破坏了已调好的工艺系统各组成部分的相互位置关系，导致加工误差的产生，并影响加工过程的稳定性。

（4）工艺系统受热变形引起的误差。在加工过程中，由于受切削热、摩擦热以及工作场地周围热源的影响，工艺系统的温度会产生复杂的变化。在各种热源的作用下，工艺系统会发生变形，导致改变系统中各组成部分的正确相对位置，从而产生误差。

（5）工件内应力引起的加工误差。内应力是工件自身的误差因素。工件经过冷热加工后产生一定的内应力。在通常情况下，内应力处于平衡状态，但对具有内应力的工件进行加工时，工件原有的内应力平衡状态被破坏，从而使工作产生变形。

（6）测量误差。在工序调整及加工过程中测量工件时，由于测量方法、量具精度以及工件和环境温度等因素对测量结果准确性的影响而产生的误差，都统称为测量误差。

2. 原始误差与加工误差的关系

上述诸因素使工艺系统各环节的运动关系及几何位置，相对于理想状态产生的偏离称为原始误差。它们使加工后的工件产生的误差，称为加工误差。在车削加工时，由于机床导轨在垂直面内存在平行度误差，影响了工件与车刀之间的相对位置，从而引起工件直径的加工误差。

显然，导轨的平行度误差会造成工件的外径加工误差，两者之间存在一定的换算关系。当比值 H/B 不同时，同样的平行度误差造成的加工误差的大小并不相同。当工艺系统的原始误差造成刀具的刀刃在工件的外圆切线方向位移时，由此产生的外径加工误差最小。因此，原始误差与加工误差之间既有量值上的换算关系，也有方向上的关系。对加工误差影响最大的方向称为误差敏感方向，影响最小的方向称为非误差敏感方向。

二、工艺系统几何误差对加工精度影响分析

1. 机床的几何误差

机床几何误差是通过各种成形运动反映到加工表面的，机床的成形运动主要包括两大类，即主轴的回转运动和移动件的直线运动。因而，分析机床的几何误差主要包括主轴的回转运动误差、导轨导向误差和传动链误差。

（1）主轴的回转运动误差。主轴的回转运动误差是指主轴实际回转轴线相对于理论回转轴线的偏移。由于机床的主轴用于安装工件或刀具，其回转精度会影响工件表面形状、表面之间的相互位置关系以及表面粗糙度等。

（2）机床导轨误差。导轨是机床各部件运动的基准，对于进给运动是直线运动的机床，其直线运动精度主要取决于机床导轨的精度。机床导轨的误差一般包括：垂直面内的直线度、水平面内的直线度、前后导轨的平行度（扭曲）和导轨对机床主轴线的位置误差。在不同的机床上，这些误差对加工误差的影响和性质各不相同。

（3）工艺系统的其他几何误差。

①刀具误差。在机械加工中常用的刀具有：一般刀具、定尺寸刀具和成形刀具。

②夹具误差。夹具的制造误差，一般指定位元件、导向元件及夹具体等零件的加工和装配误差。

③测量误差。工件在加工过程中，要用各种量具、量仪等进行检验测量，再根据测量结果对工件进行试切或调整机床。量具本身的制造误差、测量时的接触力、温度及目测正确度等，都直接影响加工误差。

④调整误差。在零件加工的每一个工序中，为了获得被加工表面的形状、尺寸和位置精度，总要进行一些调整工作（如安装夹具、调整刀具尺寸等），由于调整不可能绝对准确，必然会带来一些误差，即调整误差。

2. 定位误差

工件在夹具中的位置是以其定位基面与定位元件相接触（配合）来确定的。然而，由于定位基面、定位元件的工作表面的制造误差，会使一批工件在夹具中的实际位置不相一致。加工后，各工件的加工尺寸必然大小

不一，形成误差。这种由于工件在夹具上定位不准而造成的加工误差，称为定位误差。

3. 机床的传动误差

机床的传动链误差会影响刀具运动的正确性，在某些情况下，它是影响加工精度的主要因素。例如，在滚切齿轮时，要求滚刀的转速和工件的转速之间保持严格的传动比。但当传动链中的某个传动元件由于制造、装配或磨损等原因存在误差时，就会破坏正确的运动关系，使滚切出的齿轮产生误差。由于各元件在传动链中所处位置不同，故对传动精度的影响也就不同。若某一传动轴上的齿轮在某一时刻产生转角误差 $\Delta\varphi_i$，则它所造成的传动链末端元件的转角误差 $\Delta\varphi_{wi}$ 为

$$\Delta\varphi_{wi} = K_i \Delta\varphi_i \qquad (7\text{-}1)$$

式中：K_i——从该轴至传动末端的总传动比，也称为误差传递系数。如果 K_i 大于 1（升速传动），则误差被扩大；反之，如果 K_i 小于 1（降速传动），则误差被缩小。

在一般的传动链中，末端元件的误差影响最大，故末端元件（如螺纹加工机床的母丝杠、滚齿机的分度涡轮）的精度要求就应最高。

为了减小传动链误差对加工精度的影响，可采取下列措施：

（1）减少传动链中的元件数，即缩短传动链，以减少误差来源。

（2）提高传动元件，特别是末端元件的制造和安装精度。

（3）消除间隙，例如传动链中存在间隙，会使末端元件的瞬时速度不均匀，特别是在反向时会造成传动滞后，在数控机床的进给系统中其影响更大，可采用双片薄齿轮错齿调整机构来消除间隙。

（4）采用误差修正机构来提高传动精度，即人为地在传动链中加入一个与机床传动链误差大小相等、方向相反的误差，以抵消传动链本身的误差。

三、工艺系统受力变形产生的误差

在加工过程中，工艺系统的各个组成元件，在切削力、传动力、惯性力、夹紧力以及重力等的作用下，会产生相应的变形（弹性变形及塑性变形），这种变形将破坏刀刃和工件之间已调整好的正确位置关系，从而产生加工误差。

从材料力学知道，任何一个受力的物体，总要产生一定的变形。作用力 F 与其引起的在作用力方向上的变形量 y 的比值，称为物体的刚度 $k(k=F/y)$。

在切削加工中，工艺系统各元件在各种外力作用下，将在各个受力方向上产生相应的变形。研究工艺系统受力变形，主要是研究对加工精度影响最大的敏感方向的变形，即刀具在通过刀尖的加工表面的法线方向的位移。因此，工艺系统的刚度 k_{xt} 定义为：零件加工表面方向分力 F_y，与刀具在切削力作用下，相对工件在该方向的位移 y_{xt} 的比值，即

$$k_{xt} = F_y / y_{xt} \qquad (7\text{-}2)$$

工艺系统的总变形量应是

$$y_{xt} = y_{jc} + y_{jj} + y_{dj} + y_g \qquad (7\text{-}3)$$

而 $k_{xt} = F_y / y_{xt}$，$k_{jc} = F_y / y_{jc}$，$k_{jj} = F_y / y_{jj}$，$k_{dj} = F_y / y_{dj}$，$k_g = F_y / y_g$

式中　y_{xt}——工艺系统的总变形量，mm；　　k_{xt}——工艺系统的总刚度，N/mm；

y_{jc}——机床变形量，mm；　　　　　　k_{jc}——机床刚度，N/mm；

y_{jj}——夹具变形量，mm；　　　　　　k_{jj}——夹具刚度，N/mm；

y_{dj}——刀具变形量，mm；　　　　　　k_{dj}——刀具刚度，N/mm；

y_g——工件变形量，mm；　　　　　　　k_g——工件刚度，N/mm。

工艺系统刚度的一般式为

$$k_{xt} = \cfrac{1}{\cfrac{1}{k_{jc}} + \cfrac{1}{k_{jj}} + \cfrac{1}{k_{dj}} + \cfrac{1}{k_g}} \qquad (7\text{-}4)$$

因此，当知道工艺系统各个组成部分的刚度后，即可求出系统刚度。

用刚度一般式求解某一系统刚度时，应根据具体情况进行分析。

1. 工艺系统受力变形引起的加工误差

（1）由于切削力着力点位置变化引起的工件形状误差。

①在车床两顶尖间车削短而粗的光轴。由于工件刚度较大，在切削力作用下，其变形相对于机床、夹具的变形要小得多，而车刀在敏感方向的变形也很小，故可忽略不计。此时，工艺系统的变形完全取决于头架、尾座（包括顶尖）和刀架的变形，如图 7-1（a）所示，当加工中车刀处于图示位置时，在切削分力 F_y 的作用下，头架由点 A 移到 A'，尾座由点 B 移到 B'，刀架由 C 移到 C'，它们的位移量分别是：y_{tj}、y_{wz}、y_{dj}，由于工件轴线的偏移，使刀具切削点处工件轴线的位移为 y_x。因此，加工中工艺系统的总位移量公式为

$$y_{xt} = y_x + y_{dj} = F\left[\frac{1}{k_{dj}} + \frac{1}{k_{tj}}\left(\frac{L-x}{L}\right)^2 + \frac{1}{k_{wj}}\left(\frac{x}{L}\right)^2\right] \tag{7-5}$$

从上式可以看出，工艺系统的变形是随着力点位置变化而变化的，x 值的变化引起 y_{xt} 的变化，进而引起切削深度的变化，结果使工件产生圆柱度误差。当按上述条件车削时，工艺系统的刚度实为机床的刚度。

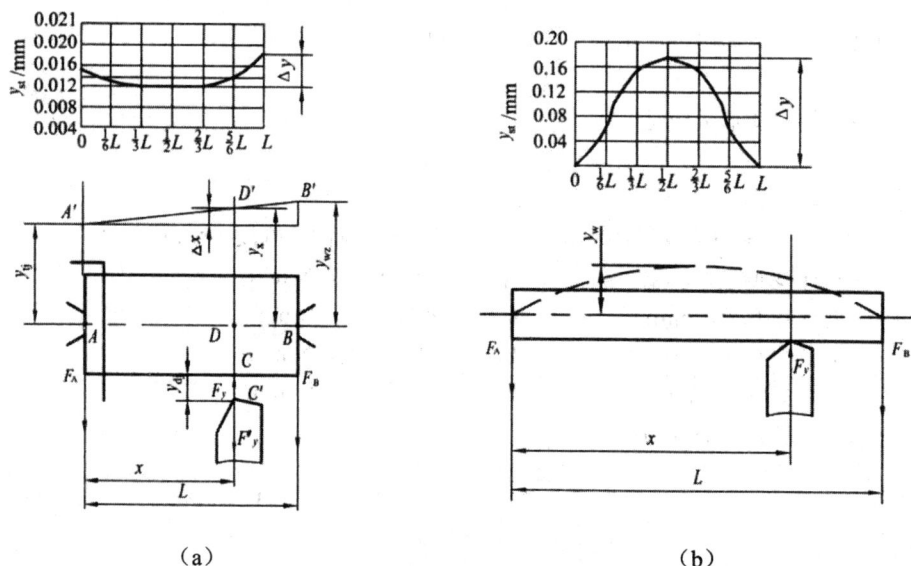

（a）   （b）

图 7-1　工艺系统的变形随着力点位置变化而变化

②在两顶尖间车削细长轴。如图 7-1（b）所示为在车床上加工细长轴。由于工件细而长，刚度小，在切削力的作用下，其变形大大超过机床、夹具和刀具的变形量。因此，机床、夹具和刀具的受力变形可以忽略不计，工艺系统的变形完全取决于工件的变形。在加工中，当车刀处于图示位置时，工件的轴心线产生变形。根据材料力学，各切削点工件的变形量公式为

$$y_w = \frac{F_y}{3EI} \frac{(L-x)^2 x^2}{L} \tag{7-6}$$

（2）由于切削力变化而引起的加工误差。在切削加工中，往往由于被加工表面的几何形状误差引起切削力的变化，从而造成工件的加工误差。如图 7-2 所示，由于工件毛坯的圆度误差，使车削时刀具的初始背吃刀量在 a_{po1} 与 a_{po2} 之间变化，因此，切削分力 F_y 也随 a_p 的变化由 F_{ymax} 变化到 F_{ymin}。根据前面的分析，工艺系统将产生相应的变形，即由 y_1 变到 y_2，这样就形成了被加工表面的圆度误差。这种现象称为误差复映。误差复映大小可以根据刚度计算公式求得：

毛坯圆度的最大误差 $\Delta m = a_{p1} - a_{p2}$

车削后工件的圆度误差 $\Delta w = y_1 - y_2$

$$令\ \varepsilon = \frac{\Delta w}{\Delta m} = \frac{A}{k_{xt}}$$

式中：ε——误差复映系数；

　　　A——径向切削力系数，$A = \lambda C_{Fc} f^{0.75}$；

　　　λ——系数，一般取 0.4；

　　　C_{Fc}——与工件材料和刀具几何角度有关的系数；

　　　f——进给量，mm/r。

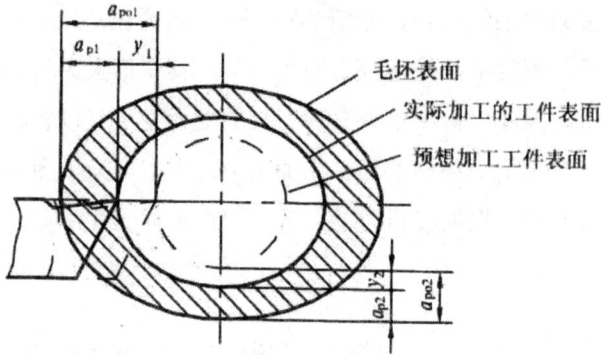

图 7-2　毛坯误差的复映

误差复映系数 ε 是一个小于 1 的数，定量地反应了毛坯误差在经过加工后减小的程度，它与工艺系统的刚度成反比，与径向切削力系数 A 成正比。要减小工件的复映误差，可增加工艺系统的刚度或减小径向切削力系数。

当毛坯的误差较大，一次走刀不能满足加工精度要求时，需要多次走刀来消除 Δm 复映到工件上的误差。多次走刀的总 ε 值计算如下：

$$\varepsilon = \varepsilon_1 \times \varepsilon_2 \times \varepsilon_3 \times \cdots \times \varepsilon_n = \left(\frac{\lambda C_{Fc}}{k_{xt}} \right)^n (f_1 \times f_2 \times \cdots \times f_n)^{0.75} \qquad (7\text{-}7)$$

由于 ε 是远小于 1 的系数，所以经过多次走刀后，ε 已降到了很小的值，加工误差也可逐渐减小而达到零件加工精度要求（一般经过两三次走刀即可达到 IT7 的精度要求）。

由于切削力的变化而引起加工误差还表现在：材料硬度不均匀而引起的加工误差；用调整法加工一批工件时，由于毛坯余量的波动造成加工尺寸的分散等。

（3）惯性力、传动力、重力和夹紧力所引起的加工误差。

①惯性力所引起的加工误差。在切削加工中，高速旋转的部件的不平衡将产生离心力 F_Q。它在 y 方向的分力大小变化，就会使工艺系统的受力变形也随之变化而产生加工误差。

②传动力所引起的加工误差。在车床或磨床类机床上加工轴类零件时，常用单爪拨盘带动工件旋转。传动力在拨盘的每一转中，经常改变方向，其分力有时与切削力相同，有时相反。因此，它也会造成工件的圆度

误差。为此，在加工精密零件时，改用双爪拨盘或柔性连接装置带动工件旋转。

③夹紧力引起的加工误差。被加工工件在装夹过程中，由于刚度较低或着力点不当，都会引起工件的变形，造成加工误差。特别是薄壁套、薄板、细长等零件，易产生加工误差。

④重力引起的加工误差。在工艺系统中，由于零部件的自重也会引起变形，如龙门铣床、龙门刨床刀架横梁的变形，镗床镗杆下垂变形等，都会造成加工误差。

2. 减小工艺系统受力变形的措施

减小工艺系统的受力变形，是机械加工中保证质量和提高生产率的主要途径之一。根据生产实际情况，可采用以下几方面的措施：

（1）提高接触刚度，减小接触变形。常用的方法是改善工艺系统主要零件接触表面的配合质量，如机床导轨副的刮研，配研顶尖锥体与主轴和尾座套筒锥孔的配合面，研磨加工精密零件用的顶尖孔等，都是在实际生产中行之有效的工艺措施。

提高接触刚度的另一措施是预加载荷，这样可以消除配合面间的间隙，而且还能使零部件间有较大的实际接触面，减少受力后的变形量。预加载荷法常在各类轴承的调整中使用。

（2）提高工件刚度，减少受力变形。切削力引起的加工误差，往往是由于工件本身刚度不足或工件各个部位刚度不均匀而产生的。特别是加工叉架类、细长轴类零件，非常容易变形。在这种情况下，提高工件的刚度是提高加工精度的关键。主要措施是缩小切削力作用点到工件支承面之间的距离，以增大工件加工时的刚度。

（3）提高机床部件刚度，减少受力变形。在切削加工中，有时由于机床部件刚度低而产生变形和振动，影响加工精度和生产率的提高，所以加工时常采用一些辅助装置以提高机床部件的刚度。

（4）合理装夹工件，减少夹紧变形。对于薄壁零件的加工，夹紧时必须特别注意选择适当的夹紧方法，否则将会引起很大的形状误差。

3. 工件内应力对加工精度的影响

（1）内应力的产生。

①在毛坯制造过程中产生的内应力。在铸、锻、焊等毛坯的生产过程中，由于工件各部分的厚薄不均、冷却速度不均匀而产生内应力。毛坯的结构越复杂，各部分的壁厚越不均匀，散热条件差别越大，则毛坯内部产生的内应力也越大。

②冷校直引起的内应力。细长的轴类零件，如光杠、丝杠、曲轴、凸轮轴等在加工和运输中很容易产生弯曲变形，因此，大多数在加工中安排冷校直工序，这种方法简单方便，但会带来内应力，引起工件变形而影响加工精度。

③工件切削时引起的内应力。工件在进行切削加工时，在切削力和摩擦力的作用下，使表层金属产生塑性变形，体积膨胀，受到里层组织的障碍，故表层产生压应力，里层产生拉应力。此外，切削热也会使工件产生内应力。金属在切削时，如果表层温度超过弹性变形范围，则会产生热塑性变形，切削后，表层温度下降快，冷却收缩也比里层大，当温度降至弹性变形范围内，表层收缩受到里层的阻碍，因而产生拉应力，里层将产生平衡的压应力。

在大多数情况下，热的作用大于力的作用。特别是高速切削、强力切削、磨削等，热的作用占主要地位。在磨削加工中，表层拉力严重时会产生裂纹。

（2）减少或消除内应力的措施。

①合理设计零件结构。在零件结构设计中，应尽量缩小零件各部分厚度的差异，以减少铸、锻毛坯内的残留应力。

②采用时效处理。包括自然时效和人工时效。

③合理安排工艺过程。安排机械加工工艺时，把粗、精加工分开在不同的工序中进行，使粗加工后的残留应力有一定时间重新分布，以减少对精加工的影响。

④对精度要求高的零件，在粗加工或半精加工之后安排一次退火处理，以消除以前的切削加工引起的应力，保证精加工的质量。

四、工艺系统热变形引起的加工误差

在机械加工过程中，工艺系统在各种热源的影响下，常产生复杂变形，破坏工件与刀具的相对位置精度，造成加工误差。据统计，在某些精密加工中，由于热变形引起的加工误差约占总加工误差的40%～70%。热变形不仅降低系统的加工精度，而且还影响加工效率。为了减少热变形的影响，常常需要花费很多时间进行预热或调整机床。特别是高效率、高精度和自动化加工技术的发展，使工艺系统热变形问题更为突出，已成为机械加工技术进一步发展的重要研究课题。

引起工艺系统热变形的热源大致可分为内部热源和外部热源两类。内部热源包括切削热和摩擦热，外部热源包括环境温度和辐射热。

1. 机床热变形引起的加工误差曲线

工艺系统受各种热源的影响，各部分温度将会发生变化，由于热源分布的不均匀性和机床结构的复杂性，机床各部分将发生不同程度的热变形，破坏了机床原有的几何精度，从而引起加工误差。

车床类机床的主要热源是主轴箱中轴承、齿轮、离合器等传动副等的摩擦使主轴箱和床身的温度上升，从而造成机床主轴抬高和倾斜。

2. 工件热变形对加工精度的影响

在切削加工中，工件的热变形主要是切削热引起的，有些大型精密零件同时还受环境温度的影响。由于加工方法、工件材料、结构尺寸等的不同，工件受热变形情况和对加工精度的影响也不同。

（1）工件均匀受热。对于形状比较简单的轴、套、盘类零件在车削或磨削内外表面时，切削热比较均匀地传入工件，可以认为整个零件温升相同，其热变形可按物理学计算热膨胀公式求出。在工件均匀受热的情况下，其热变形主要影响工件的尺寸精度，有时也会引起形状误差。一般说来，工件的热变形在精加工中比较突出，特别是长度尺寸大而精度要求高的零件。

（2）工件不均匀受热。主要是板类工件单面加工（如铣、刨、磨平面），例如在床身导轨面的磨削时，由于单面受热，与底面产生温差而引起热变形，使磨出的导轨产生直线度误差。

应当指出，在加工铜、铝等线膨胀系数较大的有色金属时，其热变形尤其明显，必须引起足够的重视。

3. 刀具热变形引起的加工误差

切削热虽然大部分被切屑带走或传入工件，传到刀具上的热量不多，但因刀具切削部分质量小（体积小），热容量小，所以刀具切削部的温升大。例如用高速钢刀具车削时，刃部的温度达 700℃～800℃，刀具热伸长量可达 0.03～0.05mm，因此对加工精度的影响不容忽略。

4. 减小工艺系统热变形的重要途径

（1）减小发热。凡是有可能从主机分出去的热源，如电动机、变速箱、液压装置和油箱等，应尽可能放置在机床外部；凡不能与主机分离的热源，如主轴轴承、丝杠副之类的零件和部件，应从结构和润滑方面来减少摩擦发热。

（2）采取隔热措施。及时清除切屑或在工作台上装隔热板以阻止切削热量传向工作台、床身、夹具等，是防止工艺系统热变形的有效措施。

（3）强制冷却，均衡温度场。对机床发热部位可以采取风冷、油冷等强制冷却方法，来吸收热源发出的热量，控制机床的局部温升和热变形。

（4）从结构设计上采取措施减少热变形。

第三节　加工误差综合分析

一、加工误差的性质

1. 系统误差

在顺序加工的一批零件中出现的大小保持不变或有规律变化的误差，称为系统误差。前者为常值系统误差，后者为变值系统误差。

机床、刀具、夹具、量具的制造误差、调整误差，工艺系统的受力变形误差等，都是常值系统误差。刀具的磨损引起的加工误差，是随着加工的先后顺序而有规律变化的，属于变值系统误差。

2. 随机误差

在顺序加工的一批零件中出现的大小和方向都是无规律的误差，称为随机误差。毛坯误差的复映、定位误差、夹紧误差、操作误差、内应力引其变形误差等都是随机误差。

不同性质的误差的解决途径不同。对于常值系统误差，可以通过调整或检修工艺装备的方法解决，或人为地制造一种常值误差来补偿原来的常值误差。对于变值系统误差，可以通过自动补偿的方法来解决。对于无明显变化规律的随机误差，就很难完全消除，只能对产生的根源采取适当措施以缩小其影响。

二、加工误差的统计分析

由于加工误差中存在着系统误差和随机误差，所以采用统计分析方法更为科学。统计分析方法就是以对许多工件进行抽样检查的结果为基础，经过数理统计的处理，从中发现规律性，找出解决问题的途径。

1. 分布曲线法

大量的实验证明，当一批工件总数极多，如果工艺系统不存在系统误差，只存在随机误差，则被加工零件的尺寸按正态规律分布；若工艺系统还存在常值系统误差，则工件尺寸的分布曲线不变，只是其位置沿工件尺寸坐标轴（x 轴）发生平移；当工艺系统存在变值系统误差时，工件尺寸的分布曲线不再是正态分布，但有时可以认为是若干个正态分布曲线的叠加。因此，可以通过分析工件尺寸的分布曲线来研究工件的加工误差状况。

（1）正态分布的曲线。

正态分布的曲线方程为

$$y = \frac{1}{\sigma\sqrt{2\pi}}\mathrm{e}^{\frac{(x-\bar{x})^2}{2\sigma^2}} \qquad (7\text{-}8)$$

在进行加工误差分析时，上式中各参数应分别取为：

x——工件尺寸；

$\bar{x}$——工件尺寸的平均值（分散范围的中心）。$\bar{x} = \sum\limits_{i=1}^{n}\dfrac{x_i}{n}$；

σ——均方根误差。$\sigma = \sqrt{\sum\limits_{i=1}^{n}\left(x_i - \bar{x}\right)^2 \Big/ n}$；

n——工件样本总数。（n 应足够多，例如 $100 \sim 200$ 件）。

正态分布曲线下的面积代表了全部工件，即 100%。

$$\int_{-\infty}^{+\infty}\frac{1}{\sigma\sqrt{2\pi}}\mathrm{e}^{\frac{-(x-\bar{x})^2}{2\sigma^2}}\,\mathrm{d}x = 1$$

从 $\bar{x}$ 到任意一点 x 间曲线下的面积为工件尺寸从 $\bar{x}$ 到 x 间出现的频率

$$F = \frac{1}{\sigma\sqrt{2\pi}}\int_{\bar{x}}^{x}\mathrm{e}^{\frac{-(x-\bar{x})^2}{2\sigma^2}}\,\mathrm{d}x \qquad (7\text{-}9)$$

这里可以简单理解为频率就是在一批数量极多的工件中，该段尺寸工件在整个工件中所占的比例。实际计算时可以直接查阅数学手册上的积分表。

（2）正态分布曲线特征。

①曲线呈钟形，两边低，中间高，关于 $x = \bar{x}$ 直线对称。这表示尺寸靠近

分散中心的工件占多数，尺寸大于 $\bar{x}$ 和小于 $\bar{x}$ 的频率相等。

②σ 是正态分布曲线形状的参数。σ 越大，曲线越平坦，表示工件尺寸分散，加工精度低；反之，σ 越小，曲线越陡峭，表示工件尺寸集中，加工精度高。

③$x-\bar{x}=3\sigma$ 时，$F=49.895\%$，$2F=99.73\%$，即工件尺寸在 $\pm3\sigma$ 以外的频率只占 0.27%，可以忽略不计。因此，一般都取正态分布曲线的分散范围为 $\pm3\sigma$。$\pm3\sigma$ 代表了某一种加工方法在规定的条件（毛坯余量、切削用量、机床、夹具、刀具等）下所能达到的加工精度能力。

2．分布图分析法的应用

（1）判别加工误差的性质。如前所述，假如在加工过程中没有变值系统误差，那么其尺寸分布就服从正态分析，这是判断加工误差性质的基本方法。如果实际分布与正态分布基本相符，在加工过程中没有变值系统误差（或影响很小），这时就可进一步根据 $\bar{x}$ 是否与公差带中心重合来判断是否存在常值系统误差。如实际分布与正态分布出入较大，可根据直方图初步判断变值系统误差是什么类型的误差。

（2）确定各种加工方法所能达到的精度。由于各种加工方法在随机性因素下所得的加工尺寸的分散规律符合正态分布，因而可以在多次统计的基础上，为每一种加工方法求其标准偏差 σ 值。然后，按分布范围等于 6σ 的规律，即可确定各种加工方法所能达到的加工精度。

（3）确定工艺能力及其等级。工艺能力即工序处于稳定状态时，加工误差正常波动的幅度。由于加工时误差超出分散范围的概率极小，可以认为不会发生分散范围以外的加工的误差，因此可以用该工序的尺寸分散范围来表示工艺能力。当加工尺寸分布接近正态分布时，工艺能力为 6σ。

工艺能力等级是以工艺能力系数来表示的，即工艺能力满足加工精度要求的程度。

当工序处于稳定状态时，工艺能力系数 C_{p} 按下式计算，即：

$$C_{\mathrm{p}} = T / 6\sigma \qquad\qquad (7\text{-}10)$$

式中，T——工件尺寸公差。

179

　　根据工艺能力系数 C_p 的大小，将工序能力等级分为五级，在一般情况下工艺能力不应低于二级。

　　（4）估算废次品率。正态分布曲线与 x 轴之间所包含的面积代表一批零件的总数的 100%，如果尺寸分散范围大于零件的公差 T 时，则将有废次品产生。

　　3．非正态分布

　　工件的实际分布，有时并不接近正态分布。例如，在活塞销贯穿磨削中，如果砂轮磨损较快而没有补偿的话，工件的实际尺寸将成平顶分布，它实质上是正态分布曲线的分散中心在不断地移动，即在随机性误差中混入变值系统误差。

　　再如，在用试切法车削轴径或孔径时，由于操作者为了避免产生不可修复的废品，主观地（而不是随机地）使轴径宁大勿小，使孔径宁小勿大，则它们的尺寸就成偏态分布。当用调整法加工，刀具热变形显著时，也呈偏态分布。

第四节 提高和保证加工精度的途径

一、直接消除或减少误差法

直接消除或减少误差法是在生产中应用较广泛的一种基本方法，它是在查明产生加工误差的主要因素之后，设法对其直接进行消除或减少。

例如，薄环形零件在磨削时，由于采用了树脂结合剂黏合，以加强工件刚度的办法，使工件在自由状态下得到固定，解决了薄环型零件两端面的平行度问题。其具体方法是将薄环形零件在自由状态下黏结到一块平板上，再将平板放到磁力工作台上磨平工件的上端面。然后将工件从平板上取下（使结合剂热化），再以磨平的一面作为基准磨另一面，以保证其平行度。

二、误差补偿法

误差补偿法，就是人为地造成一种新的误差（或利用原有的一种误差），去抵消工艺系统中原有的原始误差，并尽量使两者大小相等，方向相反，从而达到减小加工误差提高加工精度的目的。

例如，在滚齿加工中，由于分度涡轮的分度误差会产生工件的运动偏心误差，其大小和方向在机床工作台上是固定的。在精确测量出机床的分度误差大小和方向后，就可以用人为安装偏心产生的几何偏心误差去补偿这种固有的运动偏心。

三、误差分组法

为了获得精密的轴孔配合，就要求轴孔加工得很精确。但可能用现有的设备加工很不经济，甚至无法加工。因此，可将公差范围扩大几倍进行加工，然后精确地测量全部零件，将其分成几组（扩大几倍，则分成几组），使每一组零件的尺寸分散范围都小于规定的公差，将相应组的零件装配起来，即可以得到所规定的配合精度。

在生产中会遇到这种情况：本道工序的加工精度是稳定的，工作能力也足够，但毛坯或上道工序的半成品精度太低，引起定位误差或复映误差过大，因而不能保证加工精度。如要求提高毛坯或上道工序，加工精度往往是不经济的。这时，可把毛坯（或上道工序）尺寸按误差大小分为 n 组，每组毛坯的误差就缩为原来的 $1/n$，然后按各组分别调整定位元件，就可大大缩小整批零件的尺寸分散范围。

四、误差转移法

误差转移法实质上是将工艺系统的几何误差、受力变形和热变形等转移到不影响加工精度的方向上。例如，对具有分度或转位的多工位加工工序或采用转位刀架加工的工序，其分度、转位误差将直接影响零件有关表面的加工精度，若将刀具安装到定位的非敏感方向，则可大大减小其影响。

五、误差平均法

误差平均法就是利用有密切联系的表面相互比较，相互检查，从对比中找出差异，然后进行相互修正（如偶件的对研）或互为基准进行加工。所谓密切联系的表面有三类：第一类是配偶件的表面，如精密丝杠与螺母研具、鼠牙分度盘等；第二类是成套的表面，如三块一组的原始平面、直尺；第三类是工件本身互有牵连的表面，如分度盘的各个分度槽。精密的标准平板就是用三块平板相互合研的"误差平均法"刮研出来的。互研的过程，就是误差不断减小的过程。

六、就地加工法

就地加工法就是将零件装配到机器的确定部位上，然后利用机器本身的相互运动关系对零件上关键的定位表面进行加工，以消除装配时误差累积的影响。在现场经常可以看到在机床上"就地"修正花盘和卡盘平面的平直度，修正卡盘爪的同心度以及夹具的定位面等。

七、加工过程中的积极控制

在机械加工中，对于常值系统误差，可以应用前述的误差补偿方法进行消除或减小。但对于变值系统误差，就必须采用积极控制方法进行补偿，或者在数控机床上根据变值系统误差的变化规律利用程序控制进行自动补偿。

加工过程中的积极控制，就是在加工过程中，利用测量装置连续地测出工件的实际尺寸（或形状及位置精度），并与基准值进行比较，随时修正刀具与工件的相对位置，直至二者差值不超过预定的公差为止。

第五节 机械加工表面质量

一、衡量机械加工表面质量的指标

1. 表面几何特征

（1）表面粗糙度。指已加工表面波距在 1mm 以下的微观几何形状误差，如图 7-3 所示，其表面波纹长 L_3 与波高 H_3 的比值一般小于 50，其大小以表面轮廓算术平均偏差 Ra、微观不平度十点高度 Rz 或轮廓最大高度 Ry 表示，推荐优先选用 Ra。

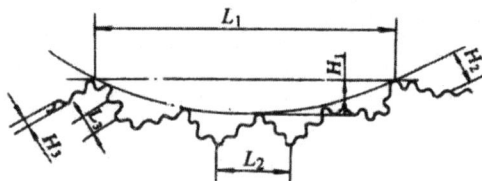

图 7-3　表面粗糙度和表面波度

（2）表面波度。指已加工表面波距为 1～10mm 的几何形状误差，介于宏观几何形状误差和表面粗糙度之间的周期性几何形状误差，如图 7-3 所示，其波长 L_2 与波高 H_2 的比值一般为 50～1000。它主要是由加工过程中工艺系统的低频振动所引起的。

加工表面的几何特征有关规定见国家标准 GB/T3505-2000。

2. 表面层的物理力学性能变化

表面层的物理、力学性能包括表面层加工硬化、残余应力和表面层的金相组织变化。机械零件在加工中由于受切削力和热的综合作用，表面层金属的物理力学性能相对于基体金属的物理力学性能发生了变化。最外层生成有氧化膜或其他化合物，并吸收、渗进了气体粒子，称为吸附层。吸附层下是压缩层，它是由于切削力的作用造成的塑性变形区，其上部是由于刀具的挤压摩擦而产生的纤维层。切削热的作用也会使工件表面层材料产生相变及晶粒大小的变化。

（1）表面的冷作硬化。它是指工件经机械加工后表面层的强度、硬度提高的现象，也称为表面层的冷硬或强化。通常以冷硬层深度 h、表面层的显微硬度 H 以及硬化程度 N 表示，其中

$$N = \frac{H}{H_0} \times 100\% \qquad (7\text{-}11)$$

式中：H_0——金属原来的硬度。

（2）加工表面层的金相组织变化。机械加工（特别是磨削）中的高温使工件表层金属的金相组织发生变化，从而影响零件的使用性能。

（3）加工表面层的残留应力。指机械加工中工件表面层所产生的残留应力，它对零件使用性能的影响大小取决于它的方向、大小和分布状况。

3．表面质量对零件使用性能的影响

（1）对零件耐磨性的影响。

零件的耐磨性主要与摩擦副的材料热处理、润滑条件和表面质量有关，在材料和润滑条件都相同的情况下，零件的表面质量对零件的耐磨性能起决定性的作用。

零件表面的磨损过程，一般可分为初期磨损、正常磨损和急剧磨损三个阶段。在初期磨损阶段只是零件表面的粗糙度凸峰相接触，实际接触面小，磨损较快。初期磨损量的大小与表面粗糙度有很大关系。在一定条件下，摩擦副表面有一最佳粗糙度，过大或过小的粗糙度都会使初期磨损增大。粗糙度值过大，凸峰间的挤裂、破碎和切断等作用加剧，因此，磨损也增加；如果零件表面粗糙度值过小，紧密接触的两个光滑表面间贮油能力很差，接触面间产生分子的亲和力，甚至产生分子黏合，使摩擦阻力增大，磨损量也会增加。

（2）对零件疲劳强度的影响。

在交变载荷的作用下，零件表面微观的高低不平和其他表面缺陷，如裂纹、划痕等一样会引起应力集中，当应力超过材料的疲劳极限时，就会产生和扩展疲劳裂纹，造成疲劳破坏。不同材料对应力集中的敏感程度不同，材料越致密，晶粒越细，则对应力集中越敏感，对疲劳强度的影响也就越严重。

表面层一定程度的加工硬化能阻止已有裂纹的产生和裂纹的扩展，表面

层的残余压应力能够部分地抵消工作载荷所引起的拉应力，延缓疲劳裂纹的产生和扩展，从而提高零件的疲劳强度。

（3）对抗腐蚀性的影响。

零件的耐腐蚀性主要取决于表面粗糙度，表面粗糙度值越大，腐蚀性介质越易积聚在粗糙表面的低谷处而发生化学腐蚀；或在波峰处产生电化学作用而引起电化学腐蚀。因此，降低零件的表面粗糙度值会提高零件的抗腐蚀性。

零件在应力状态下工作时，会产生应力腐蚀。零件表面有残余应力时，一般都会降低零件的耐腐蚀性。

二、影响表面粗糙度的因素

1．切削加工影响加工表面粗糙度的因素

影响表面粗糙度值大小的因素主要有残留面积、积屑瘤和车削工艺系统的振动等。

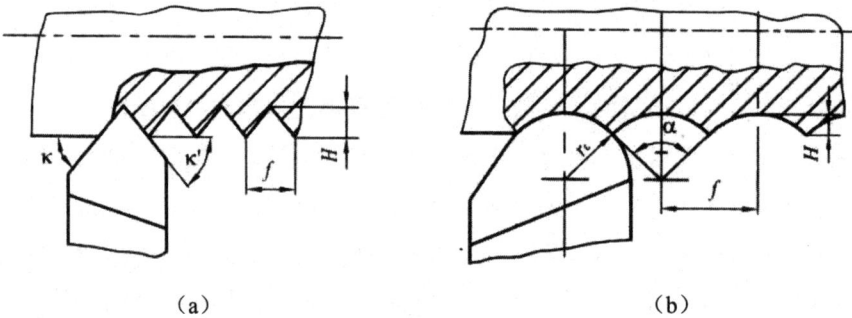

（a）   （b）

图 7-4 车削时影响表面粗糙度的几何因素

（1）表面粗糙度的理论值。在切削加工中，刀具相对工件做进给运动，会在加工表面留下切削层残留面积，其高度值 H 即为理论表面粗糙度。其最大值 R_{max} 与刀具几何形状及进给量 f 的关系为：

若背吃刀量较大，刀尖圆弧半径 r_ε 为零时，如图 7-4（a）所示

$$R_{max} = H = \frac{f}{\cot k_r + \cot k_r'} \tag{7-12}$$

若背吃刀量及中心角 α 很小，刀尖圆弧半径为 r_ε 时，如图 7-4（b）所示

$$R_{\max} = H \approx \frac{f^2}{8r_\varepsilon} \qquad (7\text{-}13)$$

（2）实际粗糙度。上述分析是形成表面粗糙度的理论值。在实际切削时，由于切削条件的变化及各种因素的综合作用（即物理因素的影响），加工表面实际粗糙度是在理论粗糙度的基础上，叠加积屑瘤、鳞刺、刀具磨痕和切削振动纹路等因素影响的综合结果。工艺系统参数的变化，都会通过影响上述因素，最终影响实际粗糙度。

2．影响磨削加工表面粗糙度的因素

（1）砂轮的粒度。砂轮的粒度越细，单位面积上的磨粒就越多，磨削的刻痕就越密、越细，加工表面粗糙度值就越小。但磨粒过细，容易堵塞砂轮，使磨粒失去切削能力，增加了摩擦热，反而造成工件表面塑性变形增大，会增大表面粗糙度值。

（2）砂轮的硬度。砂轮太软，磨粒容易脱落，加工表面粗糙度值大；砂轮太硬，磨钝的磨粒不易脱落，加剧摩擦和挤压，塑性变形加大，也增加了表面粗糙度值。

（3）砂轮的组织。组织紧密的砂轮，用于成形磨削和精密磨削；组织疏松的砂轮不易堵塞，适用于磨削韧性大而硬度不高的材料或热敏性材料。一般用法的砂轮为中等组织。另外，砂轮的修整质量对磨削表面粗糙度影响也很大。

（4）磨削用量的影响。提高砂轮的速度（v_c）不仅能提高生产率，而且可以增加刻痕数，同时因速度高，表面塑形变形来不及传播，使犁沟两侧的隆起减小，故减小了表面粗糙度值。工件速度低，则砂轮上每一磨粒刃口的平均切削厚度小，塑性变形小。纵向进给小，则工件表面上同一点的磨削次数多。这些因素都有利于减小表面粗糙度值。磨削深度（背吃刀量）小，工件塑性变形小，表面粗糙度值也小。通常在磨削过程中，开始采用较大磨削深度，以提高生产率，而后采用小磨削深度或无进给磨削（光磨），以减小粗糙度值。光磨次数越多，则实际磨削深度越来越小，可以获得极小的表面粗糙度值。

（5）工件材料的影响。一般来说，材料硬度高，有利于减小表面的表面粗糙度值。但硬度过高，易使磨粒刃口变钝，导致表面粗糙度值增大，磨削导热性差的合金材料，不易获得较小的表面粗糙度值，且易产生烧伤。

（6）切削液的影响。切削液的加入可减小磨削热，故可减小塑性变形，可减小表面粗糙度值，并能防止磨削烧伤，但选用时应注意切削液的成分和洁净程度。

三、影响加工表面物理力学性能的因素

1. 表面层的加工硬化

在切削和磨削过程中表面层的塑性变形将使晶格间产生剪切滑移，晶格严重扭曲、拉长、破碎和纤维化，使已加工表面的硬度高于基体材料的硬度，这一现象称为加工硬化（冷作硬化）。表面层的硬化程度取决于产生塑性变形的力、变形速度及变形时的温度。变形力越大，塑性变形越大，硬化程度越严重。变形速度快，则变形不充分，硬化程度也相应减小。变形时的温度影响塑性变形的程度，还影响变形后的金相组织的恢复程度，当温度高达一定值时，金相组织产生回复现象，将部分甚至全部消除加工硬化现象。影响表面层加工硬化的因素有：刀具、切削用量、被加工材料。

2. 表面层的金相组织

在机械加工中，在加工区以及加工区附近，由于切削温度急剧升高，有时会导致表面层金相组织发生变化。在一般切削加工中温升不至于很高，而对于磨削加工，其单位切削面积切削力比其他加工方法大数十倍，且切削速度也特别高，所以单位切削面积的功率消耗远远超过其他加工方法。如此大的功率消耗大部分转化为热量，若冷却不好，这些热量仅有一部分（约10%）被切屑带走，而大部分（约80%）将传入工件表面。因此，磨削加工易出现加工表面金相组织变化。

影响切削加工中金相组织变化的因素有工件材料、磨削温度、温度梯度及冷却速度等。当磨削淬火钢时，若磨削区温度超过马氏体转变温度而未超

过其相变临界温度，则工件表面原马氏体组织将产生回火现象，转化成硬度降低的回火组织（索氏体或屈氏体），称之为回火烧伤；若磨削区温度超过相变临界温度，再加上充分的切削液，则工件表面的最外层因急冷而出现二次淬火的马氏体组织，硬度较原来回火的马氏体高，而其下层因冷却速度较慢仍为硬度较低的回火组织，称之为淬火烧伤；若不用切削液而进行干磨，则会超过相变的临界温度，由于工件冷却速度较慢，使磨削后表面硬度急剧下降，便产生了退火烧伤。

3．表面残余应力

在切削和磨削过程中，工件表面发生形状变化或组织改变时，在表面层与基体交界处的晶粒间或原始晶胞内就会产生相互平衡的弹性应力，这种应力属于微观应力，称为表面层残余应力。其产生的主要原因有：

（1）冷塑性变形。对工件进行切削、磨削及液压加工时，表面金属受拉应力作用，产生伸长塑性变形，表面积趋于增大，但里层却处于弹性变形状态。当切削力去除后，里层金属趋向复原，此时受到已产生塑性变形的表面层的牵制，恢复不到原状，于是在表面层产生残余压应力，而里层则为拉应力与之相平衡。

冷塑性变形主要起因于切削力的作用。精细磨削时温度不高，磨削力起主要作用，故属于此类变形；滚压加工和喷丸等表面强化工艺加工的表面也属此类变形。

（2）热塑性变形。在切削加工中，切削区产生的大量切削热使工件表层温度高于里层，因此表层热膨胀受里层的限制产生热压应力。当表层温度超过材料的弹性变形范围时，就产生了热塑性变形，表层材料在压应力作用下相对缩短。切削过程结束且温度下降至与基体一致时，由于表层已产生热塑性变形，表层金属体积的收缩受到基体的限制就产生了残余拉应力，而里层则产生了残余压应力。

（3）金相组织的变化。不同的金相组织有不同的密度，在切削时产生的高温度引起表面相变，其结果造成了体积的变化。表面层体积膨胀，因受到基体的限制而产生了压应力；反之，体积缩小，则产生拉应力。如磨削淬火钢时，表层产生了回火烧伤，马氏体转变为接近珠光体的屈氏体或索氏体，表层金属体积缩小，于是产生了残余拉应力。

四、提高加工表面质量的途径

1. 精密加工

精密加工需具备一定的条件。它要求机床运动精度高，刚性好，有精确的微量进给装置，工作台有很好的低速稳定性，能有效消除各种振动对工艺系统的干扰，同时还要求稳定的环境温度等。

（1）精密车削。精密车削的切削速度 v_c 在 160m/min 以上，背吃刀量 a_p ＝0.02～0.2mm，进给量 f＝0.03～0.05mm/r。由于切削速度高，切削层截面小，故切削力和热变形影响很小。加工精度可达 IT6～IT5 级，表面粗糙度值 Ra 为 0.8～0.2μm。

（2）高速精镗（金刚镗）。广泛用于不适宜用内圆磨削加工的各种结构零件的精密孔，如活塞销孔、连杆孔和箱体孔等。切削速度 v_c＝150～500m/min。为保证加工质量，一般分为粗镗和精镗两步进行。粗镗时 a_p＝0.12～0.3mm，f＝0.04～0.12mm/r；精镗时 a_p＜0.075mm，f＝0.02～0.08mm/r。高速精镗的切削力小，切削温度低，加工表面质量好，加工精度可达 IT7～IT6，表面粗糙度 Ra 为 0.8～0.1μm。

高速精镗要求机床精度高，刚性好，传动平稳，能实现微量进给。一般采用硬质合金刀具，主要特点是主偏角较大（45°～90°），刀尖圆弧半径较小，故径向切削力小，有利于减小变形和振动。要求表面粗糙度 Ra 小于 0.08μm 时，须使用金刚石刀具。金刚石刀具适用于铜、铝等有色金属及其合金的精密加工。

（3）宽刃精刨。宽刃精刨的刃宽为 60～200mm，适用于龙门刨床上加工铸铁和钢件。切削速度低（v_c＝5～10m/min），背吃刀量小（a_p＝0.005～0.1mm）。如刃宽大于加工面宽度时，无须横向进给。加工直线度可达 1000mm∶0.005mm，平面度不大于 1000mm∶0.02mm，表面粗糙度值 Ra 在 0.8μm 以下。

（4）高精度磨削。高精度磨削可使加工表面获得很高的尺寸精度、位置精度和几何形状精度以及较小的表面粗糙度值。通常，表面粗糙度 Ra 为 $0.5\sim0.1\mu m$ 时，称为精密磨削，表面粗糙度 Ra 为 $0.025\sim0.012\mu m$ 时，称为超精密磨削，表面粗糙度值 Ra 小于 $0.008\mu m$ 时，称为镜面磨削。

2．光整加工

光整加工是用粒度很细的磨料对工件表面进行微量切削、挤压和刮擦的一种加工方法。其目的主要是减小表面粗糙度值并切除表面变质层。加工特点是余量极小，磨具与工件定位基准间的相对位置不固定。不能修正表面的位置误差，其位置精度只能靠前道工序来保证。

在光整加工中，磨具与工件之间压力很小，切削轨迹复杂，相互修整均化了误差，从而获得小的表面粗糙度数值和高于磨具原始精度的加工精度，但切削效率低。常见的光整加工方法有研磨、超精研磨和珩磨等。

3．表面强化工艺

采用表面强化工艺能改善工件表面的硬度、组织和残余应力状况，提高零件的物理、力学性能，从而获得良好的表面质量。在表面强化工艺中包括化学热处理、电镀和机械表面强化，前两者不作介绍。

机械表面强化是指在常温下通过冷压力加工方法，使表面层产生冷塑变形，增大表面硬度，在表面层形成残余压应力，提高表面的抗疲劳性能，同时将微观不平的顶峰压平，减小表面粗糙度值，使加工精度有所提高。

（1）滚压加工。利用经过淬硬和精细抛光过的、可自由旋转的滚柱或滚珠，对零件表面进行挤压，以提高加工表面质量的一种机械强化加工方法。

滚压加工可以减小表面粗糙度值 2～3 级，提高硬度 10%～40%，表面层耐疲劳强度一般可提高 30%～50%。滚柱或滚珠材料通常采用高速钢或硬质合金。

滚柱液压是最简单最常用的冷压强化方法。单滚柱滚压压力大且不平衡，这就要求工艺系统有足够的刚度。多滚柱滚压可对称布置滚柱以滚压内孔或外圆，从而减小了工艺系统的变形，这种方法也可滚压成形表面或锥面。

滚珠滚压接触面积小，压强大，滚压力均匀，用于对刚度差的工件进行滚压，也可做成多滚珠滚压。

　　离心转子滚压是利用离心力进行滚压的方法。滚球或滚柱的重量、转子直径及转速决定了滚压力的大小，一般成正比关系。

　　（2）挤压加工。挤压加工是利用截面形状与工件孔形相同的挤压工具，在两者间有一定过盈量的前提下，推孔或拉孔而使表面强化，效率较高，可采用单环或多环挤刀，后者与拉刀相似，挤后工件孔质量提高。

　　（3）喷丸强化。喷丸强化是用压缩空气或机械离心力将小珠丸高速（35～50m/s）喷出打击工件表面，使工件表面层产生冷硬层和残余压应力，可显著提高零件的疲劳强度和使用寿命。所用的珠丸可以是铸铁，也可以是砂石，还可以是钢丸，其尺寸为0.4～4mm。对软金属可以是铝丸或玻璃丸。

第八章　机械装配工艺基础

第一节　机械装配工艺概述

一、装配的概念

机械产品一般是由许多零件和部件组成的。根据规定的技术要求，将若干个零件接合成部件或将若干个零件和部件接合成产品的过程，称为装配。前者称为部件装配，后者称为总装配。

装配过程是机械制造生产中的一个重要环节。要使产品达到精度要求，不仅产品中各个零件要合格，而且在装配过程中，还要通过钳工去进行刮削、选配、检验与调整等工作。因此，研究和发展新的装配技术和装配方法，提高装配质量和装配生产效率是机械制造工艺的一项重要任务。

二、装配工作的基本内容

1. 清洗

为了保证产品的装配质量和延长产品的使用寿命，特别是对于轴承、密封件、精密零件以及有特殊清洗要求的零件，装配前要进行清洗。其目的是去除零件表面的污物。清洗的方法有擦洗、浸洗、喷洗和超声波清洗等。常用的清洗液有煤油、汽油、碱液和各种化学清洗液。零部件适用的各种清洗方法，必须配用适应的清洗液才能充分发挥效用。

2. 刮削

为了在装配过程中达到工艺上的高精度配合要求，需对有关零件进行刮削。刮削工艺简单，切削力小，产生热量少，操作灵活，不受工件形状、位置及设备条件的限制，普遍地应用于装配中，特别适用于机器的修配过程中。但刮削的劳动强度较大，目前常采用高精密机械加工来代替刮削。

3. 连接

连接是将零件连接成组件，零件、组件连接成产品的过程。在装配过程中有大量的连接工作。连接方式一般有两种：可拆连接和不可拆连接。

4. 校正、调整和配作

校正是指产品中相关零部件相互位置的找正、找平，并通过各种调整方法以达到装配精度。调整是指相关零部件相互位置的调节，通过相关零部件位置的调整来保证其位置精度或某些运动副的间隙。配作是指装配过程中附加的一些钳工和机械加工工作，有配钻、配铰、配刮及配磨等。配钻用于螺纹联连，配铰多用于定位销孔加工，而配刮、配磨则多用于运动副的接合表面。配作和校正、调整工作是结合进行的。在装配过程中，为消除加工和装配时产生和积累的误差，只有在利用矫正工艺进行测量和调整之后，才能进行配作。

5. 平衡

有些机器，特别是转速较高、运转平稳性要求高的机器，为了防止使用中出现振动，对其有关的旋转零部件需进行平衡工作。

6. 验收试验

机械产品装配后，应根据有关技术标准和规定，对产品进行较全面的检验和试验工作，合格后才准出厂。各类机械产品的整机质量验收测试要求各有不同，但是机械的振动、噪声、液体和气体泄漏往往容易发生，应重视检测。

三、装配的组织形式

在装配过程中，可根据产品结构的特点和批量大小的不同，采取不同的装配组织形式。

1．固定式装配

固定式装配是将零件和部件的全部装配工作安排在一固定的工作地上进行，装配过程中产品位置不变，装配所需的零部件都汇集在工作地附近。

在单件和中小批生产中，对那些因重量和尺寸较大、装配时不便移动的重型机械或机体刚性较差、装配时移动会影响装配精度的产品，均宜采用固定式装配的组织形式。

2．移动式装配

移动式装配是将零件和部件置于装配线上，通过连续或间歇的移动使其顺次经过各装配工作地，以完成全部装配工作。采用移动式装配时，装配过程分得较细，每个工作地重复完成固定的工序，广泛采用专用的设备及工具，生产率很高，多用于大批生产。

四、装配精度的概念

任何机械产品，设计时不仅应根据使用要求进行合理的结构设计，而且要确定整机或有关部件的运动精度和相互位置精度。设计的装配精度要求可根据国家标准或其他资料予以确定。

产品的装配精度是指机器装配以后，各工作面间的相对位置和相对运动参数与规定指标的相符程度，包括工作面相互间的平行度、垂直度、同轴度、距离、间隙、过盈、运动轨迹以及速度的稳定性等。配合精度的高低是保证机器工作性能、质量和寿命的重要因素。产品装配精度一般包括尺寸、相互位置、相对运动和接触精度。

1．尺寸精度

尺寸精度是指相关零部件间的距离尺寸和配合精度，它是零部件之间的相对距离尺寸要求，如普通车床床头和尾座两顶尖对床身导轨的等高要求，就是一个距离尺寸关系，称为距离精度。配合精度是配合面间的间隙或过盈要求。

2．相互位置精度

位置精度包括相关零部件间的平行度、垂直度、同轴度及各种跳动等。

如普通车床主轴轴线对床身导轨的平行度等，就属于相互位置精度。

3．相对运动精度

相对运动精度是产品中有相对运动的零部件在运动方向和相对速度上的精度。运动方向上的精度是指零部件间相对运动的直线度、平行度、垂直度等，如普通车床溜板移动轨迹对主轴轴线的平行度要求。相对速度上的精度是指传动精度，即始末两端传动元件相对运动（转角）精度，如车床车削螺纹时主轴与刀架移动的相对运动要求。

4．接触精度

接触精度是指相互配合的表面、接触表面达到规定接触面积的大小。如齿轮啮合、锥体与锥孔配合以及导轨副之间均有接触精度要求。接触精度常以接触面积的大小或接触量及分布情况来衡量。

五、装配精度与零件精度的关系

如上所述，机器及其部件都是由零件所组成的。显然，零件的精度特别是关键零件的加工精度，对装配精度有很大影响。如图 8-1（a）所示的车床主轴中心与尾架中心的等高度误差 A_0，即取决于床头箱、尾座及座板的 A_1、A_2 及 A_3 的尺寸精度。但是，产品的装配过程并不是简单地将有关零件连接起来的过程。在装配过程中往往需要进行必要的检测和调整，有时尚需进行修配。例如，如图 8-1（a）所示的等高度要求是很高的，如果仅靠提高尺寸 A_1、A_2 及 A_3 的精度来保证是不经济的。考虑到尺寸 A_1 实际上是由主轴、轴承、套筒及主轴箱体构成的装配尺寸，此时，如仍然靠提高零件精度来保证装配精度，不仅不经济，甚至在技术上也是很难实现的。在这种情况下，比较合理的办法是装配中通过检测，对某个或某些零件进行适当的修配来保证装配精度。

通过以上实例可以看出，产品的装配精度和零件加工精度有很密切的关系。零件精度是保证装配精度的基础，但装配精度并不完全取决于零件精度。装配精度的合理保证，应从产品结构、机械加工和装配等方面进行综合考虑，而装配尺寸链是进行综合分析的有效手段。

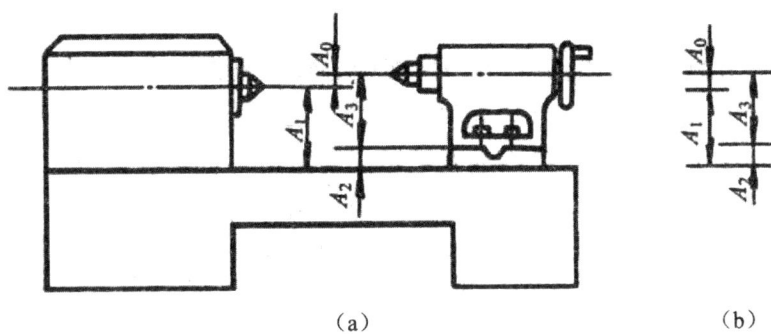

(a)　　　　　　　　　(b)

图 8-1　床头箱主轴中心线与尾座中心线等高示意图

第二节 装配尺寸链

一、装配尺寸链的基本概念

产品或部件的装配精度与构成产品或部件的零件精度有着密切关系。为了定量地分析这种关系，将尺寸链的基本理论用于装配过程，即可建立起装配尺寸链。装配尺寸链是产品或部件在装配过程中，由相关零件的尺寸和位置关系所组成的封闭的尺寸系统。装配尺寸链虽然起源于产品设计中，但应用装配尺寸链原理可以指导制定装配工艺，合理安排装配工序，解决装配中的质量问题，分析产品结构的合理性等。

装配尺寸链是尺寸链的一种，它与一般尺寸链相比，具有显著的特点：

（1）装配尺寸链的封闭环一定是机械产品或部件的某项装配精度，因此，装配尺寸链的封闭环是十分明显的。

（2）装配精度只有在机械产品装配后才能测量。因此，封闭环只有在装配后才能形成，不具有独立性。

（3）装配尺寸链中的各组成环不是仅在一个零件上的尺寸，而是在几个零件或部件之间与装配精度有关的尺寸。

二、装配尺寸链的建立

运用装配尺寸链的原理去分析和解决装配精度问题时，首先要正确地建立起装配尺寸链，即正确地确定封闭环，并根据封闭环的要求查明各组成环。

如前所述，装配尺寸链的封闭环为产品或部件的装配精度。为了正确地确定封闭环，必须深入了解产品的使用要求及各零部件的作用，明确设计者对产品及零部件提出的装配技术要求。为正确查找各组成环，需仔细分析产品或部件的结构，了解各零件连接的具体情况。查找组成环的一般方法是：以封闭环两端的两个零件为起点，沿着装配精度要求的位置方向，以相邻零件装配基准间的联系为线索，分别由近及远地查找装配关系中影响装配精度的有关零件，直至找到同一个基准零件或同一表面为止。这样，各有关零件上直线连接相邻零件装配基准间的尺寸或位置关系，即为装配尺寸链中的组成环。建立装配尺寸链就是准确地找出封闭环和组成环，并画出尺寸链简图。

装配尺寸链比较复杂，在同一装配结构中装配精度要求往往有几个，需要在不同方向（如垂直、水平、径向和轴向等）分别查找。在查找中要坚持最小环数原则，即最短路线原则，并且在保证产品精度的前提下，装配尺寸链的组成环可以适当地简化。

三、装配尺寸链的解算方法

装配尺寸链的应用包括两个方面：其一，在已有产品装配图和全部零件图的情况下，即尺寸链的封闭环、组成环的基本尺寸、公差及偏差都已知，由已知的组成环的基本尺寸、公差及偏差，求封闭环的基本尺寸、公差及偏差，然后与已知条件相比，看是否满足装配精度的要求，验证组成环的基本尺寸、公差及偏差确定得是否合理。这种应用一般称为"正计算"。其二，在产品设计阶段，根据产品装配精度要求（封闭环），确定各组成环的基本尺寸、公差及偏差，然后将这些已确定的基本尺寸、公差和偏差标注到零件图上，这种应用通常称为"反计算"。但无论哪种应用方法，装配尺寸链的具体计算方法只有两种，即极值法和概率法，常用的是极值法。

在装配尺寸链中，封闭环是装配的最终要求，当封闭环公差确定后，组成环愈多则每一环的公差就愈小。所以在装配尺寸链中应尽量减少尺寸链的环数，即最短尺寸链原则。

第三节　保证产品装配精度的方法

一、互换法

1. 完全互换

完全互换就是机器在装配过程中每一个待装配零件不需挑选、修配和调整，装配后就能达到装配精度要求的一种装配方法。这种方法是用控制零件的制造精度来保证机器的装配精度。

完全互换法的装配尺寸链是按极值法计算的。完全互换法的装配过程简单，生产效率高；对装配工人的技术水平要求不高；便于组织流水作业及实现自动化装配；容易实现零部件的专业协作；便于备件供应及维修工作等。

2. 不完全互换法

当机器的装配精度要求较高，组成环零件的数目较多，用极值法计算各组成环的公差较小，难于满足零件经济加工精度的要求，甚至很难加工出这些高精度要求的零件。因此，在大批生产条件下采用概率法计算装配尺寸链，用不完全互换法保证机器的装配精度。

与完全互换法相比，采用不完全互换法进行装配时，零件的加工误差可以放大一些，使零件加工容易，成本低，同时也达到部分互换的目的。其缺点是往往出现一部分产品的装配精度超差，需要采取一些补救措施，或进行经济论证以决定能否采用不完全互换法。

二、选配法

在成批或大量生产的条件下，若组成环的零件数目不多，而装配精度要求很高时，可采用选配法进行装配。

1. 直接选配法

此法是由装配工人从许多待装零件中，凭经验挑选合适的零件装配在一起，保证装配精度。这种方法的优点是简单，但是工人挑选零件的时间较长，而装配精度在很大程度上取决于工人的技术水平，不宜用于大批大量的流水线装配。

2．分组选配法

此法是先将被加工零件的制造公差放宽几倍（一般是 3～4 倍），零件加工后测量分组（公差带放宽几倍就分为几组），并按对应组进行装配以保证装配精度。分组选配法在机床装配中用得较少，而在内燃机、轴承等精度要求高生产批量很大的生产中应用得较多。

采用分组选配法应当注意以下几点：

（1）为了保证分组后各组的配合精度符合原设计要求，各组的配合公差应当相等，配合公差增大的方向应当相同，增大的倍数要等于以后的分组数。

（2）分组不宜过多，以免使零件的储存、运输及装配工作复杂化。

（3）分组后零件表面的粗糙度及形位公差不能扩大，仍按原设计要求制造。

（4）分组后应尽量使组内相配合零件数相等，如不相等，可专门加工一些零件与其相配。

3．复合选配法

此法是上述两种方法的复合，先将零件预先测量分组，装配时再在对应组内凭工人的经验直接选择装配。这种装配方法的特点是配合公差可以不等，装配质量高，速度较快，能满足一定生产节拍的要求。在发动机的气缸与活塞的装配中，多采用这种方法。

三、修配法

在单件小批生产中，对于产品中那些装配精度要求较高的多环尺寸链，各组成环先按经济精度加工，装配时通过修配某一组成环的尺寸，使封闭环的精度达到产品精度的要求，这种装配方法称为修配法。

1．修配方法

（1）单件修配法。在多环尺寸链中，预先选定某一固定的零件作修配件，装配时在非装配位置上进行再加工，以达到装配精度的装配方法。

（2）合并装配法。将两个或多个零件合并在一起进行加工修配。合并加工所得的尺寸，看成一个组成环，这样就既减少了组成环的数目，又减少了修配工作量，使修配加工更容易。

（3）自身加工修配法。在机床制造业中，常利用机床本身切削加工的能力，在装配中采用自己加工的方法来保证某些装配精度，这种方法称为自身加工修配法。

2. 修配环的选择

采用修配法来保证装配精度时，正确选择修配环很重要。修配环一般应按下述要求选择。

（1）尽量选择结构简单、重量轻、加工面积小、易加工的零件。

（2）尽量选择容易独立安装和拆卸的零件。

（3）修配件修配后不能影响其他装配精度，因此，不能选择并联尺寸链中的公共环作为修配环。

四、调整法

1. 可动调整法

可动调整法是通过改变调整件的位置来保证装配精度的装配方法。这种方法不必拆卸零件，调整方便，广泛应用于成批和大量生产中。常用的调整件有螺栓、斜面、挡环等。

可动调整法不但用于装配中，而且在零件加工过程中，机床及工艺装备等因磨损、受力变形、热变形等使精度发生变化时，可以及时进行调整以保持和恢复要求的精度。正是由于这些突出的优点，该方法在生产中被广泛应用。

2. 固定调整法

在装配尺寸链中，选择某一组成环作为调整环，将该环按一定的尺寸级别制造一套专用零件，装配时根据各组成环所形成的累积误差的大小，在这套零件中选择一个合适的零件进行装配，以保证装配精度的要求，这种装配方法称为固定调整法。

3．误差抵消调整法

当机器部件或产品装配时，通过调整相关零件之间的相互位置，利用其误差的大小和方向，使其相互抵消，以便扩大组成环公差，同时又保证封闭环精度的装配分法，称为误差抵消调整法。

在采用误差抵消调整法装配时，均需测出相关零部件误差的大小和方向，并需计算出数值。这种方法增加了辅助时间，影响生产率，对工人技术水平要求也较高，但可获得较高的装配精度，一般适用于批量不大的机床装配。

第四节 产品装配工艺规程的制定

一、制定装配工艺规程的基本原则及原始资料

1. 制定装配工艺规程的基本原则

（1）在保证产品装配质量的前提下，延长产品的使用寿命。

（2）合理安排装配工序，减少钳工装配工作量，提高效率，缩短装配周期。

（3）尽可能减少作业面积。

2. 制定装配工艺所需的原始资料

（1）产品的总装配图、部件装配图和重要零件图。

（2）产品的验收标准。它规定产品主要技术性能的检验、试验工作的内容及方法，它是制定装配工艺的主要依据之一。

（3）产品的生产纲领。

（4）现有的生产条件主要包括现有的装配工艺条件、车间的作业面积、工人的技术水平以及时间定额标准等。

二、装配工艺规程的内容

（1）产品分析，根据装配图分析尺寸链，在弄清零部件相对位置和尺寸关系的基础上，根据生产规模合理安排装配顺序和装配方法，编制装配工艺系统和工艺规程卡片。

（2）根据生产纲领，选择装配的组织形式。

（3）选择和实际所需的工具、夹具和设备。

（4）规定总装配和部件装配的技术条件和检查方法。

（5）规定合理的运输方式和运输工具。

三、制定装配工艺规程的步骤

1．进行产品分析

（1）分析产品样图，掌握装配的技术要求和验收标准。此为读图阶段。

（2）对产品的结构进行尺寸分析和工艺分析。尺寸分析就是对装配尺寸链进行分析和计算，对装配尺寸链及其精度进行验算，并确定保证达到装配精度的装配方法。工艺分析就是对产品结构的装配工艺性进行分析，确定产品结构是否便于装配拆卸和维修。此为审图阶段。在审图中发现属于结构上的问题时，应及时会同设计人员加以解决。

（3）研究产品分解成"装配单元"的方案，以便组织平行或流水作业。

在一般情况下装配单元可划分为五个等级：零件、合件、组件、部件和机器。

零件——构成机器和参加装配的最基本单元。大部分零件先装成合件、组件和部件后再进入总装配。

合件——合件是比零件大一级的装配单元。

组件——由一个或几个合件与若干零件组合而成的装配单元。

部件——由一个基准零件和若干个零件、合件和组件组合而成的装配单元。

机器——由上述各装配单元组合而成的整机。

2．确定装配的组织形式

装配的组织形式根据产品的批量、尺寸和重量分为固定式和移动式装配两种。固定式装配工作地点不变。移动式装配又分为间歇移动和连续移动，其工作地点是随着运输带而移动的。单件小批、重量大的产品用固定装配的组织形式，其余用移动装配的组织形式。

装配的组织形式确定以后，装配方法、工作地点的布置也就相应确定。工序的分散与集中以及每道工序的具体内容也根据装配的组织形式而确定。固定式装配工序集中，移动式装配工序分散。

3．拟定装配工艺过程

（1）确定装配工作的具体内容。根据产品的结构和装配精度的要求，确定各装配工序的具体内容。

（2）确定装配工艺方法及设备。选择合适的装配方法及所需的设备、工具、夹具和量具等。

当车间没有现成的设备及工具、夹具、量具时，还需提出设计任务书，设计工艺装备所需的技术参数，可参照经验数据或经实验计算确定。

（3）确定装配顺序。各级装配单元在装配时，先确定一个基准，然后根据具体情况安排其他单元陆续进入装配。

（4）确定工时定额及工人的技术等级。目前装配的工时定额都根据实践经验估计。工人的技术等级不作严格规定，但必须安排有经验的技术熟练的工人在关键的装配岗位上操作，把好质量关。

4．编写装配工艺文件

装配工艺规程设计完成后，以文件的形式将其内容固定下来，此文件称为装配工艺文件，也称装配工艺规程，其主要内容有装配图、装配工艺系统图、装配工艺过程卡片或装配工序卡片、装配工艺设计说明书等。

装配工艺规程中的装配工艺过程卡片和装配工序卡片的编写方法与机械加工的工艺过程卡和工序卡基本相同。在单件小批生产中，一般只编写工艺过程卡，对关键工序才编写工序卡。在生产批量较大时，除编写工艺过程卡外还需要编写详细的工序卡及工艺守则。

如果在装配过程中需要进行一些必要的配作加工，如配刮、配钻、攻螺纹等，可在装配单元系统图上补充说明工序内容、操作要点等。它对指导装配、分析和编制工艺规程十分有利。

四、制定装配工艺过程注意事项

（1）预处理工序在前。如零件的清洗、倒角、去毛刺和飞边等工序要安排在前。

（2）先下后上。先装配机器下部的零部件，再装处于机器上部的零部件，使机器在整个装配过程中其重心始终处于稳定状态。

（3）先内后外。使先装部分不成为后续作业的障碍。

（4）先难后易。先装难于装配的零部件，因为开始装配时活动空间较大，便于安装、调整检测及机器翻转。

（5）先重大后轻小。先安装体积、重量较大的零部件，后安装体积、重量较小的零部件。

（6）先精密后一般。先将影响整台机器精密度的零部件安装调试好，再装一般要求的零部件。

（7）先安排必要的检验工序，特别是对产品质量和性能有影响的工序，在它的后面一定要安排检验工序，检验合格后方可进行后续装配。

（8）电线、油管的安装工序应合理地穿插在整个装配过程中，不能疏忽。

第五节　装配工艺基础综合训练

一、训练目标

进一步加深对装配工艺基本知识的理解。

能够综合运用装配工艺知识解决装配工艺实施过程中的简单技术问题。

二、训练题目

观察工厂实际产品或部件的装配工艺过程。

三、训练要求

完成生产现场装配工艺过程分析报告一份。

四、训练提纲

1. 产品或部件的结构分析

（1）产品或部件由哪几部分组成？

（2）产品或部件各组成部分起何作用？

2. 产品或部件的装配技术要求分析

（1）相关零部件的距离精度如何？

（2）相关零部件的相对位置精度如何？

（3）相关零部件的相对运动精度如何？

（4）相关零部件的接触精度如何？

3. 产品或部件装配工艺过程分析

（1）仔细观察并记录产品或部件的装配工艺过程。

（2）分析现场产品或部件装配属于哪一种装配组织形式。

（3）装配工艺规程是进行装配的主要技术文件。

第九章 机械零件的精密加工方法

第一节 机械零件的精密加工概述

精密加工是指在一定的发展时期，加工精度和表面质量达到很高程度的加工工艺。超精密加工是指加工精度和表面质量达到极高程度的精密加工工艺。精密加工和超精密加工的界限将随着科学技术的进步而逐渐向前推移，过去的精密加工对今天来说已是一般加工。目前，一般加工、精密加工和超精密加工的范畴可以划分如下：

一、一般加工

指精度在 10μm 左右，相当于 IT7～IT5，表面粗糙度 Ra 值为 0.8～0.2μm 的加工方法，如车、铣、刨、磨、铰等。这些加工方法在汽车制造、拖拉机制造、机床制造中被广泛采用。

二、精密加工

指加工精度在 10～0.1μm，相当于 IT5 以上，表面粗糙度 Ra 值为 0.1μm 以下的加工方法，如金刚车、金刚镗、研磨、珩磨、砂带磨削、镜面磨削和冷压加工等。这些加工方法在精密机床、精密测量仪器等行业被广泛采用。

三、超精密加工

指加工精度高于 0.1μm，表面粗糙度 Ra 值小于 0.025μm 的加工技术。如金刚石精密切削、超精密磨料加工、电子束加工等。目前，超精密加工的水平已达到纳米级，并向更高水平发展。超精密加工多用来制造精密元件、计量标准元件、集成电路、高精密硬磁盘等，它是国家制造工业发展水平的重要标志之一。

第二节　精密加工和超精密加工方法

一、金刚石刀具精密切削

金刚石刀具精密切削是指用金刚石刀具加工工件表面，获得尺寸精度为 $0.1\mu m$ 数量级和表面粗糙度 Ra 值为 $0.01\mu m$ 数量级的超精密加工表面的一种精密切削方法。欲达到 $0.1\mu m$ 数量级的加工精度，在最后一道加工工序中，就必须能切除厚度小于 $1\mu m$ 的表面层。

1. 金刚石刀具精密切削机理

金刚石刀具能否切除微薄的金属层，主要取决于刀具的锋利程度。刀具的锋利程度，一般以刀具刃口圆角半径 r 的大小来表示。r 越小，切削刃越锋利，切除微小余量就越顺利。如图 9-1 所示，在背吃刀量 a_p 很小的情况下，当 $r<a_p$ 时切削排出顺利，切削变形小，切削效果好。当 $r>a_p$ 时，刀具就在工件表面产生"沟犁"，不能进行切削。因此，当背吃刀量只有几微米，甚至小于 $1\mu m$ 时，r 也应精研至微米级的尺寸，并要求具有足够的耐用度，以维持其锋利程度。

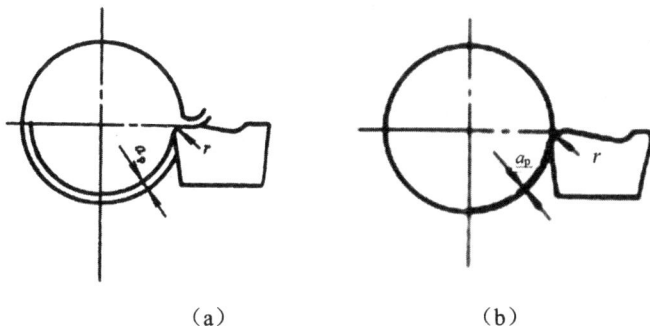

（a）　　　　　　　　　　　（b）

图 9-1　刀具刃口半径 r 对 a_p 的影响示意图

刀具的刃口圆角半径 r 与刀片材料的晶体微观结构有关。硬质合金刀片即使经过仔细研磨也难达到 $r=1\mu m$，而单晶体金刚石车刀的刃口圆角半径 r 可达 $0.02\mu m$。此外，金刚石与有色金属的亲和力极低，摩擦系数小，切削有色金属时不产生积屑瘤。因此，单晶体金刚石精密切削是加工铜、铝或其他有色金属材料，获得超精加工表面的一种精密切削方法。例如，用金刚石刀具精密切削高密度硬磁盘的铝合金基片，表面粗糙度 Ra 值可达 0.003μm，平面度可达 0.2μm。

2. 影响金刚石刀具精密切削的因素

（1）金刚石刀具材料的材质、几何角度、刃磨质量及对刀等。

（2）金刚石刀具精密切削机床的精度、刚度、稳定性、抗振性和数控功能。

（3）被加工材料的均匀性和微观缺陷。

（4）工件的定位和夹紧。

（5）工作环境，如恒温、恒湿、净化条件等。

用金刚石刀具进行超精密切削，用于加工铝合金、无氧铜、黄铜、非电解镍等有色金属和某些非金属材料。现在用于加工陀螺仪、激光反射镜、天文望远镜的反射镜、红外反射镜和红外透镜、雷达的波导管内腔、计算机磁盘、激光打印机的多面棱镜、录像机的磁头、复印机的硒鼓等。

二、精密和超精密磨削

精密和超精密磨削加工是利用细粒度的磨粒和微粉对黑色金属、硬脆材料等进行加工，得到高加工精度和低表面粗糙度值的方法。

1. 精密和超精密磨削加工方法分类

（1）固结磨料加工。将磨料或微粉与结合剂黏合在一起，制成一定的形状并具有一定强度的坯料，再采用烧结、黏接、涂敷等方法形成砂轮、砂条、油石、砂带等磨具，其中用烧结方法形成砂轮、砂条、油石等称为涂覆磨具或涂敷磨具。

（2）游离磨料加工。在加工时，磨粒或微粉不固结在一起，而是成游离状态。传统加工方法是研磨和抛光，近年来，在这些传统工艺的基础上，出现了许多新的游离磨料加工方法，如磁性研磨、弹性发射加工、液体动力抛光等。

2．常用精密和超精密磨削方法

（1）超硬磨料砂轮精密和超精密磨削。超硬磨料砂轮目前主要指金刚石和立方氮化硼（CBN）砂轮，主要用来加工各种高硬度、高脆性的难加工材料，如硬质合金、陶瓷、玻璃、半导体材料及石材等。

（2）精密和超精密砂带磨削。砂带磨削是一种新的高效磨削方法，能达到高的加工精度和表面质量，具有广泛的应用前景，可以补充或部分代替砂轮磨削。

（3）磁性研磨。磁性研磨工件放在两磁极之间，工件和磁极间放入含铁的刚玉等磁性磨料，在磁场的作用下，磁性磨料沿磁力线方向整齐排列，如同刷子一般对被加工表面施加压力，并保持加工间隙。研磨压力的大小随磁场密度及磁性磨料填充量的变化而变化，因此可以调节。研磨时，工件一面旋转，一面沿轴方向振动，使磁性磨料与被加工表面之间产生相对运动。这种方法可以研磨轴类零件内外圆表面，也可以用来去毛刺，对铝合金的研磨效果较好。

（4）微细加工技术

微细加工技术是指制造微小尺寸零件的加工技术。从广义的角度来说，微细加工包括了各种传统的精密加工方法及特种加工方法，属于精密加工和超精密加工范畴。从狭义的角度来说，微细加工主要指半导体集成电路制造技术，因为微细加工技术的出现和发展与大规模集成电路有密切关系，其主要技术有外延生长、氧化、光刻、选择扩散和真空镀膜等。目前，微小机械发展十分迅速，它是用各种微细加工方法在集成电路基片上制造出的各种微型运动机械。由于微细加工与集成电路的制造关系密切，所以通常从机理上来分类，包括分离（去除）加工、结合加工、变形加工等。

第三节　精密加工和超精密加工的特点及发展

一、精密加工和超精密加工的工艺特点

1. "进化"加工

一般加工时，工作母机（机床）的精度总是要比被加工零件的精度高，这一规律称之为"蜕化"原则，或称"母机"原则。对于精密加工和超精密加工，由于工件的精度要求很高，用高精度的"母机"有时甚至已不可能，这时可利用精度低于工件精度要求的机床设备，借助工艺方法和特殊工具，直接加工出精度高于"母机"的工件，这就是直接式的"进化"加工。另外，用较低精度的机床和工具制造出加工精度比"母机"精度更高的机床和工具，用第二代"母机"加工高精度工件，为间接式的"进化"加工，两者统称"进化"加工，或称为创造加工。

2. 加工设备精度高、技术先进

一般来说，超精密加工设备是实现超精密加工的首要条件，其有关精度，如平行度、垂直度、同轴度等，都在向亚微米级（0.1μm）靠近。设备的关键元件，如主轴系统的轴承，一般采用空气静压轴承或液体静压轴承，前者的径向跳动和轴向窜动不超过 0.05μm。导轨结构可采用液体静压导轨、空气静压导轨（气浮导轨）及弹性导轨，其中弹性导轨已用于微动工作台上。

3. 超稳定的加工环境

加工环境的极微小变化可能影响加工精度，因此，超精密加工必须在超稳定的加工环境条件下进行。超稳定环境条件主要是指恒温、防振和超净三方面条件。

4. 误差补偿

减小加工误差是提高超精密加工精度的又一重要问题。有两条途径：一种是所谓误差预防，即通过提高机床和工艺装备制造精度、保证加工环境的稳定性等方法减少误差源或减小误差源的影响；另一种是误差补偿，即通过

对加工过程建模，测量或预防输入，以这些信息为依据，提供一个附加输入，将其与未经校正的误差相加，从而消除或减少补偿后的误差输出。采用这种方法，可以在精度较低的机床设备上加工出高一级精度的工件。

5．超精密测量技术

测量仪器的精度一般要比机床加工精度高一个数量级，而超精密加工的精度已较稳定地达到亚微米级，甚至可达到百分之几微米的水平，因此，测量仪器的精度就应该具备纳米级的水平。为了满足纳米级精度检测的要求，发展了高精度的多次光波干涉显微镜和重复反射干涉仪，近年发展起来的激光干涉仪的分辨率可达 $0.02 \sim 0.125 \mu m$。由于大、中规模线性运算放大器的发展，高放大倍数、高稳定性和高可靠性的放大器得以实现，因此，电测仪器在近年也得到了飞速发展，出现了重复精度为 $0.5 \mu m$ 的电气测微仪。

二、精密加工和超精密加工的发展途径

1．研制精密加工设备

要发展精密加工和超精密加工就要研制精密加工设备。例如，生产高精密的机床气体静压轴承、气体静压导轨等。对于批量生产的精密元件应制造高精度的工作母机，如涡轮工作母机等。

2．重视传统加工方法的进一步开发

在精密加工和超精密加工的发展中，应该重视把传统加工方法和新加工方法结合起来。研磨、刮研是典型的传统加工方法，这些方法既简单又可靠，即使在现代制造技术中仍未失去其价值，应将它们与新技术结合起来。在精密加工中，往往是用"以粗干精"的加工原则，即用低精度的设备和工具加工出高精度的工件。研磨就是一个突出的例子。

3．用新技术改造旧机床

用新技术改造旧机床，提高旧机床的精度，是解决加工精密元件所需设备的重要措施。对一些旧机床进行微机数字控制改造，或安装校正装置、数字显示装置，都可以提高机床的精度。采用静压主轴、气体静压导轨可以提

高机床的几何精度。

4．发展精密测量技术

超精密加工技术是一项包含内容极其广泛的系统工程，只有将各个领域的技术成就综合起来，才有可能进一步提高加工精度和表面质量，而超精密加工技术的提高又推动着各项科学技术的进一步发展。

第十章　零件的特种加工方法

第一节　零件的特种加工概述

一、特种加工及其分类

特种加工是指直接利用电能、热能、光能、声能、化学能及电化学能等进行加工的总称。特种加工与传统切削加工的区别在于：不是主要依靠机械能，而是主要用其他能量去除工件上的多余材料；工具硬度可以低于被加工材料的硬度；在加工过程中工具与工件之间一般不存在显著的切削力。

特种加工分类方法很多，按能量来源和作用原理可分类如下：

电、热——电火花加工、电子束加工、等离子束加工；

电、机械——离子束加工；

电化学——电解加工；

电化学、机械——电解磨削、阳极机械磨削；

声、机械——超声加工；

光、热——激光加工；

流体、机械——磨料流动加工、磨料喷射加工；

化学——化学加工；

液流——液流加工。

二、特种加工对工艺原则的影响

1. 对零件典型工艺路线的影响

传统的机械加工，除磨削以外一般都安排在淬火热处理工序之前，这是工艺人员一般应遵循的基本工艺准则。特种加工的出现，改变了这一成不变的程序。由于特种加工工具往往不直接接触工件，其硬度可以低于被加工材料的硬度，而且为了避免淬火引起的变形，可将某些工序放在淬火后加工效果更好，例如，电火花线切割加工、电火花成形加工和电解加工等。

特种加工还对工艺过程的安排产生了影响，如粗、精加工分开以及工序集中与分散等产生了影响。由于特种加工时没有显著的切削力，所以机床、夹具、工具、工件的刚度、强度不是主要矛盾，即使是复杂的、精度要求高的加工表面也常常用一个复杂工具、简单的运动轨迹、一次安装、一道工序就加工出来了。

2. 对传统的结构工艺性的重新评价

过去对工件上的方孔、小孔、窄缝等，一般认为结构工艺性很差。而特种加工的采用，改变了这种观念，对传统的结构工艺性的好与坏需要重新衡量。例如，采用电火花穿孔、电火花线切割加工方孔和加工圆孔的难易程度是一样的。喷油嘴小孔，喷丝头小异形孔，涡轮叶片上大量的小冷却深孔、窄缝，静压轴承，静压导轨的内油囊型腔等，采用电加工后变难为易了。

特种加工也对产品零件的结构设计带来很大影响，如各种复杂冲模，过去由于难以制造，往往采用拼镶结构。采用电火花线切割加工后，即使是硬质合金模具，也可做成整体结构。喷气发动机涡轮由于电加工的应用也可采用整体结构。

3. 对传统的切削加工方法的拓宽

传统的切削加工，仅仅是应用机械能对工件加工表面多余材料进行强制性的切削加工。而特种加工的出现，可使机械能加工与其他能量加工，如电能、热能、化学能等结合起来，改善了切削的工作条件，拓宽了机械加工的工艺范围。例如在切削过程中引入超声振动或低频振动切削；在切削过程中通以低电压大电流的导电切削、加热切削、低温切削等。加热切削是利用等离子电弧或激光加热工件待加工部位，改变其切削性能，使余量易于被切除。低温切削是利用低温使工件材料产生脆性，可改善其切削性能，使断屑容易。

第二节　电火花加工

一、电火花加工的概述

1．电火花加工的基本原理

电火花加工是一种利用电、热能量对金属进行加工的方法。在加工过程中工具和工件之间不断产生脉冲性的火花放电，靠放电时局部产生的高温把金属熔化甚至气化而蚀除。在日常生活中，当插头或电器开关触点开、闭时，往往会产生火花而将接触部分熔化、烧蚀。利用这种电烧蚀现象作为一种加工方法，即为电火花加工。在电火花加工中：

（1）必须使工具电极和工件被加工表面之间保持一定的间隙，通常为几微米至几百微米。间隙太大，无法产生火花放电；间隙太小，容易形成短路接触，所以电火花加工过程中必须具有工具电极的自动进给和调节装置。

（2）火花放电必须是瞬时的脉冲性放电，放电延续一段时间后，需停歇一段时间。每次放电蚀除极少量金属。如果持续放电，则造成表面大面积烧伤而无法准确控制加工尺寸，为此电火花加工必须采用脉冲电源。

（3）火花放电必须在具有一定绝缘性能的液体介质中进行，如煤油、皂化液或去离子水等，以利于产生脉冲性的火花放电，并排出火花放电时产生的金属细屑等产物。

2．电火花加工的特点

（1）"以柔克刚"，即用软工具电极来加工任何硬度的导电性工件材料，如淬火钢、不锈钢、耐热合金和硬质合金等。

（2）加工过程中无显著的切削力，因而加工小孔、深孔、弯孔、窄缝和薄壁弹性件，可以不会因工具或工件刚度太低而无法加工。各种复杂的型孔、型腔和立体曲面，都可以采用成形电极一次加工成形，不会因为加工面积过大而引起切削变形。

（3）脉冲参数可以任意调节。加工中只要更换工具电极，就可以在同一台机床上通过改变电规准（电压、电流、脉冲宽度、脉冲间隔等电参数）连续进行粗、半精和精加工。精加工尺寸精度可达 0.01mm，表面粗糙度 Ra 值为 0.8μm；微精加工尺寸精度可达 0.002mm，表面粗糙度 Ra 值为 0.1～0.05μm。

二、电火花穿孔、成形加工机床

电火花加工机床主要由主机、脉冲电源、自动进给调节系统、工作液过滤循环系统几部分组成。电火花加工机床主要由机床总体、液压油箱、工作液箱、电源箱等部分组成。机床总体部分包括床身、立柱、主轴头、工作台及工作液槽等。

脉冲电源是电火花加工机床的心脏，它的作用是将交流电流转换成具有一定频率的单向脉冲电流，以提供电极间放电所需要的能量。脉冲电源对电火花加工的生产率、表面质量、加工精度、加工稳定性和工具电极损耗等技术经济指标有很大的影响。常用的有 RC、RLC 线路脉冲电源、晶体管脉冲电源等。

电极间隙自动进给调节系统的作用是使工具电极与工件之间保持一定的放电间隙。主轴头作为自动调节系统中的执行机构，是电火花加工机床中最关键的部件，它带动工具电极向工件进给，它的灵敏度和准确度，直接影响电火花加工的质量。一般多采用液压主轴头。

工作过滤循环系统一般采用强迫循环，使电蚀产物从间隙中及时排除，并将工作液经过过滤后循环使用，以保持工作液的清洁，防止引起短路或非正常电弧放电。

近年来由于工艺水平的提高及数控技术的发展，已生产出有 3～5 坐标的数控电火花机床，其带有工具电极库，可自动更换电极。

三、电火花穿孔加工

电火花穿孔加工是应用最广的一种电火花加工方法，常用来加工冲模、拉丝模和喷嘴上的各种小孔。

电火花穿孔加工的精度取决于工具电极的尺寸和放电间隙。工具电极的横截面形状应与加工型孔的横截面形状相一致，其轮廓尺寸比型孔尺寸均匀地内缩一个值，即单边放电间隙值。影响放电间隙大小的因素主要是加工中采用的电规准。当采用单个脉冲能量大（脉冲峰值电流与电压大）的粗规准时，被蚀除的金属微粒大，放电间隙大；反之，当采用精规准时，放电间隙小。当电火花加工时，为了提高生产率，常用粗规准蚀除大量金属，再用精规准保证加工质量。为此，可将穿孔电极制成阶梯形，其头部尺寸单边缩小0.08～0.12mm，缩小部分长度为型孔长度的1.2～2倍，先由头部电极进行粗加工，而后改变电规准，接着由后部电极进行精加工。

穿孔电极常用的材料有钢、铸铁、紫铜、黄铜、石墨及铜钨、银钨合金等。钢和铸铁切削加工性能好，价格便宜，但电加工稳定性差；紫铜和黄铜的电加工稳定性好，但电极损耗较大；石墨电极的损耗小，电加工稳定性较好，但电极的磨削加工困难；铜钨、银钨合金电加工稳定性好，电极损耗小，但价格贵，多用于硬质合金穿孔及深孔加工等。

用电火花加工较大的孔时，应先粗加工孔，留适当的加工余量，一般单边余量为0.5～1mm。若加工余量太大，生产效率低；加工余量太小，电火花加工时电极定位困难。

四、电火花型腔加工

电火花型腔加工包括锻模、压铸模、挤压模、塑料模等型腔的加工以及整体式叶轮、叶片等曲面零件的加工。

电火花型腔加工方法主要有单电极平动法和多电极更换法。单电极平动法采用一个电极完成型腔的粗、精加工，利用平动头，使电极作圆周平面运动。加工时按粗、精顺序逐级改变电规准，同时依次加大电极的平动量，以补偿更换电规准时的放电间隙之差，完成整个型腔的加工。多电极更换法是采用多个电极加工同一型腔，依次更换电极进行粗、精加工，其加工精度高，尖角清晰，但要求多个电极一致性好，重复定位要求严，一般只用于精密型腔加工。

用电火花加工型腔时，为了有效地排除电蚀产物，通常在工具电极上开有冲油孔，用压力油将电蚀产物强迫排出。为减少工具电极损耗，提高加工精度，首先要选择耐蚀性高的电极材料，如铜钨、银钨合金及石墨等。紫铜电加工稳定性好，精加工时电极损耗小，不易塌角，用于精度要求高的型腔加工。

五、电火花线切割加工

1. 线切割加工的基本原理

电火花线切割加工简称为线切割，是在电火花穿孔成形加工的基础上发展起来的。它是采用连续移动的细金属丝（$\phi 0.05 \sim \phi 0.3$ mm 的钼丝或黄铜丝）作工具电极，与工件间产生电蚀而进行切割加工的。电极丝穿过工件上预先钻好的小孔，经导轮由该丝筒带动作往复交替移动。工件与工作台之间垫有绝缘板，由数控装置按加工要求发出指令，控制两台步进电动机，仅以驱动工作台在 X、Y 两个水平坐标方向上移动而合成任意曲线轨迹。电极丝与高频脉冲电源负极相接，工件与电源正极相接。喷嘴将工作液以一定压力喷向工作区，当脉冲电源击穿电极丝与工件之间的间隙时，两者之间即产生火花放电而蚀除金属，使能切割出一定形状的工件。还有一种线切割机床，电极丝单向低速移动，加工精度高，但电极丝只一次性使用。

常用的线切割机床控制方式是数字程序控制，加工精度在 0.01mm 之内，表面粗糙度 Ra 值为 $1.6 \sim 0.8 \mu m$。

2. 线切割加工的特点及应用

与电火花穿孔和成形加工相比，线切割加工具有以下特点：

（1）不需制造工具电极，省去了电极设计制造费用，缩短了生产准备时间和加工周期。

（2）电极丝极细，可加工微细异形孔、窄缝和复杂形状的工件。

（3）电极丝连续移动，损耗较小，对加工精度的影响很小。特别是低速走丝线切割加工时，电极丝为一次性使用，电极丝损耗对加工精度的影响更小。

（4）线切割切缝很窄，而且只对工件材料进行图形轮廓加工，蚀除量很小，在同样电参数下，可比穿孔加工获得较高的生产率，且余料还可利用，这对加工贵重金属有重要意义。

（5）自动化程度高，操作使用方便，工人劳动强度低，易实现微机控制。

（6）线切割加工使用工作液为去离子水，没有发生火灾的危险，可实现无人运转。

线切割广泛用于加工各种硬质合金和淬火钢的冲模、样板，各种形状复杂的精细小零件、窄缝等，并可多件叠加起来加工，能获得一致的尺寸。因此，线切割工艺为新产品试制、精密零件和模具制造开辟了一条新的途径。

随着生产的发展，电火花加工领域不断地扩大，除了电火花穿孔和成形加工、电火花线切割加工外，还出现了许多其他的电火花加工方法，如电火花磨削、金属电火花表面强化、电解电火花加工等。

第三节　电解质加工和电解磨削

电解加工属于电化学加工，是继电火花加工之后于 20 世纪 60 年代发展起来的一种加工方法。目前已广泛用于枪炮、飞机、汽车、拖拉机等制造和模具制造行业。

一、电解加工的原理

电解加工是利用金属在电解液中可以产生阳极溶解的电化学原理来进行去除加工的。这种电化学现象在机械工业中早已被用来实现电抛光和电镀。加工时工件连接直流电源的正极（阳极），工具（模具）连接负极（阴极），两极之间的电压一般为 5～25V 的低电压，两极之间保持 0.1～0.8mm 的间隙，电解液以 5～60m/s 的速度流过，使两极间形成导电通路，并在电源电压下产生电流，于是工件被加工表面的金属材料将由于电化学反应而不断溶解到电解液中，电解的产物则被电解液带走。在加工过程中，工具阴极不断地向工件恒速供给，工件的金属不断被溶解，致使工件与工具阴极各处的间隙趋于一致，将工具阴极的型面复印在工件上，从而得到所需要的零件形状。

当电解加工刚开始时，工件毛坯的形状与工具形状不同，两电极之间间隙不相等，间隙小的地方电场强度高，电流密度大，金属溶解速度也较快；反之，间隙较大处加工速度就慢；随着工具不断向工件进给，阳极表面的形状就逐渐与阴极形状接近，各处间隙和电流密度逐渐趋于一致。

二、电解加工的工艺特点及应用

1. 电解加工的优点

（1）加工范围广泛，可以加工各种难切削金属材料。

（2）电解加工生产率较高，约为电火花的 5～10 倍，有时比切削加工的生产率还高。

（3）表面质量好，表面粗糙度 Ra 值为 1.25～0.2μm。加工中无切削力和切削热的作用，不会产生由此而引起的变形和残余应力、冷作硬化、金相组织变化，以及毛刺、刀痕和飞边等。

（4）工具阴极在加工过程中基本上无损耗，可以长期使用。

2．电解加工的缺点

（1）加工精度不高，一般为 0.1mm，最高精度为 0.03mm，而且加工稳定性不高。

（2）难以加工具有很细的窄缝、小孔及尖棱、尖角的工件。

（3）电解液对环境和设备的腐蚀作用。

（4）加工复杂型面的工具电极设计和制造都比较困难。

3．电解加工的应用

电解加工主要应用于批量生产条件下难切削材料和复杂型面、型腔、薄壁零件以及异形孔的加工，还可以用于去毛刺、刻印、磨削、表面光整加工等方面，电解加工已经成为机械加工中必不可少的一种补充加工手段。

三、电解磨削

电解磨削是由电解腐蚀作用和机械磨削相结合的一种复合加工方法，比电解加工具有较高的加工精度和较低的表面粗糙度值，比磨削的生产率高。

电解磨削适合磨削高强度、高硬度、热敏性和磁性材料，如硬质合金、高速钢、不锈钢、钛合金、镍基合金等。它可用于磨削硬质合金刀具、刀片及精度和表面质量要求很高的工件，还可广泛用于各种内孔、外圆、平面、成形表面等加工。

第四节　超声加工

一、超声加工的原理和特点

超声加工也叫作超声波加工，是利用产生超声振动的设备带动工件和工具间的磨料悬浮液，冲击和抛磨工件的被加工部位，使材料局部破坏而成粉末，以进行穿孔、切割和研磨等加工。加工中工具以一定的静压力压在工件上，在工具和工件之间送入磨料悬浮液，超声换能器产生 16kHz 以上超声频率的轴向振动，借助于变幅杆把振幅放大到 0.02~0.08mm，迫使工作液中悬浮的磨粒以很大的速度不断地撞击、抛磨被加工表面，把加工区域的材料粉碎成很细的微粒，并从工件上去除。虽一次撞击去除的材料很少，但由于每秒钟撞击的次数多达 16000 次以上，所以仍有一定的加工速度。工作液受工具端面超声频振动作用而产生的高频、交变的液压冲击，使磨料悬浮液在加工间隙中强迫循环，将钝化了的磨料及时更新，并带走从工件上去除下来的微粒。随着工具的轴向进给，工具端部的形状被复制在工件上。

由于超声波加工是基于高速撞击原理，因此愈是硬脆材料，愈易受冲击作用的破坏，而韧性材料则由于它的缓冲作用而难以加工。

超声加工的特点主要有：

（1）适于加工硬脆材料，如玻璃、石英、陶瓷、宝石、金刚石、各种半导体材料、淬火钢、硬质合金等。

（2）由于是靠磨料悬浮液的冲击和抛磨作用去除加工余量，所以可以采用较工件软的材料做工具，加工时不需要使工具和工件作比较复杂的相对运动。因此，超声加工机床的结构比较简单，操作维修也比较方便。

（3）由于去除加工余量是靠磨料的瞬时撞击，工具对工件表面的宏观作用力小，热影响小，不会引起工件的变形和烧伤，因此适合于加工薄壁零件及工件上的窄槽、小孔等。

超声加工的精度，一般可达 0.01~0.02mm，表面粗糙度 Ra 值可达 0.63μm

左右，在模具加工中用于加工某些冲模、拉丝模以及抛光模具工作零件的成形表面。

二、影响生产率和质量的因素

1．生产率及其影响因素

超声加工的生产率是指单位时间内被加工材料的去除量，其单位用 mm^3/min 或 g/min 表示。相对其他特种加工而言，超声加工生产率较低，一般为 $1\sim50mm^3/min$，加工玻璃可达 $400\sim2000mm^3/min$。影响生产率的主要因素有：

（1）工具的振幅和频率。提高振幅和频率，可以提高生产率。但过大的振幅和过高的频率会使工具和变幅杆产生大的内应力，因而振幅与频率的增加受到机床功率以及变幅杆、工具材料疲劳强度的限制。通常振幅范围为 $0.01\sim0.1mm$，频率范围为 $16kHz\sim25kHz$。

（2）进给压力。加工时工具对工件所施加的压力的大小，对生产率影响很大。压力过小，则磨料在冲击过程中损耗于路程上的能量过多，致使加工速度降低；而压力过大，则使工具难以振动，并会使加工间隙减小，磨料和工作液不能顺利循环更新，也会使加工速度降低，因此存在一个最佳的压力值。由于此值与工具形状、材料、工具截面积、磨粒大小等因素有关，一般由实验决定。

（3）磨料悬浮液。磨料的种类、硬度、粒度、磨料和液体的比例及悬浮液本身的黏度等对超声加工都有影响。磨料硬、磨料粗则生产率高，但在选用时还应考虑经济性与表面质量要求。一般用碳化硼、碳化硅磨料加工硬质合金，用金刚石磨料加工金刚石和宝石材料。至于一般的玻璃、石英、半导体材料等则采用刚玉（Al_2O_3）作磨料。最常用的工作液是水，磨料与水的较佳配比（质量比）为 $0.8\sim1$。为了提高表面质量，有时也用煤油或机油做工作液。

（4）被加工材料。超声加工适于加工脆性材料。材料愈脆，承受冲击载荷的能力愈差，愈容易被冲击碎，生产率愈高。如以玻璃的可加工性作标准

（为100%），则石英为50%，硬质合金为2%～3%，淬火钢为1%，而锗、硅半导体单晶为200%～250%。

除此之外，工件加工面积、加工深度、工具面积、磨料悬浮液的供给及循环方式对生产率也都有一定影响。

2．加工精度及其影响因素

超声加工的精度除受机床、夹具影响外，主要与工具的制造及安装精度、工具的磨损、磨料粒度、加工深度、被加工材料性质等有关。

超声加工精度较高，可达0.01～0.02mm，一般加工孔的尺寸精度可达±（0.02～0.05）mm，磨料愈细，加工精度愈高。尤其在加工深孔时，采用细磨料有利于减小孔的锥度。

工具安装时，要求工具质量中心在整个超声振动系统的轴心线上，否则在其纵向振动时会出现横向振动，破坏成形精度。

工具的磨损直接影响圆孔及型腔的形状精度。为了减少工具磨损对加工精度的影响，可将粗、精加工分开，并相应更换磨料的粒度，还应合理选择工具材料。对于圆孔，采用工具或工件旋转的方法，可以减小误差。

3．表面质量及其影响因素

超声加工具有较好的表面质量，表面层无残留应力，不会产生表面烧伤与表面变质层。表面粗糙度 Ra 值可达 0.63～0.08μm。

加工表面质量主要与磨料粒度、被加工材料性质、工具振动的振幅、磨料悬浮液的性能及其循环状况有关。当磨粒较细、工件硬度较高、工具振动的振幅较小时，被加工表面的粗糙度将得到改善，但加工速度也随之下降。工作液的性能对表面粗糙度的影响比较复杂，用煤油或机油做工作液可使表面粗糙度有所改善。

第五节　激光加工

一、激光加工的基本原理

激光是一种经受激辐射产生的加强光，它除了具有一般普通光源的共性外，还具有亮度高、单色性好、相干性好、方向性好等特点。

能量密度极高的激光束照射到被加工表面时，一部分光能被反射，一部分光能穿透物质，而剩余的光能被加工表面吸收并转换成热能。对不透明的物质，因为光的吸收深度非常小，所以热能的转换只发生在表面的极浅层，再由热的传导作用传递到物质的内部。由加工表面吸收并转换成热能，使照射斑点的局部区域迅速熔化、气化蒸发，并形成小凹坑。同时由于热扩散使斑点周围的金属熔化，随着激光能量继续被吸收，凹坑中金属蒸汽迅速膨胀，压力突然增大，相当于产生一个微型爆炸，把熔融物高速喷射出来。熔融物高速喷射所产生的反冲压力又在工件内部形成一个方向性很强的冲击波。这样，工件材料在高温熔融和冲击波的同时作用下，蚀除了部分物质，从而打出一个具有一定锥度的小孔。

二、激光加工的特点与应用

1. 激光加工的特点

（1）加工范围广。由于激光加工的功率密度是各种加工方法中最高的一种，几乎能加工任何金属和非金属材料，如高熔点材料、耐热合金、硬质合金、有机玻璃及陶瓷、宝石、金刚石等硬脆材料。

（2）操作简便。激光加工不需要真空条件，可在各种环境中进行。

（3）适合于精密加工。激光聚焦后的焦点直径小至几微米，形成极细的光束，可以加工深而小的微孔和窄缝。

（4）无工具损耗。激光加工不需要加工工具，是非接触加工，工件不受明显的切削力，可对刚性差的薄壁零件进行加工。

（5）加工速度快、效率高，可减小热扩散带来的热变形。

（6）可控性好，易于实现加工自动化。

（7）激光加工装置小巧简单，维修方便。

2. 激光加工的应用

在机械加工中利用激光能量高度集中的特点，可进行打孔、切割、焊接、雕刻、表面处理，利用激光的单色性还可以进行精密测量。

（1）激光打孔。激光打孔速度极快，打一个孔只需 0.1s 左右，效率高。目前常用于微细孔加工和超硬材料打孔，如柴油机喷嘴加工、金刚石拉丝模、钟表宝石轴承、化纤喷丝头加工等。

（2）激光切割。激光切割与激光打孔的原理基本相同，都是将激光能量聚焦到很微小的范围内把工件"烧穿"，但切割时要移动工件或激光束，沿切口连续打一排小孔即把工件割开。激光可以切割各种金属、陶瓷、玻璃、半导体材料、布、纸、橡胶、木材等各种材料，切割效率很高，切缝很窄，并可十分方便地切割出各种曲线形状。

（3）激光焊接。激光焊接与激光打孔的原理有所不同，不需将材料"烧穿"，只需把材料烧熔，使其熔合在一起即可，因此所需的能量比打孔小些。激光焊接时间短，生产率高，没有焊渣，被焊材料不易氧化，热影响小，不仅能焊接同种材料，而且还可焊接不同种材料，这是普通焊接无法实现的。

（4）激光雕刻。激光雕刻与切割基本相同。只是工件的移动由两个坐标的数控系统传动，可在平板上蚀除出所需图样，一般多用于印染行业及美术作品。

（5）激光表面处理。主要是用激光对金属工件表面进行扫描加热。根据扫描所引起的工件表面金属组织发生的变化分为表面淬火、粉末黏合等。此外还包括激光除锈，激光消除工件表面沉积物等。用激光进行表面淬火，工件表面的加热速度极快，内部受热极少，工件不产生热变形，特别适合于对齿轮、汽缸筒等复杂的零件进行表面淬火。国外已应用于自动生产线上对齿轮进行表面淬火。同时由于不必用炉子加热，是敞开式的，故也适合于大型零件的表面淬火。

总之，激光加工是一门崭新的技术，是一种极有发展前途的新工艺。

第六节　其他特种加工

一、化学腐蚀加工

1. 化学腐蚀加工的原理和特点

化学腐蚀加工是将零件要加工的部位暴露在化学介质中，产生化学反应，使零件材料腐蚀溶解，以获得所需要形状和尺寸的一种工艺方法。在化学腐蚀加工时，应先将工件表面不加工的部位用抗腐蚀涂层覆盖起来，然后将工件浸渍于腐蚀液中或在工件表面涂覆腐蚀液，将裸露部位的余量去除，达到加工目的。常见的化学腐蚀加工有照相腐蚀、化学铣削和光刻等。

化学腐蚀加工的特点是：

（1）可加工金属和非金属（如玻璃、石板等）材料，不受被加工材料的硬度影响，不发生物理变化。

（2）加工后表面无毛刺、不变形，不产生加工硬化现象。

（3）只要腐蚀液能浸入的表面都可以加工，故适合于加工难以进行机械加工的表面。

（4）加工时不需要用夹具和贵重装备。

（5）腐蚀液和蒸汽污染环境，对设备和人体有危害作用，需采取适当的防护措施。

化学腐蚀加工主要用来加工型腔表面上的花纹、图案和文字，应用较广的是照相腐蚀。

2. 照相腐蚀工艺

照相腐蚀加工是把所需图像，摄影到照相底片上，再将底片上的图像经过光化学反应，复制到涂有感胶（乳胶）的型腔工作面上。经感光后的胶膜不仅不溶于水，而且还增强了抗腐蚀能力。未感光的胶膜能溶于水，用水清洗去除未感光胶膜后，部分金属便裸露出来，经腐蚀液的侵蚀，即能获得所需要的花纹、图案。

照相腐蚀的工艺过程如下：

（1）原图和照相。将所需图形或文字按一定比例绘在图纸上即为原图。然后通过照相（专用照相设备），将原图缩小至所需大小的照相底片上。

（2）感光胶。感光胶的配方有很多种，现以聚乙烯醇感光胶为例：

聚乙烯醇　　　　　　45～60g

重铬酸铵　　　　　　10g

水　　　　　　　　　1000mL

配制时，先将聚乙烯醇溶解于900mL的水中蒸煮3h；将重铬酸铵溶解于100mL的水中，倒入聚乙烯醇溶液里，再隔水蒸煮半小时即可。

上述配制过程必须在暗室进行，暗室可用红灯照明，熬制好的感光胶需严格避光保存。

（3）腐蚀面清洗和涂胶。涂胶前必须清洗模具表面。小模具可放入10%的NaOH溶液中加热去除油污，然后取出用清水冲洗。较大的模具先用10%的NaOH溶液煮沸后冲洗，再用开水冲洗。然后经电炉烘烤至50℃左右涂胶，否则涂上的感光胶容易起皮脱落。涂胶可采用喷涂法在暗室红灯下进行。在需要感光成像的模具部位应反复喷涂多次。每次间隔时间根据室温情况而定。室温高，时间短；室温低，时间长。喷涂时要注意均匀一致。

（4）贴照相底片。在需要腐蚀的表面上，铺上制作好的照相底片，校平表面，用玻璃将底片压紧，垂直表面，用透明胶带将底片粘牢。对于圆角或曲面部位用白凡士林将底片粘接。型腔设计时应预先考虑到贴片是否方便，必要时可将型腔设计成镶块结构。贴片过程都应在暗室红灯下进行。

（5）感光。将经涂胶和贴片处理后的工件部位，用紫外线光源（如水银灯）照射，使工件表面的感光胶膜按图像感光。在此过程中应调整光源的位置，让感光部分均匀感光。感光时间的长短根据实践经验确定。

（6）显影冲洗。将感光（曝光）后的工件放入40℃～50℃的热水中浸30s左右，让未感光部分的胶膜溶解于水中，取出后滴上碱性紫5BN染料，涂匀显影，待出现清晰的花纹后，再用清水冲洗，并用脱脂棉将未感光部分擦掉，最后用热风吹干。

（7）坚膜及修补。将已显影的型腔模放入150℃～200℃的电热恒温干燥箱内，烘焙5～20min，以提高胶膜的黏附强度及耐腐蚀性能。型腔表面若有未去净的胶膜，可用刀尖修除干净，缺膜部位用印刷油墨修补。不需进行腐蚀的部位，应涂汽油沥青溶液，待汽油挥发后，便留下一层薄薄的沥青。沥青能抗酸的腐蚀，可起到保护作用。

（8）腐蚀。腐蚀不同的材料应选用不同的腐蚀液。对于钢质型腔，常用三氯化铁水溶液，可用侵蚀或喷洒的方法进行腐蚀。若在三氯化铁水溶液中加入适量的硫酸铜调成糊状，涂在型腔表面（涂层厚度为0.2～0.4mm），可减少向侧面渗透。为防止侧蚀，也可以在腐蚀剂中添加保护剂或用松香粉涂敷在图形侧壁上。

腐蚀温度为50℃～60℃，根据花纹和图形的密度及深度一般约需腐蚀1～3次，每次约30～40min。一般腐蚀深度为0.3mm。

（9）去胶、修整。将腐蚀好的型腔用漆溶胶或工业酒精擦洗，检查腐蚀效果，对于有缺陷的地方，进行局部修描后，再腐蚀或机械修补。腐蚀结束后，表面附着的感光胶，应用火碱溶液冲洗，使保护层烧掉，最后用水冲洗若干遍。用热风吹干，涂一层油膜即可完成全部加工。

二、电子束加工

1. 电子束加工原理

电子束加工是在真空条件下，利用电流加热阴极发射电子束，带负电荷的电子束高速飞向阳极，途中经加速极加速，并通过电磁透镜聚集，使能量密度非常集中，可以把1kW或更高的功率集中到直径为5～10μm的斑点上，获得高达10^9 W/cm²左右的功率密度。如此高的功率密度，可使任何材料被冲击部分的温度，在百万分之一秒时间内升高到摄氏几千度以上，热量还来不及向周围扩散，就已把局部材料瞬时熔化甚至汽化去除。

电子束加工的物理过程可以这样认识：当入射的电子束与工件表面的原子相互作用时，将冲击能量转换成热能，加热被照射部位，温度迅速升高到熔点或沸点以上，使材料局部熔化、蒸发或成雾状粒子飞散喷射出来。随着

233

电子束冲击孔不断变深，电子束照射点也越深入，由于孔的内侧壁对电子束产生"壁聚集"，所以加工点可能到达很深的深度，从而可打出很细很深的微孔。

2. 电子束加工的特点

（1）能量密度高，聚集点范围小，适合于加工精微深孔和窄缝等。加工速度快，效率高。

（2）工件变形小。电子束加工是一种热加工，主要靠瞬时蒸发去除多余金属，工件很少产生应力和变形，而且不存在工具损耗等，适合于加工脆性、韧性、导体、半导体、非导体以及热敏性材料。

（3）加工点上化学纯度高。因为整个电子束加工是在真空度不低于10^{-2}Pa 的真空室内进行的，所以熔化时可以防止由于空气的氧化作用所产生的杂质缺陷。适合于加工易氧化的金属及合金材料，特别是要求纯度极高的半导体材料。

（4）可控性好。电子束的强度和工件的相对移动，均可由电磁的方法直接控制，便于实现自动化生产。

第十一章　机电一体化的基本概念

第一节　机电一体化的定义

一、机电一体化的基本涵义

机电一体化是在以微型计算机为代表的微电子技术和信息技术迅速发展，并向机械工业领域迅猛渗透，与机械电子技术深度结合的现代工业基础上，综合应用机械技术、微电子技术、信息技术、自动控制技术、传感测试技术、电力电子技术、接口技术及软件编程技术等群体技术，从系统观点出发，根据系统功能目标和优化组织结构目标，以智能、动力、结构、运动和感知等组成要素为基础，对各组成要素及其间的信息处理、接口耦合、运动传递、物质运动、能量变换机理进行研究，使得整个系统有机结合与综合集成，并在系统程序和微电子电路的信息流有序控制下，形成物质和能量的有规则运动，在高功能、高质量、高精度、高可靠性、低消耗意义上实现多种技术功能复合的最佳功能价值系统工程技术。

机电一体化一词（Mechatronics）最早（1971 年）起源于日本，它取英语 Mechanics（机械学）的前半部和 Electronics（电子学）的后半部拼合而成，字面上表示机械学和电子学两个学科的综合，在我国通常称为机电一体化或机械电子学。对于机电一体化系统的涵义，至今还有不同的认识。1981 年日本提出的解释为"机电一体化乃是在机械的主功能、动力功能、信息功能上引进微电子技术，并将机械装置与电子装置用相关软件有机结合而构成的系统"。美国机械工程师协会的解释是"机电一体化是由计算机信息网络协调与控制的用于完成包括机械力、运动和能量流等多动力学任务的机械和机电部件相互联系的系统"。从这两种解释来看，机电一体化最本质的特性仍然是一个机械系统，其最主要功能仍然是进行机械能和其他形式的能的互换，利用机械能实现物料搬移或形态变化以及实现信息传递和变换。机电一体化系统与传统机械系统的不同之处是充分利用计算机技术、传感技术和可控驱动元件特性，实现机械系统的现代化、智能化、自动化。

因此，目前机电一体化技术能为人们普遍接受的涵义是"机电一体化乃是机械的主功能、动力功能、信息功能和控制功能上引进微电子技术并将机械装置与电子设备以及相关软件有机结合而构成的系统总称"。机电一体化不是机械技术和电子技术的简单叠加，而是将电子设备的信息处理功能和控制功能"揉和"到机械装置中去，从而达到扬长避短、互为补充的目的，使机电一体化产品更具有系统性、完整性和科学性。

二、机电一体化系统的基本要素

机电一体化系统的形式多种多样，其功能也各不相同。一个较完善的机电一体化系统应包括以下几个基本要素：机械本体、动力单元、传感检测单元、执行单元、驱动单元、控制及信息处理单元。各要素和环节之间通过接口相联系，这些基本要素的关系及功能如图11-1所示。

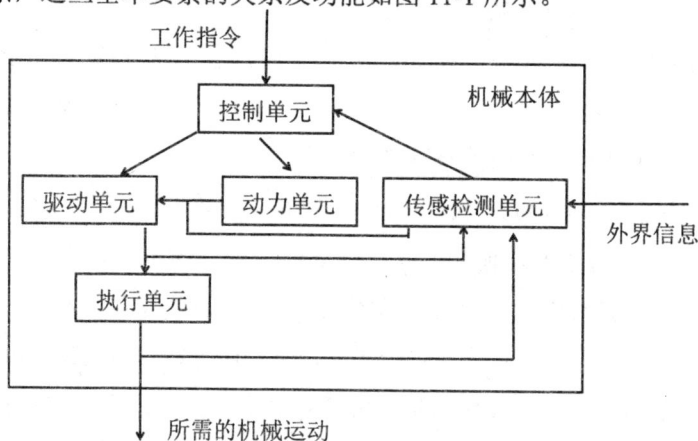

图11-1 机电一体化系统的组成及工作原理

1. 机械本体

机械本体包括机械转动装置和机械结构装置。其主要功能是将构造系统的各子系统、零部件按照一定的空间和时间关系安置在一定的位置上，并保持特定的关系。随着机电一体化产品技术性能、水平和功能的提高，机械本体需在机械结构、材料、加工工艺以及几何尺寸等方面都应适应产品高效、多功能、可靠、轻量、美观等要求。

2. 动力单元

动力单元的功能是按照机电一体化系统的控制要求，为系统提供能量和动力以保证系统正常运动。机电一体化的显著特征之一是用尽可能小的动力输入获得尽可能大的功能输出。

3. 传感检测单元

传感检测单元的功能是对系统运行过程中所需要的本身和外界环境的各种参数及状态进行检测，并转换成可识别信号，传输到控制信息处理单元，经过分析、处理产生相应的控制信息。传感器检测单元通常由专门的传感器和仪器仪表组成。

4. 执行单元

执行单元的功能是根据控制信息和指令完成所要求的动作。执行单元是运动部件，一般采用机械、电磁、电液等方式将输入的各种形式的能量转换为机械能。根据机电一体化系统的匹配性要求，需要考虑改善执行机构的工作性能，如提高刚性，减轻重量，实现组件化、标准化和系列化，以提高系统整体工作可靠性等。

5. 驱动单元

驱动单元的功能是在控制信息作用下，驱动各种执行机构完成各种动作和功能。机电一体化技术一方面要求驱动单元具有高频率和快速响应等特性，同时又要求其对水、油、温度、尘埃等外部环境具有适应性和可靠性；另一方面由于受几何上动作范围狭窄等限制，还需考虑维修方便，并且尽可能实行标准化。随着电力电子技术的高度发展，高性能步进电动机、直流和交流伺服电动机将大量应用于机电一体化系统。

6. 控制与信息处理单元

控制与信息处理单元是机电一体化系统的核心单元，其功能是将来自各传感器的检测信息和外部输入命令进行集中、存储、分析、加工，根据信息处理结果，按照一定的程序发出相应的控制信号，通过输出接口送往执行机构，控制整个系统有目的地运行，并达到预期的性能。控制与信息处理单元一般由计算机、可编程控制器、数控装置以及逻辑电路等组成。

7. 接口

机电一体化系统由许多要素或子系统组成，各子系统之间要能顺利地进行物质、能量和信息的传递和交换，必须在各要素或各子系统的相接处具备一定的连接部件，这个连接部件就称为接口。

接口的作用是将各要素或子系统连接成为一个有机整体，使各个功能环节有目的地协调一致运动，从而形成机电一体化的系统工程。

接口的基本功能主要有三个：一是变换。在需要进行信息交换和传输的环节之间，由于信号的模式不同（如数字量与模拟量、串行码与并行码、连续脉冲与序列脉冲等）无法直接实现信息或能量的交流，必须通过接口完成信号或能量的转换和统一。二是放大。在两个信号强度相差悬殊的环节间，经接口放大，达到能量匹配。三是传递。变换和放大后的信号要在环节间能可靠、快速、准确地交换，必须遵循协调一致的时序、信号格式和逻辑规范。接口具有保证信息传递的逻辑控制功能，使信息按规定模式进行传递。

第二节 机电一体化的相关技术

机电一体化是多学科领域技术综合交叉的技术密集型系统工程，其主要的相关技术可以归纳成六个方面，即：机械技术、传感检测技术、信息处理技术、自动控制技术、伺服驱动技术和系统总体技术。

一、机械技术

与一般的同类型机械装置相比，机电一体化系统中的机械部分精度要求更高，结构更简单，功能更强大，性能更优越，同时还要有更好的可靠性、维护性和更新颖的结构，零部件要求模块化、标准化、规格化，还有许多新的课题要加以研究和运用。如对结构进行优化设计，采用新型复合材料以使机械系统既减轻重量、缩小体积，同时又不降低机械的静、动刚度，采用高精度导轨、精密滚珠丝杠、高精度主轴轴承和高精度齿轮等，以提高关键零部件的精度和可靠性；开发新型复合材料以提高刀具、磨具的质量；通过零部件的模块化和标准化设计，提高其互换性和维护性等。因此机械技术的出发点在于如何与机电一体化技术相适应，利用其他高新技术来更新概念，实现结构上、材料上、性能上以及功能上的变革。

二、传感检测技术

传感检测装置是机电一体化系统的感觉器官，它可从待测对象那里获取能反映待测对象特征与状态的信息。它是实现自动控制、自动调节的关键环节，其功能越强，系统的自动化程度就越高。传感检测技术的研究内容包括两方面：一是研究如何将各种被测量（包括物理量、化学量和生物量等）转换为与之成比例的电量；二是研究如何对转换后的电信号进行加工处理，如放大、补偿、标定、变换等。

三、信息处理技术

信息处理技术包括信息的交换、存取、运算、判断和决策。实现信息处理的主要工具是计算机，它相当于人的大脑，指挥整个系统的运行。计算机技术包括计算机的软件技术、硬件技术和网络与通信技术等。机电一体化系统中主要采用工业控制机（包括可编程序控制器、单片微控制器、总线式工业控制机等）进行信息处理。计算机应用及信息处理技术已成为机电一体化技术发展和变革的最重要因素。提高信息处理速度，如采用超级微机或超大规模集成技术；提高系统可靠性，如采用自诊断、自恢复和容错技术；加强智能化，如采用人工智能技术和专家系统。这些均为信息处理技术今后发展的方向。

四、自动控制技术

自动控制技术包括高精度位置控制、速度控制、自适应控制、自诊断、校正、补偿、检索等技术。在机电一体化技术中，自动控制主要是解决如何提高产品的精度、提高加工效率、提高设备的有效利用率，从而实现机电一体化系统的目标最佳化。自动控制就是依据自动控制原理对具体控制装置或系统在设计之后进行系统仿真，现场调试，最后使研制的系统可靠地投入运行，尤其是计算机技术高速发展，使得自动控制技术与计算机技术的结合越趋密切，因此自动控制技术是机电一体化技术中十分重要的关键技术。

五、伺服驱动技术

"伺服"（Serve）即"伺候服侍"的意思。伺服驱动技术就是在控制指令的指挥下，控制驱动元件，使机械的运动部件按照指令的要求进行运动，并具有良好的动态性能。伺服驱动技术包括电动、气动、液压等各种类型的传动装置，这部分的功能相当于人的手足，这些驱动装置通过接口与计算机相连接，在计算机控制下，带动机械部件作机械回转、直线或其他各种复杂运动。伺服驱动技术是直接执行操作的技术，伺服系统是实现电信号到机械动作的转换装置或部件，对机电一体化系统的动态性能、控制质量和功能具有决定性的作用。常见的伺服驱动系统主要有液压和电气伺服系统。液压伺服系统（如液压马达、脉冲液压缸等）具有工作稳定、响应速度快、输出力矩大等特点，特别是在低速运行时其性能更突出，但液压系统需要增加液压泵等动力源，设备复杂、体积大、维修难及污染环境；而电气伺服系统（如步进电动机、直流伺服电动机等）具有控制灵活、费用较小、可靠性高等优点，但低速时输出力矩不够大。由于近年来变频技术的进步，交流伺服驱动技术取得突破性进展，为机电一体化系统提供了高质量的伺服驱动单元，极大地促进了机电一体化技术的发展。

六、系统总体技术

系统总体技术是一种从整体目标出发，用系统的观点和方法，将总体分解成若干功能单元，找出能完成各个功能的技术方案，再将各个功能与技术方案组合成方案组进行分析、评价、优选的综合应用技术。它通过所用技术的协调一致来保证在给定环境条件下经济、可靠、高效地实现目标，并使其操作和维修更加方便。

系统总体技术内容涉及许多方面，如接插件、接口转换、软件开发、微机应用技术、控制系统的成套性和成套设备自动技术等。显然，即使各个部分技术都已掌握，性能、可靠性都很好，如果整个系统不能很好地协调，则它仍然不可能可靠地正常运行。由此可见系统总体技术的重要性。

以上概述了机电一体化的相关技术，可以得出这样的结论：机电一体化技术是一种复合技术，它不是机械和电子的简单叠加，它需要很多部门、产业的配合和支持，才能取得满意的结果。我们不仅要对机电一体化的各项相关技术进行全面深入的了解，还要能从系统工程的概念入手，通过系统总体设计来使各个相关技术形成有机的结合，并且要注意研究和解决技术融合过程中所产生的新问题，只有这样才能满足机电一体化高速发展的需要。

第三节　机电一体化技术的发展前景

随着科技的进步和社会经济的发展，机电一体化技术正在不断地深入到各个领域，并且迅猛地向前推进，特别是制造工业对机电一体化技术提出了许多新的更高的要求。机械制造自动化中的数控技术如 CNC、FMS、CIMS 及机器人等都被一致认为是典型的机电一体化的技术产品及系统，因此从这些典型的机电一体化产品可以了解到机电一体化的发展前景和趋势。如当今数控机床正不断吸收最新技术成就，朝着高可靠性、高柔性化、高精度化、高速化、多功能复合化、制造系统自动化及采用 CAD 设计技术和宜人化方向发展。归纳起来，机电一体化的发展趋势应为：在性能上向高精度、高效率、高性能、智能化方向发展；在功能上向小型化、轻型化、多功能方向发展；在层次上向系统化、复合集成化的方向发展。

一、从性能上看

高性能化和智能化是性能发展的主要特点。高性能化包含高可靠性、高精度、高速化。新一代 CNC 系统就是采用 32 位多 CPU 结构，以多总线连接，以 32 位宽度进行高速数据传递，因而在相当高的分辨率（0.1μm）情况下，系统仍有高速度（100m／min），可控及联动坐标达 16 轴，并且有丰富的图形功能和自动程序设计功能。为了获取高效率，一方面减少辅助时间，另一方面对 CNC、主轴转速进给率、刀具交换、托板交换等各关键部分实现高速化；采用高分辨率、高速响应的绝对位置传感器，从而实现高精度的检测；采用交流数字伺服驱动系统，其位置、速度及电流环都已数字化，实现了几乎不受机械载荷变动影响的高速响应伺服系统和主轴控制装置；同时还采用了高速响应的内装式主轴电机，把电机作为一体装入主轴中，真正实现了融机电为一体，因而使得系统拥有极佳的高速性和高精度性。

人工智能在机电一体化技术中也得到了广泛的应用。智能机器人通过视觉、触觉、听觉等各类传感器来检测工作状态，根据实际变化过程中的反馈信息作出判断与决定。如数控机床的智能化就是通过各类传感器对切削加工前后和加工过程中的各种参数进行监测，并通过计算机系统作出判断，自动对异常现象进行调整与补偿，以保证加工过程的顺利进行，并保证加工出合格产品。

二、从功能上看

小型化、轻型化、多功能化是功能发展的主要特点，这是精细加工技术发展的必然，也是提高效率的需要。通过结构优化设计和精细加工，可使机械的重量减轻到与人体重量相称的程度。而多功能也是自动化发展的要求和必然结果。为了适应自动化控制规模的不断扩大和高技术发展，机电一体化产品不仅要具有数据采集、检测、记忆、监控、执行、反馈、自适应、自学习等多种功能，甚至还要具有神经系统的功能，以便能实现整个系统的最佳化和智能化。机械制造工业绝不只是要求单机自动化，而是要求能实现一条生产线、一个车间、一个工厂甚至更大规模的全盘自动化。

三、从层次上看

复合集成、系统化是层次发展的特征。复合集成，既包含各种分技术的相互渗透、相互融合和各种产品不同结构的优化与复合，又包含在生产过程中同时处理加工、装配、检测、管理等多种工序。为了实现多品种、小批量生产的自动化和高效率，应使系统具有更广泛的柔性（柔性是适应加工对象变化的能力）。首先可将系统先分解为若干层次，使系统功能分散，并使各部分协调而又安全地运转，然后再通过硬、软件将各个层次有机地连接起来，使其性能最优、功能最强。柔性制造系统就是这种层次结构的典型。

第十二章　机电一体化中机械系统部件的选择与设计

第一节　传动机构

一、传动机构的种类及特点

机电一体化系统所用的传动机构主要有齿轮传动机构、滚珠丝杠副、滑动丝杠副、同步带传动副、间歇机构、挠性传动机构等，对于工作机中的传动机构，既要求能实现运动的转换，又要求能实现动力的转换；对于信息机中的传动机构则只要求运动的转换，其动力则只需能克服惯性力（力矩）和各种摩擦力以及较小的工作负载即可。

机电一体化机械系统的传动机构要求具有传动精度高、工作稳定性好、响应快等特点。随着科技的进步，机电一体化产品得到了飞速发展，要求其传动机构也能不断适应新的技术要求。目前的传动机构已呈现出一些新的特点，并朝着高精度化、高速度化、小型化、轻量化方向发展。

二、传动机构的基本要求

传动机构应能满足以下几个方面的要求：

（1）在不影响系统刚度的条件下，传动机构的质量和转动惯量应尽可能小。转动惯量大会对系统造成不良影响，使机械负载增大，系统响应速度变慢，灵敏度降低，使系统固有频率下降，容易产生谐振，使电气部分的谐振频率变低，阻尼增大。

（2）刚度是使弹性件产生单位变形量所需的作用力，包括机构产生各种基本变形时的刚度和两接触面的接触刚度。静态力和变形之比为静刚度；动态交变应力、冲击力与变形之比为动刚度。刚度越大，伺服系统动力损失越小；刚度越大，机器的固有频率越高，超出系统的频带宽度，不易产生共振；刚度越大，闭环系统的稳定性越高。

（3）机械系统产生共振时，系统中阻尼越大，最大振幅就越小，且衰减越快；并且过大的阻尼会使系统损失动量和增大反转误差，从而增大稳态误差，降低精度，因此要选择合适的阻尼。

（4）系统传动部件的静摩擦力应尽可能小，动摩擦力应是尽可能小的正斜率，若为负斜率则易产生爬行，精度降低，寿命减少。

根据经验，克服摩擦力所需的电机转矩 T_F 与电机额定转矩 T_K 的关系为

$$0.2T_K < T_F < 0.3T_K$$

此外还要求其抗振性好、稳定性高、间隙小（减小误差，提高伺服系统中位置环的稳定性），避免谐振，特别是其动态性能应与伺服电动机等其他环节的动态性能相匹配。

三、机械传动系统的特性

1．转动惯量

转动惯量 J 表示具有转动动能的部件属性。一个给定部件的转动惯量取决于部件相对于转动轴的几何位置和部件的密度。

（1）转动惯量的几种折算形式。

①圆柱体的转动惯量为

$$J = \frac{1}{8}md^2$$

式中，m 为质量（kg）；d 为圆柱体直径（mm）。

②直线运动物体的转动惯量。由导程 L_0 的丝杠驱动质量为 m_r 的工作台和质量为 m_w 的工件，折算到丝杠上的总折算转动惯量 J_{Tw} 为

$$J_{Tw} = (m_r + m_w)\left(\frac{L_0}{2\pi}\right)^2$$

③一对齿轮的转动惯量。如图 12-1 所示，小齿轮装在电机轴上，其转动惯量不用折算，为 J_1。大齿轮的转动惯量 J_2 折算到电机轴上为

$$\frac{J_2}{i^2} = J_2\left(\frac{z_1}{z_2}\right)^2$$

式中，z_1、z_2 为齿轮齿数。

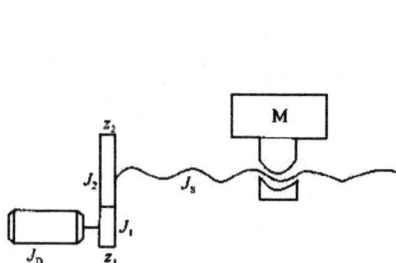

图 12-1　一对齿轮副减速　　　图 12-2　二对齿轮副减速

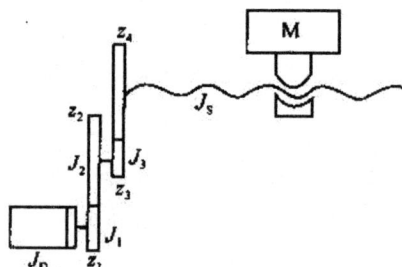

④两对齿轮的转动惯量。如图 12-2 所示，转动总速比 $i = i_1 i_2$，两级分速比各为 $i_1 = z_2/z_1$ 和 $i_2 = z_4/z_3$。预示，齿轮 1 的转动惯量为 J_1。齿轮 2 和 3 装在中间轴上，其转动惯量折算到电机轴上，分别为 $J_2 (z_1/z_2)^2$ 和 $J_3 (z_1/z_2)^2$。齿轮 4 的转动惯量要进行两次折算或以总速比折算为

$$\frac{J_4}{i^2} = J_4\left(\frac{z_1}{z_2}\right)^2\left(\frac{z_3}{z_4}\right)^2$$

（2）J_L 的计算。J_L 为折算到驱动装置轴上的等效飞轮矩，J_L 为转动物体的重量 G 与回转直径 D 平方的乘积。J_L 与转动惯量 J 的等价关系为

$$J_L = 4gJ$$

式中，g 为重力加速度（m/s²）。

2．摩擦

两物体接触面间的摩擦力在应用上可简化为粘性摩擦力、库仑摩擦力与静摩擦力三类，方向均与运动方向相反。图 12-3 反映了三种摩擦力与物体运

动速度之间的关系。静摩擦力 F_s 是有相对运动趋势但仍处于静止状态时摩擦面间的摩擦力，其最大值发生在相对开始运动前的一瞬间，运动开始后静摩擦力即消失，此时摩擦力立即下降为库仑摩擦力 F_c。库仑摩擦力是接触面对运动物体的阻力，大小为一常数。随着运动速度的增加，此时摩擦力为粘性摩擦力 F_v，其大小与两物体相对运动的速度成正比。

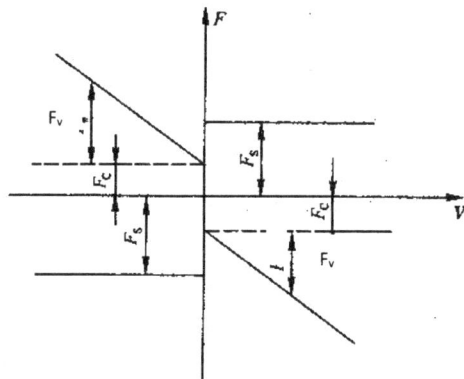

图 12-3 理想摩擦力与速度的特性关系

机械系统的摩擦特性随材料和表面状态的不同有很大差异。滑动摩擦导轨易产生爬行现象，低速运动稳定性差；滚动摩擦导轨和静压摩擦导轨不产生爬行，但有微小超程。贴塑导轨的特性接近于滚动导轨，但是各种高分子塑料与金属的摩擦特性有较大的差别。另外摩擦力与机械传动部件的弹性变形产生位置误差，运动反向时，位置误差形成回程误差。

综上所述，机电一体化系统对机械传动部件的摩擦特性的要求为：静摩擦力尽可能小；动摩擦力应为尽可能小的正斜率，因为负斜率易产生爬行，会降低精度、减少寿命。

3. 阻尼

由振动理论可知，运动中的机械部件易产生振动，其振幅决定于系统的阻尼和固有频率。系统的阻尼越大，最大振幅越小，衰减就越快。机械部件振动时，金属材料的内摩擦力较小（附加在非金属减振材料内摩擦力较大），而运动副（特别是导轨）的摩擦阻尼占主要地位。在实际应用中一般将摩擦阻尼简化为粘性摩擦的线性阻尼。机械传动部件一般可简化为二阶系统，其

阻尼比ζ为

$$\zeta = c/\left(2\sqrt{mk}\right)$$

式中，c为粘性阻尼系数；m为系统的质量（kg）；k为系统的刚度。

实际应用中一般取 0.4≤ζ≤0.8 的欠阻尼，既能保证振荡在一定范围内的过渡过程较平稳，过渡过程时间较短，又具有较高的灵敏度。

4. 刚度

刚度为使弹性体产生单位变形量所需的作用力。对于伺服系统的失动量来说，系统刚度越大，失动量越小。对于伺服系统的稳定性来说，刚度对开环系统的稳定性没有影响，而对闭环系统的稳定性有很大影响。提高刚度可增加系统的稳定性，但是刚度的提高往往伴随着转动惯量、摩擦力和成本的增加。

5. 谐振频率

包括机械传动部件在内的弹性系统，若不计阻尼，可简化为质量、弹簧系统。对于质量为m、拉压刚度系数为k的单自由度直线运动弹性系统，其固有频率ω为

$$\omega = \frac{1}{2\pi}\sqrt{k/m}$$

对于转动惯量为J、扭转刚度系为k的单自由度扭转运动弹性系统，其固有频率ω为

$$\omega = \frac{1}{2\pi}\sqrt{k/J}$$

当外界的激振频率接近或等于系统的固有频率时，系统将产生谐振而不能正常工作，机械传动部件实际上是个多自由度系统，有一个基本固有频率和若干个高阶固有频率，分别称为机械传动部件的一阶谐振频率（ω_{omech1}）和 n 阶谐振频率（ω_{omechn}）。

6. 间隙

机械系统中存在着许多间隙，如齿轮传动的齿侧间隙、丝杠螺母的传动间隙、丝杠轴承的轴向间隙、联轴器的扭转间隙等。这些间隙的存在尽管无法完全消除，但间隙过大会对系统的精度和稳定性造成很大的影响，因此要尽可能采取一定的消隙措施，避免间隙的出现。

四、齿轮传动副

齿轮传动是机电一体化系统中使用最多的机械传动装置，主要原因是齿轮传动的瞬时传动比为常数，传动精确，且强度大，能承受重载，结构紧凑，摩擦力小，效率高。

1. 齿轮传动总传动比的选择

用于伺服系统的齿轮传动一般是减速系统，其输入是高速、小转矩，输出是低速、大转矩。要求齿轮系统不但有足够的强度，还要有尽可能小的转动惯量，在同样的驱动功率下，其加速度响应为最大。此外，齿轮副的啮合间隙会造成不明显的传动死区。在闭环系统中，传动死区能使系统以 1~5 倍的间隙角产生低频振荡，为此要调小齿侧间隙或采用消隙装置。通常采用负载角加速度最大原则选择总传动比，以提高伺服系统的响应速度。

2. 齿轮传动速度链的级数和各级传动比的分配

虽然周转轮系可以满足总传动比的要求，且结构紧凑，但由于效率等原因，常用多级圆柱齿轮传动副串联组成齿轮系。齿轮副级数的确定和多级传动比的分配，按以下三种不同原则进行。

（1）最小等效转动惯量原则。

（2）质量最小原则。

（3）输出轴的转角误差最小原则。

3. 消除间隙的齿轮传动结构

齿轮齿隙会影响系统的伺服精度，还会影响系统的稳定性，尤其是机电一体化设备往往要求传动机构具有自动变向功能，因此齿轮传动机构必须采取措施消除齿侧间隙，以保证机构的双向传动精度。

（1）直齿圆柱齿轮传动机构。

①偏心轴套调整法。图 12-4 所示为最简单的偏心轴套式消隙结构。电动机 2 通过偏心轴套 1 装在壳体上。转动偏心轴套 1 可以调整两齿轮的中心距，从而消除直齿圆柱齿轮的齿侧间隙及造成的换向死区。这种方法结构简单，但侧隙调整后不能自动补偿。

②锥度齿轮调整法。图 12-5 所示为带有锥度的齿轮来消除间隙的结构。

将齿轮1、2的分度圆柱面改变为带有小锥度的圆锥面，使齿轮的齿厚在轴向产生变化。装配时通过改变垫片3的厚度来改变两齿轮的轴向相对位置，以消除侧隙。

以上两种方法的特点是结构简单，能传递较大扭矩，传动刚度较好，但齿侧间隙调整后不能自动补偿，此又称为刚性调整法。

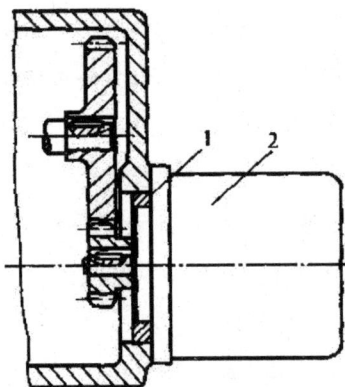
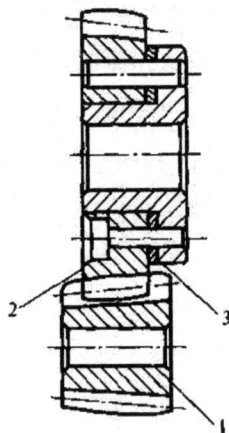

图 12-4 偏心轴套式消除间隙结构　　　图 12-5 锥齿轮式消除间隙结构

1-偏心套 2-电动机　　　　　　　　　1，2-齿轮 3-垫片

（2）斜齿圆柱齿轮传动

①轴向垫片调整法。图 12-6 所示是斜齿轮垫片错齿消隙结构，宽齿轮1同时与两个齿轮的薄片齿轮3、4啮合，薄片齿轮由平键轴连接，不能相互回转。斜齿轮 3 和 4 的齿形拼装后一起加工，并与键槽保持确定的相对位置。加工时在两薄片齿轮之间装入已知厚度为 H 的垫片 2，装配时，若改变垫片2 的厚度，使薄片齿轮 3 和 4 的螺旋线产生错位，其左右两齿面分别与宽齿轮 1 的齿贴紧消除间隙，垫片厚度的增减量 H 与齿侧间隙△和螺旋角β之间有如下关系

$$H = \triangle \cot \beta$$

垫片厚度一般由测试法确定，往往要经过几次修磨才能调整好。这种结构的齿轮承载能力较小，且不能自动补偿消除间隙。

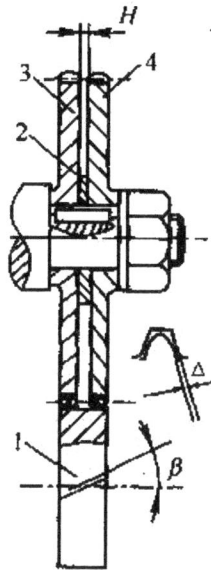

图 12-6　斜齿薄片齿轮垫片错齿调整法

1-宽齿轮　2-垫片　3,4-薄片齿轮

②轴向压簧调整法。图 12-7 所示是斜齿轮轴向压簧错齿消隙结构。该结构消隙原理与轴向垫片调整法相似，所不同的是利用齿轮 2 右面的弹簧压力使两个薄片齿轮的左右齿面分别与宽齿轮的左右齿面贴紧，以消除齿侧间隙。图 12-7（a）采用的是压簧，图 12-7（b）采用的是蝶形弹簧。

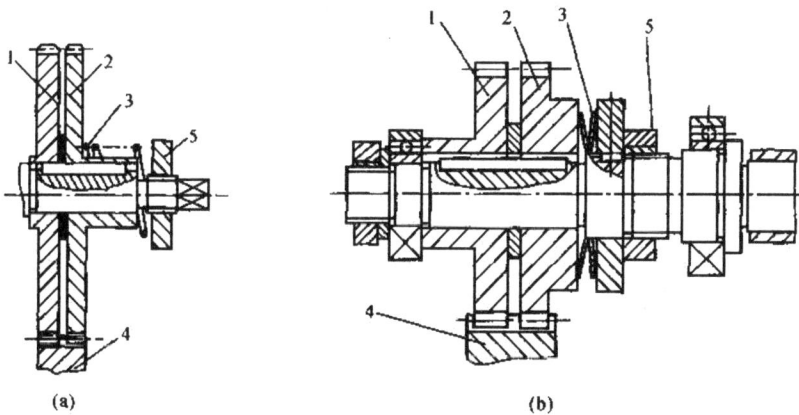

(a)　　　　　　　　　　　(b)

图 12-7　轴向压簧错齿消隙结构

1,2-薄片斜齿轮　3-弹簧　4-宽齿轮　5-螺母

251

弹簧 3 的压力可利用螺母 5 来调整，压力的大小要调整合适，压力过大会加快齿轮磨损，压力过小达不到消隙作用。这种结构齿轮间隙能自动消除，始终保持无间隙的啮合，但它只适合于负载较小的场合，且这种结构轴向尺寸较大。

（3）齿轮齿条传动。齿轮齿条传动常用于行程较长的大型机床上，易于得到高速直线运动。当传动负载小时，要采用双片薄齿轮调整法，分别与齿条齿槽的左、右两侧贴紧，从而消除齿侧间隙。当传动负载大时，可采用双厚齿轮传动的结构。如图 12-8 所示，进给运动由轴 5 输入，该轴上装有两个螺旋线方向相反的斜齿轮，当在轴 5 上施加轴向力 F 时，能使斜齿轮产生微量的轴向移动。此时轴 1 和轴 4 便以相反的方向转过微小的角度，使齿轮 2 和 3 分别与齿条齿槽左、右两侧贴紧而消除了间隙。

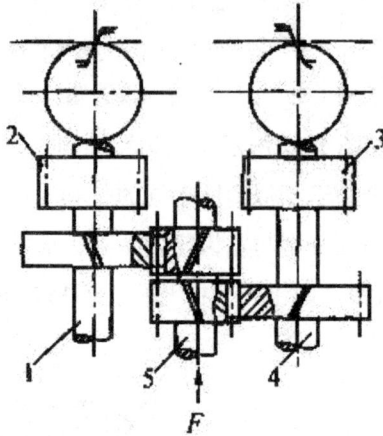

图 12-8　齿轮齿条消隙结构

1, 4, 5-轴　　2, 3-齿轮

第二节 导向及支承结构

导向及支承部件的作用是支承和限制运动部件按给定的运动要求和规定的运动方向运动。这样的部件称为导轨副，简称导轨。

一、导轨的分类和基本要求

1. 导轨的分类

一副导轨主要由两部分组成，在工作时一部分不动，称为支承导轨（或导轨）；另一部分相对支承导轨作直线或回转运动，称为动导轨（或滑座）。根据导轨副之间的摩擦情况，导轨分为：

（1）滑动导轨。两导轨工作面的摩擦性质为滑动摩擦。其结构如图 12-9 所示，其中图（a）为普通导轨，图（b）为液体静压导轨。滑动导轨结构简单，制造方便，刚度好，抗振性强，是机械产品中应用最广泛的导轨形式。为减少磨损，提高定位精度，改善摩擦特性，通常选用合适的导轨材料，采用适当的热处理方法，如采用优质铸铁、合金耐磨铸铁或镶淬火钢导轨，采用导轨表面滚轧强化、表面淬硬、镀铬、镀钼等方法提高导轨的耐磨性。另外，采用新型工程塑料可满足导轨低摩擦、耐磨、无爬行的要求。

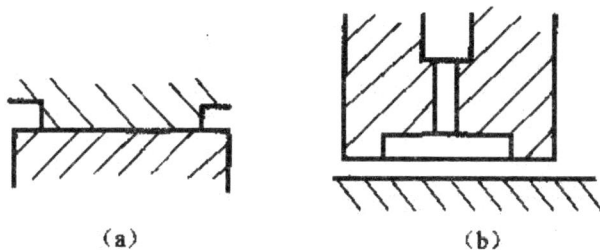

（a）　　　　　　　　　　（b）

图 12-9 滑动导轨结构示意图

（2）滚动导轨。两导轨表面之间为滚动摩擦，导轨面之间放置滚珠、滚柱或滚针等滚动体来实现两导轨无滑动地相对运动。这种导轨磨损小，寿命长，定位精度高，灵敏度高，运动平稳可靠；但结构复杂，几何精度要求高，抗振性较差，防护要求高，制造困难，成本高。它适用于工作部件要求移动均匀、动作灵敏以及定位精度高的场合，因此，在高精度的机电一体化设备中应用广泛。

2．对导轨的要求

（1）导向精度高。导向精度主要是指导轨沿支承导轨运动的直线度或圆度，是动导轨按给定方向作直线运动的准确程度。导向精度的高低主要取决于导轨的结构类型、导轨的几何精度和接触精度、导轨的配合间隙、油膜厚度和油膜刚度、导轨和基础件的刚度和热变形等。

（2）精度的保持性好。它主要由导轨的耐磨性决定，而耐磨性是指导轨在长期使用过程中能否保持一定的导向精度。提高导轨的精度保持性必须进行正确的润滑与防护。

（3）刚度好。导轨的刚度就是抵抗载荷的能力，可采用加大导轨尺寸、合理布置筋和筋板或添加辅助导轨方法以提高刚度。

（4）低速运动平稳性好。低速运动时，作为运动部件的动导轨易产生爬行现象。低速运动的平稳性与导轨的结构和润滑，动、静摩擦系数的差值以及导轨的刚度有关，可采用滚动导轨、静压导轨、贴塑导轨等方法提高低速运动平稳性。

（5）结构工艺好。导轨要做到结构简单，工艺性和经济性好，制造、调整和维修方便。

二、滚动导轨

1．滚动导轨的分类和特点

滚动导轨就是在导轨工作面之间安排滚动体，使导轨面之间为滚动摩擦。滚动导轨的滚动体可以是滚珠、滚柱和滚针（见图 12-10）。滚珠导轨的承载能力小，刚度低，适用于运动部件重量不大、切削力和颠覆力矩都很小的机床。滚柱导轨的承载能力和刚度都比滚珠导轨大，适用于载荷较大的机床。滚针导轨的特点是滚针尺寸小，结构紧凑，适用于导轨尺寸受到限制的机床。

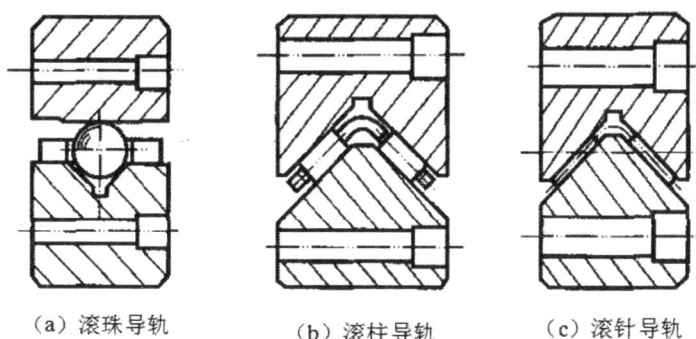

（a）滚珠导轨　　　（b）滚柱导轨　　　（c）滚针导轨

图 12-10　滚动导轨结构形式

滚动导轨也可分为开式和闭式两种。开式用于加工过程中载荷变化较小、颠覆力矩较小的场合。当颠覆力矩较大、载荷变化较大时，可用闭式导轨。

2. 滚动导轨的结构及配置

在用于直线运动的滚动支承中，有滚动体不作循环运动的直线滚动导轨，如图 12-11（a），和滚动体作循环运动的直线滚动导轨，如图 12-11（b）。后者叫作直线滚动导轨副（块）组件。

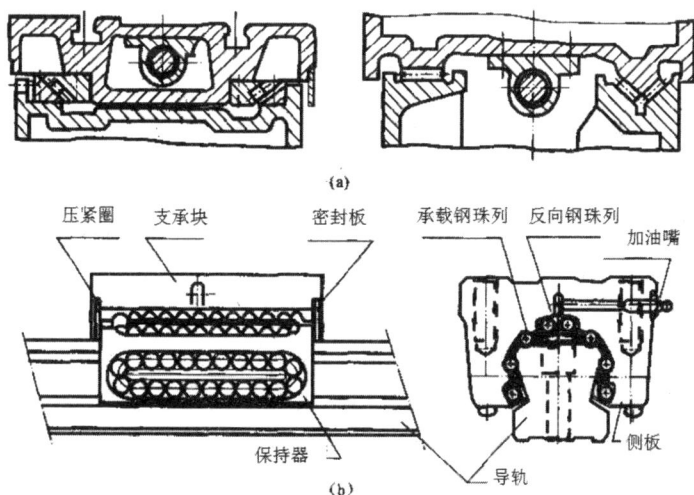

图 12-11　直线滚动导轨

直线滚动导轨副包括导轨条和滑块两部分。导轨通常分为两根，装在支承件上，见图 12-12。每根导轨条上有两个滑块，固定在移动件上。如移动件较长，也可在一根导轨条上装三个或三个以上滑块。如移动件较宽也可以用三根或三根以上的导轨条。如果移动件的刚度较高，则少装为好。在两条导轨条中，一条为基准导轨，上有基准面 A，滑块上有基准面 B；另一条为从动导轨。

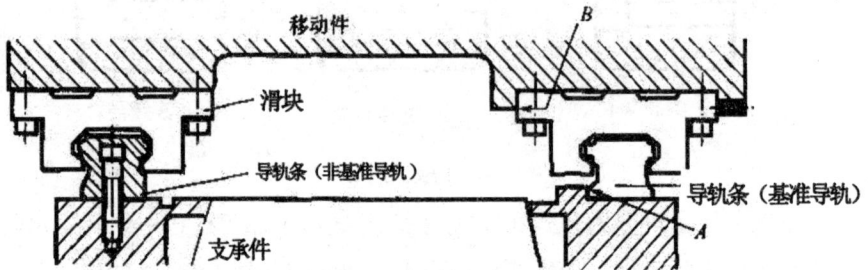

图 12-12　直线滚动导轨副的配置与固定

3. 滚动导轨预紧

预紧可以提高导轨的刚度。但预紧力应选择适当，若预紧过大则易使滚子转动困难，难以保持与导轨面之间的纯滚状态。直线滚动导轨分为整体型直线滚动导轨副和分离型直线滚动导轨副。整体型直线滚动导轨副由制造厂用选配不同直线钢球的办法来决定间隙或预紧。分离型直线滚动导轨副应由用户根据需要，按规定的间隙进行调整或预紧。

滚动导轨副的选用和计算与滚动轴承相仿，主要考虑其额定动、静载荷与额定寿命。

三、塑料导轨

塑料导轨是在滑动导轨上镶装塑料而成的，其摩擦系数小，且动、静摩擦系数差很小，能防止低速爬行现象；耐磨性好，抗撕伤能力强，加工性和化学稳定性好，工艺简单，成本低，并有良好的自润滑性和抗振性。塑料导轨多与铸铁导轨相配使用。下面介绍几种在国内外应用广泛的塑料导轨及其使用方法。

1．塑料导轨软带

塑料导轨软带中最成功、性能最好的一种是聚四氟乙烯导轨软带。它是以聚四氟乙烯为基体，加入青铜粉、二硫化钼和石墨等填充剂混合烧结，并做成软带状。目前同类产品中常用的有美国 Shamban 公司的 Turcite-B 和我国广州的 TSF 等。

（1）塑料软带导轨的特点。

①摩擦系数低而稳定。比铸铁导轨副低一个数量级。

②动、静摩擦系数相近。运动平稳性和爬行性能较铸铁导轨副好。

③吸收振动。具有良好阻尼性，优于接触刚度较低的滚动导轨和易漂浮的静压导轨。

④耐磨性好。有自身润滑作用，无润滑油也能工作。灰尘磨粒的嵌入性能好。

⑤化学稳定性好。耐磨、耐低温，耐强酸、强碱、强氧化剂及各种有机溶剂。

⑥维护修理方便。软带耐磨，损坏后更换容易。

⑦经济性好。结构简单，成本低。约为滚珠导轨成本的 1/20，为三层复合材料 DU 导轨成本的 1/4。

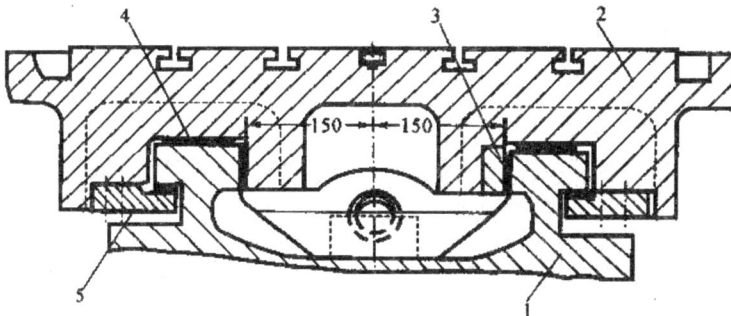

图 12-13　工作台和滑座

1-床身　2-工作台　3-粘有导轨软带的镶条　4-导轨软带　5-下压板

（2）塑料导轨软带的使用。图 12-13 所示为某加工中心工作台和滑座。工作台 2 与床身 1 之间采用双矩形导轨组合导向。导轨采用聚四氟乙烯塑料-

铸铁导轨副，在工作台各导轨面部粘贴有聚四氟乙烯导轨软带，在下压板和调整镶条等的受载面上也粘贴了导轨软带。

塑料导轨通常用粘结材料将软带贴在所需处作为导轨表面，如图 12-14 所示。

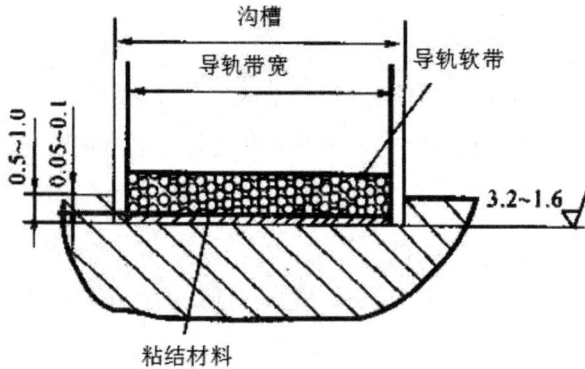

图 12-14　塑料导轨软带的粘接

软带的粘结操作如下：

①切制软带。按导轨面的几何尺寸放出适当余量切制。

②清洗软带。用汽油或丙酮等清洁剂将软带清洗干净。

③软带表面处理。软带材料一般具有不可粘性，要用生产厂指定的表面处理溶液浸泡软带使其表面产生可粘性，然后再清洗、干燥。

④被粘表面的准备。把被粘的金属表面粗糙度加工到 R_a 为 3.2~1.6μm 和相应的表面精度，且清洗干净。

⑤软带粘贴。用生产厂家指定的配套胶粘剂以一定厚度均匀涂在软带和导轨的粘贴表面，然后将软带粘上。要求胶层与软带间无气泡。

⑥加压固化。在压力 0.1~0.15MPa 温度 10℃~30℃下经 24h 固化。

⑦检查粘接质量。观察表面是否合乎要求。用小木锤敲整个软带表面，若敲打的声响音调一致，表明粘接质量良好。

⑧配合表面加工至配合精度要求。根据设计要求可在软带上开出油槽，油槽一般不开穿软带，宽带 5mm 左右。

目前贴塑导轨有逐渐取代滚动导轨的趋势，它不仅适用于数控机床，而且还适用于其他各种类型机床导轨。特别是在旧机床修理和数控化改装中采用塑料软带导轨可以减少机床结构的修改，因而更加扩大了塑料导轨的应用领域。

2．金属塑料复合导轨板

如图 12-15 所示，该导轨板分为三层，内层为钢背，以保证导轨板的机械强度和承载能力，钢背上镀铜并烧结球形青铜粉或用钢丝网形成多孔中间层，以提高导轨板的导热性，然后用真空浸渍的方法使塑料进入孔或网中。当青铜与配合面摩擦发热时，由于塑料的热膨胀系数远大于金属，因而塑料将从孔层的孔隙中挤出，向摩擦表面转移补充，形成厚约 0.01~0.05mm 的表面自润滑塑料外层。

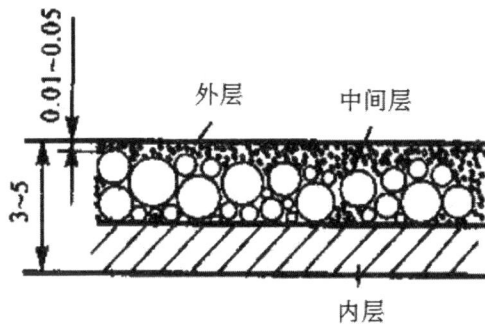

图 12-15　金属塑料复合导轨板

金属塑料导轨板的特点是摩擦特性优良，耐磨损。这种复合导轨板以英国 Glacier 公司的 DU 和 DX 最有代表性。我国北京机床研究所研制的 FQ-1 复合导轨板与江苏、浙江、辽宁生产的导轨板与国外产品类似。

四、回转运动支承结构

回转运动支承主要指滚动轴承、动压和静压轴承、磁轴承等各种轴承。它的作用是支承作回转运动的轴或丝杠。它是精密机械中关键零部件之一，其质量好坏、结构形式选择是否合理，对产品的工作精度、灵敏度、传动效率、成本、可靠性、维修性均有很大的影响。

对支承的基本要求是：置中精度和定向精度高，运转灵活；工作表面耐磨性好，对温度变化的稳定性好，承载能力强。

1. 标准滚动轴承

标准滚动轴承的尺寸规格已标准化、系列化，由专门生产厂大量生产。使用时主要根据刚度和转速来选择。如有其他设计要求，则还应考虑其他诸如承载能力、抗振性和噪音等诸因素。近年来有不少新型轴承用于机电一体化系统。

2. 非标准滚动轴承

机电一体化设备的精密机械中，当由于结构尺寸的限制不能用标准滚动轴承时，可采用非标准滚动轴承。这种轴承可以没有保持架、内座圈和外座圈，钢球的滚道就在轴颈和轴承座上。构成滚道面的零件材料通常为 T8、T10、GCr15，淬火硬度为 HRC55~60，表面粗糙度 R_a 为 0.4 ~ 0.05μm，高硬度、低粗糙度可以减小摩擦和降低磨损，低粗糙度还可以提高抗腐蚀性。

3. 磁力支承

磁力支承是利用磁场力将轴悬浮的一种新型支承。早在 1842 年就有物理学家开始对它进行研究，但它的应用却是近几十年的事。它已被应用在航天工业如人造卫星的惯性轮和陀螺仪飞轮及低温透平泵，机床工业如大直径磨床、高精度车床，轻工业如 X 射线管、离心机、小型低温压缩机等众多设备中。

磁力支承的工作原理如图 12-16 所示。径向磁力支承由转子 4 和定子 6 两部分组成。定子 6 上装电磁体，使转子悬浮在磁场中。转子转动时，由位移传感器 5 检测转子的偏心，并通过反馈与基准信号 1（转子的理想位置）进行比较。调节器 2 根据偏差信号进行调节，并把调节信号送到功率放大器 3 以改变电磁铁的电流，从而改变对转子的吸引力，使转子恢复到理想位置。

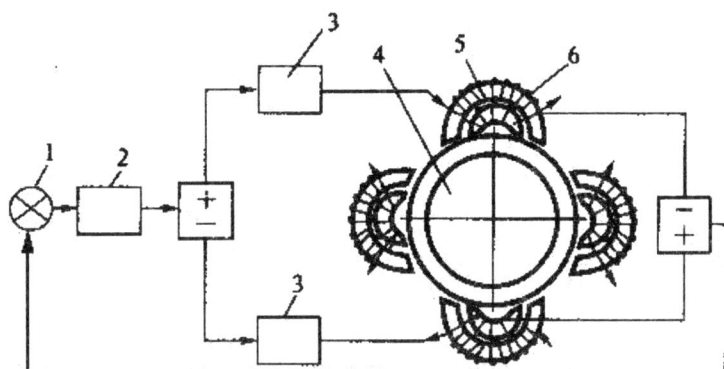

图 12-16　磁力支承工作原理图

1-比较元件　2-调节器　3-功率放大器　4-转子　5-位移传感器　6-电磁铁

径向磁力的转轴一般要配备辅助轴承，工作时辅助轴承不与转轴接触，当断电或磁悬浮失控时托住高速旋转的转轴，起保护作用。辅助轴承与转子的间隙一般等于转子与电磁体气隙的一半。

磁力支承的承载能力取决于铁磁材料性能、转子直径和磁场强度，气隙依转子直径而定，通常为 0.3~1mm。由于气隙比较大，所以对轴颈、轴承制造精度要求不高，但对与传感器对应的基准环有精度要求。磁力支承悬浮精度主要取决于该基准环的圆度。磁力支承允许转速高，圆周速度可高达200m/s，功率消耗很小，效率高。转子与定子工作时不接触，不会磨损，可靠性好。

第三节　机械执行机构

在机电一体化系统中，为实现不同的功能，需要采用不同形式的执行机构，主要有机械式、电子式、激光电动的执行机构等。执行机构是机电一体化产品主要功能的一个重要环节，它要能够保证按时、准确地完成预期动作，并且要求具有功态特性好、精度高、响应速度快、灵敏度高等特点。

一、微动机构

微动机构是一种能在一定范围内精确、微量地移动到给定位置或实现特定的进给运动的机构。在机电一体化产品中，它一般用于精确、微量地调节某些部件的相对位置。如在仪器的读数系统中，利用微动机构调整刻度尺的零位，在磨床中用螺旋微动机构调整砂轮架的微量进给，在医学领域中各种微型手术器械也采用了微动机构。

微动机构的性能好坏在一定程度上影响系统的精确性，因而要求它应满足如下基本要求：

①灵敏度高，最小移动量达到使用要求。

②传动灵活、平稳，无空程与爬行，制动后能保持稳定的位置。

③抗干扰能力强，快速响应好。

④良好的结构工艺性。

微动机构按执行件的原理不同分为机械式、电气-机械式、弹性变形式、热变形式、磁致伸缩式、压电式等多种形式，下面介绍两种形式。

1. 手动机械式螺旋微动机构

如图 12-17 所示为万能工具显微镜工作台的螺旋微动装置。它由螺母 2、调节螺母 3、微动手轮 4、螺杆 5 和钢珠 6 等组成。整个装置固定在测微套 1 上，旋转微动手轮 4 时，螺杆 5 顶动工作台，实现工作台的微动。螺旋微动机构的最小微动量 S_{min}（mm）为

$$S_{min} = P \bullet \frac{\Delta\varphi}{360}$$

式中，P 为螺杆 5 的螺距（mm）；$\Delta\varphi$ 为人手的灵敏度，即人手轻微旋转手轮一下，手轮的最小转角。

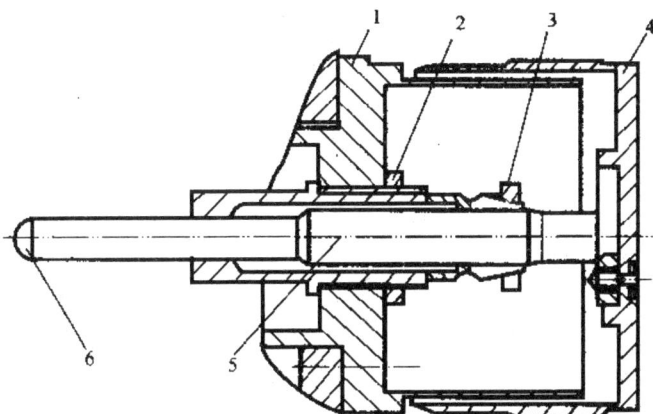

图 12-17　万能工具显微镜螺旋微动装置

1-测微套　2-螺母　3-调节螺母　4-微动手轮　5-螺杆　6-钢珠

为了提高螺旋微动装置的灵敏度，可增大手轮或减小螺距。但若手轮太大，不仅使微动装置的空间体积增大，而且由于操作不灵便，反而使灵敏度降低；若螺距太小则加工困难，使用时易磨损。

2. 热变形式微动装置

此装置利用电热元件作为动力源，靠电热元件通电后产生的热变形实现微小位移。其工作原理见图 12-18。转动杆 1 的一端固定在导轨移动的运动件 3 上。当电阻丝 2 通电加热时，传动杆 1 受热伸长，其伸长量 ΔL（mm）为

$$\Delta L = \alpha L (t_1 - t_0) = \alpha L \Delta t$$

式中，α 为传动杆材料的线膨胀系数（mm/C）；L 为传动杆长度（mm）；t_1 为加热时的温度（℃）；t_0 为加热前的温度（℃）。

当传动杆 1 由于伸长而产生的力大于导轨副中的静摩擦力时，运动件 3 就开始移动。理想情况为运动件的移动量等于转动杆的伸长量。但由于导轨副的摩擦力、位移速度、运动件的质量以及系统阻尼的影响，实现运动件的移动量与传动件的伸长量有一定差值，称之为运动误差 Δs（mm）。

$$\Delta s = \pm \frac{CL}{EA}$$

式中，C 为考虑摩擦阻力、位移速度和阻尼的系数；E 为传动杆材料的弹性模量（Pa）；A 为传动杆的截面积（m²）。所以位移的相对误差为

$$\frac{\Delta s}{\Delta L} = \pm \frac{C}{EA\alpha\Delta t}$$

为减少微量位移的相对误差，应增加传动杆的弹性模量、线膨胀系数α和截面积 A。因此作为转动杆的材料，其线膨胀系数和弹性模量要高。

热变形微动装置可利用变压器、变阻器来调节传动杆的加热速度，以实现对位移速度和微进给量的控制。为了使传动杆恢复到原来的位置（或使运动件复位），可利用压缩空气或乳化液流经转动杆的内腔使之冷却。

二、数控机床中自动回转刀架

自动回转刀架是在一定空间范围内，能使刀架执行自动松开、转位、精密定位等一系列动作的一种机构。

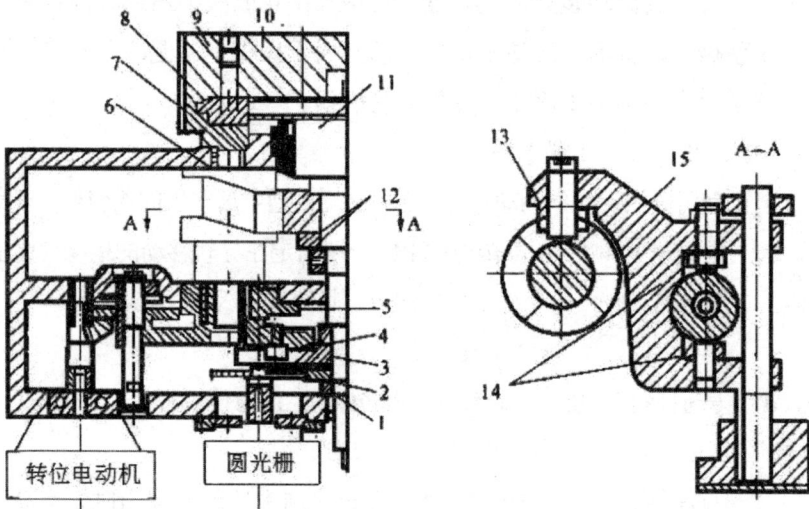

图 12-18　自动回转刀架

1，2-齿轮　3-槽盘　4-滚子　5-凸轮轴　6-凸轮　7，8-端面齿盘　9-圆柱销

10-转塔盘　11-转塔轴　12-碟形弹簧　13，14-滚子　15-杠杆

图 12-18 所示为 TND360 数控车床的自动回转刀架（又称转塔刀架），它可实现加工过程中的自动换刀。它为八角形，径向装刀，可将八组刀具安装在刀架溜板上。转塔轴与机床主轴平行，采用马氏机构转位，端面齿盘定位，相邻刀位隔 45°，分度误差为 ±3′。

转位电动机经传动比为 14/65、14/96 的齿轮副驱动凸轮轴 5。轴 5 前端有圆柱凸轮 6，经滚子 13、杠杆 15、滚子 14 抬起转塔轴 11 连同转塔盘 10 转过 45°，与此同时，转塔轴上的齿轮 1 经齿轮 2 使圆光栅也转过 45°，滚子 4 离开键盘 3，转位结束。之后，凸轮 6 使滚子 13 向下，经滚子 14、碟形弹簧 12 压转塔轴 11，使端面齿盘啮合，实现定位而由弹簧 12 控制齿盘的压紧力。该机构由马氏槽盘提供分度运动，由端面齿盘保证定位精度。

转塔刀架有保险机构：圆柱销 9 在安装完毕，转塔盘 10 与端面齿盘 8 用螺钉固定后拔出，留后备用。当刀具受力过大或出现故障而使转塔盘受到大的扭矩时，由于圆柱销 9 已拔去，螺钉与螺钉孔之间有空隙，转塔盘 10 可稍微转动，经齿轮 1、2 使圆光栅也稍作转动，发出脉冲信号，使机床停车。这样就不致损坏齿盘，并保证零件加工的安全。停车后，检查现场，恢复原位（只需松开螺钉，插入圆柱销 9 即可），便可重新启动。

第十三章 机电一体化中微型计算机控制系统及接口设计

第一节 控制系统的一般设计思路

一、专用与通用、硬件与软件的权衡与抉择

控制系统的设计是综合运用各种知识的过程。不同产品所需要的控制功能、控制形式和动作控制方式也不尽相同。由于采用微机作为机电一体化系统或产品的控制器,因此,其控制系统的设计就是要解决选用微机、设计接口、选用控制形式和动作控制方式等问题。这不仅需要微机控制理论、数字电路、软件设计等方面的知识,也需要一定的生活和生产工艺知识。通常由机电一体化设计人员首先提出总的设计要求,然后由各专业人员通力协作。在设计中,首先会遇到的问题有以下几种。

1. 专用与通用的抉择

专用控制系统适合于大批量生产的机电一体化产品。在开发新产品时,如果要求具有机械与电子有机结合的紧凑结构,也只有专用控制系统才能做到。专用控制系统的设计问题,实际上就是选用适当的通用 IC 芯片来组成控制系统,以便与执行元件和检测传感器相匹配,或更新设计制作专用集成电路,把整个控制系统集成在一块或几块芯片上。对于多品种、中小批量生产的机电一体化产品来说,由于还在不断改进,结构还不十分稳定,特别是对现有设备进行改造时,采用通用控制系统比较合理。通用控制系统的设计,主要是合理选择主控制微机机型,设计与其执行元件和检测传感器之间的接口,并在此基础上编制应用软件的问题。这实质上就是通过接口设计和软件编制来使通用微机专用化的问题。

2. 硬件与软件的权衡

无论是采用通用控制系统还是专用控制系统，都存在硬件和软件的权衡问题。有些功能，例如运算与判断处理等，适宜用软件来实现。而在其余大多数情况下，对于某种功能来说，既可用硬件来实现，又可用软件来实现。因此，控制系统中硬件和软件的合理组成，通常要根据经济性和可靠性的要求权衡决定。在必须用分立元件组成硬件的情况下，不如采用软件。如果能用通用的 LSI 芯片（大规模集成电路）来组成所需的电路，则最好采用硬件。这是因为与采用分立元件组成的电路相比，采用软件不需要焊接，并且易于修改，所以采用软件有利。而在利用 LSI 芯片组成电路时，不仅价廉，而且可靠性高，处理速度抉，因而采用硬件有利。

控制系统是一种电子装置，比起机械装置来，它的环境适应能力较差，并且存在电噪声干扰问题，例如在一般车间现场条件下使用就容易出故障。而且，电子装置的维修需要专门的技术工具，一般机械操作人员不易掌握。因此在设计控制系统时，对于提高包括环境适应性和抗干扰能力在内的可靠性时，必须特别注意采取必要的措施。

二、控制系统的一般设计思路

由于控制要求的不同，控制系统的设计方法和步骤也不相同，必须根据具体情况而定。就微机控制系统而言，其一般设计步骤为：确定系统整体控制方案；确定控制算法；选用微型计算机；系统总体设计；软件设计等。

1. 确定系统整体控制方案

（1）应了解被控对象的控制要求，构思控制系统的整体方案。通常，先从系统构成上考虑是采用开环控制还是闭环控制。当采用闭环控制时，应考虑采用何种检测传感元件，检测精度要求如何。

（2）考虑执行元件采用何种方式。执行元件采用电动、气动还是液动，比较其答案的优缺点，择优而选。

（3）考虑是否有特殊控制要求，对于具有高可靠性、高精度和快速性要求的系统，应采取哪些措施。

（4）考虑微机在整个控制系统中的作用，是设定计算、直接控制还是数据处理，微机应承担哪些任务，为完成这些任务微机应具备哪些功能，需要哪些输入/输出通道，配备哪些外围设备。

（5）应初步估算其成本。通过整体方案考虑，最后画出系统组成的初步框图，附以说明，以此作为下一步设计的基础和依据。

2. 确定控制算法

在进行任何一个具体控制系统的分析、综合或设计时，首先应建立该系统的数学模型，确定其控制算法。所谓数学模型就是系统动态特性的数学表达式。它反映了系统输入、内部状态和输出之间的数量和逻辑关系。这些关系式为计算机进行运算处理提供了依据，即由数学模型推出控制算法。所谓计算机控制，就是按照规定的控制算法进行控制，因此，控制算法的正确与否直接影响控制系统的品质，甚至决定整个系统的成败。

每个控制系统都有一个特定的控制规律，因此，每个控制系统都有一套与此控制规律相对应的控制算法。由于控制系统种类繁多，控制算法也是很多的，随着控制理论和计算机控制技术的不断发展，控制算法更是越来越多。例如，机床控制中常用的逐点比较法和数字积分法；直接数字控制系统中常用的 PID 调节控制算法；位置数字伺服系统中常用的最少拍控制算法；另外，还有各种最优控制算法、随机控制和自适应控制算法。在系统设计时，根据所设计的具体控制对象的控制性能指标要求及所选用的微型机处理能力选定一种控制算法。应注意控制算法对系统的性能指标的直接影响，因此，应考虑所选定的算法是否能满足控制速度、控制精度和系统稳定性的要求。就是说，应根据不同的控制对象、不同的控制指标要求选择不同的控制算法。例如，要求快速跟随的系统可选用达到最少拍的直接控制算法；对于具有纯滞后的系统最好选用达林算法或施密斯补偿算法；对于随机控制系统应选用随机控制算法。

各种控制算法提供了一套通用的计算公式，但具体到一个控制对象上，必须有分析地选用，在某些情况下可能还要进行某些修改与补充。例如，对某一控制对象选用 PID 调节规律数字化的方法设计数字控制器。在某些情况下，应对其作适当改进，以使系统得到更好的快速性。

当控制系统比较复杂时，控制算法也比较复杂，整个控制系统的实现就比较困难，为了设计、调试方便，可将控制算法作某些合理的简化，忽略某些因素的影响（如非线性、小延时、小惯性等），在取得初步控制成果后，再逐步将控制算法完善，直到获得最好的控制效果。

3．选择微型计算机

对于给定的任务，选择微型机的方案不是唯一的。从控制的角度出发，微型机应能满足具有较完善的中断系统、足够的存储容量、完善的 I/O 通道和实时时钟等要求。

（1）较完善的中断系统。微型计算机控制系统必须具有实时控制性能。实时控制包含两个意思：一是系统正常运行时的实时控制能力；二是在发生故障时紧急处理的能力。系统运行时往往需要修改某些参数、改变某个工作程序或在输入/输出有异常或出现紧急情况时应报警和处理，此时一般都采用中断控制方式。CPU 应及时接收中断请求，暂停原来执行的程序，转而执行相应的中断服务程序，待中断处理完毕，再返回原程序继续执行。因此，要求微型机的 CPU 具有较完善的中断系统，选用的接口芯片也应有中断工作方式，保证控制系统能满足生产中提出的各种控制要求。

（2）足够的存储容量。由于微型计算机内存的容量有限，当内存容量不足以存放程序和数据时，应扩充内存，有时还应配备适当的外存储器。微型计算机系统通常有 32~64K 以上的内存，一般配备磁盘（硬盘或软盘）作为外存储器，系统程序与应用程序可保存在磁盘内，运行时由操作系统随时从磁盘调入内存。系统机可扩充 2~8K 以上的只读存储器，将调试成功的应用程序写入只读存储器内，这样使用方便、可靠性高。

（3）完备的输入/输出通道和实时时钟。输入/输出通道是外部过程和主机交换信息的通道。根据控制系统不同，有的要求有开关量输入/输出通道；有的要求有模拟量输入/输出通道；有的则同时要求有开关量输入/输出通道和模拟量输入/输出通道。对于需要实现外部设备和内存之间快速、批量交换信息的，还应有直接数据通道 DMA。

实时时钟在过程控制中给出时间参数，记下某事件发生的时刻，同时使系统能按规定的时间顺序完成各种操作。

选择微型计算机除应满足上述几点要求外，从不同的被控制对象角度而言，还应考虑几个特殊要求。

①字长。微处理器的字长定义为并行数据总线的线数。字长直接影响数据的精度、寻址的能力、指令的数目和执行操作的时间。对于通常的顺序控制和程序控制可选用一位微处理器。对于计算量小、计算精度和速度要求不高的系统（如计算器、家用电器及简单控制等）可选用 4 位机。对于计算精度要求较高、处理速度较快的系统（如线切割机床等普通机床的控制、温度控制等）可选用 8 位机。对于计算精度高、处理速度快的系统（如控制算法复杂的生产过程控制、要求高速运行的机床控制，特别是大量的数据处理等）可选用 16 位机。

②速度。速度的选择与字长的选择可一并考虑。对于同一算法、同一精度要求，当机器的字长短时，就要采用多字节运算，完成计算和控制的时间就会增长。为保证实时控制，就必须选用执行速度快的处理器。同理，当处理器的字长足够保证精度要求时，不必用多字节运算，完成计算和控制所需的时间短，就可选用执行速度较慢的处理器。

通常，微处理器的速度选择可根据不同的被控对象而定。例如，对于反应缓慢的化工生产过程的控制，可选用慢速的微处理器。对于高速运行的加工机床、连轧轧机的实时控制等，必须选用高速的微处理机。

③指令。一般说来，指令条数越多，针对待定操作的指令就多，这样会使程序量减少，处理速度加快。对于控制系统来说，尤其要求较丰富的逻辑判断指令和外围设备控制指令，通常 8 位微处理器都具有足够的指令种类和数量，一般能够满足控制要求。

选择微型机时，还应考虑成本高低、程序编制难易以及扩充输入/输出接口是否方便等因素，从而确定是选用单片机还是选用微型计算机系统。

单片机是在一个双列直插式集成电路中包括了数字计算机的四个基本组成部分（CPU，EPROM，RAM 和 I/O 接口），它具有价格低、体积小等特点，可满足很多场合的应用需要。缺点是需要开发系统对其软硬件进行开发。

微型计算机系统有丰富的系统软件，可用高级语言、汇编语言编程，程序编制和调试都很方便。系统机内存容量大且有软（硬）磁盘等大容量的外存储器。通常都有数据通道，可实现内外存储器之间的快速批量信息交换。缺点是成本较高，当用来控制一个小系统时，往往不能充分利用系统机的全部功能，抗干扰能力差。

4．系统总体设计

系统总体设计主要是对系统控制方案进行具体实施步骤的设计，其主要依据是上述的整体方案框图、设计要求及所选用的微机类型。通过设计要画出系统的具体构成框图。一个正在运行的完整的微型计算机控制系统，需要在微型机、被控制对象和操作者之间适时地、不断地交换数据信息和控制信息。在总体设计时，要综合考虑硬件和软件措施，解决三者之间可靠的、适时进行信息交换的通路和分时控制的时序安排问题，保证系统能正常地运行。设计中主要考虑硬件与软件功能的分配与协调、接口设计、通道设计、操作控制台设计、可靠性设计等问题。其中硬件与软件功能的分配与协调要根据经济性和可靠性标准进行权衡，可靠性问题主要是制定可靠性设计方案，采取可行的可靠性措施。

（1）接口设计。通常选用的微型计算机都已配备有相当数量的可编程输入/输出通用接口电路，如并行接口（8255A）、串行接口（8251A）以及计数器/定时器（8253/8254）等。在进行接口设计时，首先要合理地使用这些接口，当通用接口不够时，应进行接口的扩展。扩展接口的方案较多，要根据控制要求及能够得到何种元件和扩展接口的方便程度来确定。通常有下述三种方法可供选用。

①选用功能接口板。在功能接口板上，有多组并（串）行数字量输入/输出通道，或多组模拟量输入/输出通道。采用选配功能插板扩展接口方案的最大优点是硬件工作量小，可靠性高，但功能插板价格较贵，一般只用来组成较大的系统。

②选用通用接口电路。在组成一个较小的控制系统时，有时采用通用接口电路来扩展接口。由于通用接口电路是标准化的，只要了解其外部特性与CPU的连接方法、编程控制方法就可进行任意扩展。

③用集成电路自行设计接口电路。在某些情况下，不采用通用接口电路，而采用其他中小规模集成电路扩充接口更方便、价廉。例如，一个控制系统

需要输入多组数据或开关量，可用 74LS138（译码器）和 74LS244（三态缓冲器）等组成输入接口。也可用 74LS138 和 74LS373（锁存器）等组成输出多组数据的输出接口。

接口设计包括两个方面的内容：一是扩展接口；二是安排通过各接口电路输入/输出端的输入/输出信号，选定各信号输入/输出时采用何种控制方式。如果要采用程序中断方式，就要考虑中断申请输入、中断优先级排队等问题。若要采用直接存储器存取方式，则要增加直接存储器存取（DMA）控制器。

（2）通道设计。输入/输出通道是计算机与被控对象相互交换信息的部件。每个控制系统都要有输入/输出通道。一个系统中可能要有开关量的输入/输出通道、数字量的输入/输出通道或模拟量的输入/输出通道。在总体设计中就应确定本系统应设置什么通道，每个通道由几部分组成，各部分选用什么元器件等。

开关量、数字量的输入/输出比较简单。开关量输入要解决电平转换、去抖动及抗干扰等问题。开关量输出要解决功率驱动问题等。开关量和数字量的输入/输出都要通过前面设计的接口电路。

模拟量输入/输出通道比较复杂。模拟量输入通道主要由信号处理装置（标度变换、滤波、隔离、电平转换、线性化处理等）、采样单元、采样保持器、放大器、A/D 变换器等组成。模拟量输出通道主要由 D/A 转换、放大器等组成。

（3）操作控制台设计。微型计算机控制系统必须便于人机联系。通常都要设计一个现场操作人员使用的控制台。这个控制台一般都不能用微机所带的键盘代替，因为现场操作人员不了解计算机的硬件和软件，假若操作失误可能发生事故。所以，一般要单独设计一个操作员控制台。操作员控制台一般应有下列功能。

①有一组或几组数据输入键（数字键或拨码开关等），用于输入或更新给定值、修改控制器参数或其他必要的数据。

②有一组或几组功能键或转换开关，用于转换工作方式，启动、停止或完成某种指定的功能。

③有一个数字显示装置或显示屏，用于显示各状态参数及故障指示等。

④控制板上应有一个"急停"按钮,用于在出现事故时停止系统运行,转入故障处理。

应当指出,控制台上每一数字信号或控制信号都与系统的工作息息相关,设计时必须明确这些转换开关、按钮、键盘、数字显示器和状态、故障指示灯等的作用和意义,仔细设计控制台的硬件及其相应的控制台管理程序,使设计的操作员控制台既方便操作又安全可靠,即使操作失误也不会引起严重后果。

对于比较小的控制系统,也可不另外设计操作员控制台,而将原单片机所带的输入键盘改成方便于操作员输入数据和发出各种操作命令的键盘,但要重新设计一个键盘管理程序,按照便于输入数据、修改系统参数和发出各操作命令的要求,将各键赋予新的功能。在原有键盘监控程序运行时,该键盘可供程序员用来输入和调试程序,在新编键盘管理程序运行时,此键盘则可供操作员输入、修改有关参数和数据并发出各种操作命令。

单独设计一台操作员控制台成本较高,且要占用输入/输出接口,但实用性和可靠性好,操作方便。

5. 软件设计

微机控制系统的软件主要分两大类:系统软件和应用软件。系统软件包括操作系统、诊断系统、开发系统和信息处理系统,通常这些软件一般不需要用户设计,对用户来说,基本上只需了解其大致原理和使用方法就行了。而应用软件都要由用户自行编写,所以软件设计主要是应用软件设计。

控制系统对应用软件的要求是实时性、针对性、灵活性和通用性。对于工业控制系统来说,由于是实时控制系统,所以要求应用软件能够在对象允许的时间间隔内进行控制、运算和处理。应用软件的最大特点是具有较强的针对性,即每个应用程序都是根据一个具体系统的要求设计的。如对控制算法的选用,必须具有针对性,这样才能保证系统具有较好的调节品质。灵活性和通用性是指不但针对性要强也要具有一定的通用性,这样可以适应不同系统的要求,为此,应采用模块式结构,尽量把共用的程序编写成具有不同功能的子程序,如算术和逻辑运算程序、A/D 和 D/A 转换程序、PID 算法程序等。设计者的任务主要是把这些具有一定功能的子程序进行排列组合,使其成为一个完成特定功能的应用程序，这样可大大简化设计步骤和时间。

应用软件的设计方法有两种：模块化程序设计和结构化程序设计。

（1）程序模块化设计方法。在微机控制系统中，大体上可以分为数据处理和过程控制两大基本类型。数据处理主要是数据的采集、数字滤波、标度变换以及数值计算等，过程控制程序主要是使微机按照一定的方法（如 PID 或直接数字控制）进行计算，然后再输出，以便控制生产过程。为了完成上述任务，在进行软件设计时，通常把整个程序分成若干部分，每一部分叫作一个模块。所谓"模块"，实质上就是能完成一定功能，相对独立的程序段。这种程序设计方法就叫作模块程序设计法。

（2）程序结构化设计方法。结构化程序设计方法给程序设计施加了一定的约束，它限定采用规定的结构类型和操作顺序，因此能编写出操作顺序分明、便于查找错误和纠正错误的程序。常用的结构有直线顺序结构、条件结构、循环结构和选择结构。其特点是程序本身易于用程序框图描述，易于构成模块，操作顺序易于跟踪，便于查找错误和便于测试。

（3）系统调试。微机控制系统设计完成以后，要对整个系统进行调试。调试步骤为硬件调试→软件调试→系统调试。

硬件调试包括对元件的筛选、老化、印刷电路板制作、元器件的焊接及试验，安装完毕后要经过连续考机运行；软件调试主要是指在微机上把各模块分别进行调试，使其正确无误，然后固化在 EPROM 中；系统调试主要是指把硬件与软件组合起来，进行模拟实验，正确无误后进行现场试验，直至正常运行为止。

第二节　机电一体化中的微型计算机系统

一、微型计算机的基本构成

人们常用"微机"这个术语，该术语是三个概念的统称，即微处理机（微处理器）、微型计算机、微型计算机系统的统称。

微处理机（Microprocessor）简称μP 或 CPU。它是一个大规模集成电路（LSI）器件，或超大规模集成电路（VLSI）器件，器件中有数据通道、多个寄存器、控制逻辑和运算逻辑部件，有的器件还含有时钟电路，为器件的工作提供定时信号。控制逻辑可以是组合逻辑，也可以是微程序的存储逻辑，可以执行机器语言描述的系统指令，是完成计算机对信息的处理与控制等的中央处理功能的器件，并非是完整的计算机。

微型计算机（Microcomputer）简称μC 或 MC。它是以微处理机（CPU）为中心，加上只读存储器（ROM）、读写存储器（RAM）、输入/输出接口电路、系统总线及其他支持逻辑电路组成的计算机。

上述微处理机、微型计算机都是从硬件角度定义的，而计算机的使用离不开软件支持，一般将配合系统软件、外围设备、系统总线接口的微型计算机称为微型计算机系统（Microcomputer System），简称 MCS。图 13-1 为微处理机、微型计算机、微型计算机系统的相互关系。

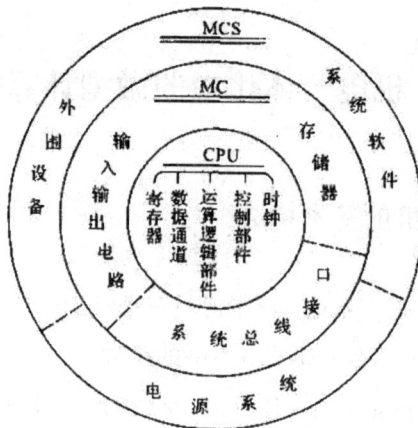

图 13-1　CPU、MC 与 MCS 的关系

　　微型计算机的基本硬件构成如图 13-2 所示，各组成部分由数据总线、地址总线和控制总线相联。主存储器又叫内部存储器，目前这些存储器均是大规模集成电路（LSI），主要有 RAM（Random Access Memory）和 ROM（Read Only Memory），通常 ROM 存储固定程序和数据，而输入/输出数据和作业领域的数据由 RAM 存储。输入/输出装置主要执行数据和程序的输入/输出，以及用于控制时输入检测传感元件的信息和输出控制执行元件的信息。辅助存储装置可作为存储器使用，操作面板或键盘也属于输入装置。图 13-2 所示的构成，在实际使用时，多根据与机械有机结合的需要，取其最低限度的构成予以应用。输入/输出装置和辅助存储装置等统称为计算机的外围设备。随着微型计算机的普及和机电一体化的需要，许多廉价、适用的外围设备均有出售。特别是输入/输出装置，当微机用于控制机械设备时，输入信息的传感器和输出信息的执行元件都可以认为是广义的输入/输出装置，此时一定要考虑与此相联系的 A/D、D/A 变换器。

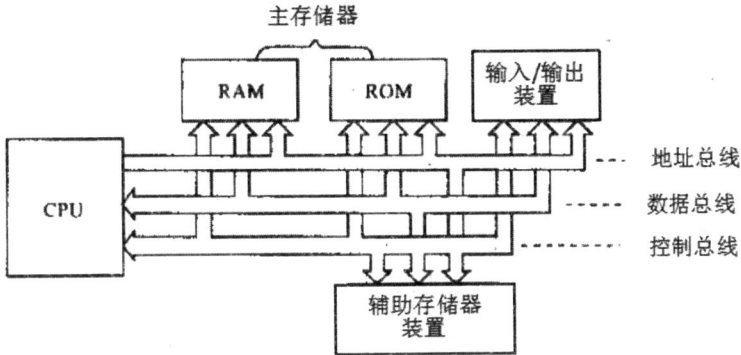

图 13-2　微型计算机的基本构成

二、微型计算机的分类

微型计算机可以按组装形式、微处理机位数、微处理机的制造工艺或封装芯片数以及用途范围进行分类。

1. 按组装形式分类

按组装形式可将微型计算机分为单片机和微机系统等。

（1）单片机。在一块集成电路芯片（LSI）上装有 CPU、ROM、RAM 以及输入/输出端口电路，该芯片就被称为单片微型计算机（Single-Chip Microcomputer，SCM），简称单片机，例如 Intel 公司的 MCS-48 系列、MCS-51 系列、MCS-96 系列等，其外观如图 13-3 所示。这样的单片机具有一般微型计算机的基本功能。除此之外，为了增强实时控制能力，绝大多数单片机的芯片上还集成有定时器/计数器，部分单片机还集成有 A/D、D/A 转换器和 PWM 等功能部件。由于单片机的集成度高、功能强、通用性好，特别是体积小、重量轻、能耗低、价格便宜，而且可靠性高、抗干扰能力强和使用方便等独特优点，很容易使各种机电、家电产品智能化、小型化、过程控制自动化，从而在不显著增加机电一体化系统（或产品）的体积、能耗及成本的情况下，大大增加其功能，提高其性能，收到极为显著的经济效果。

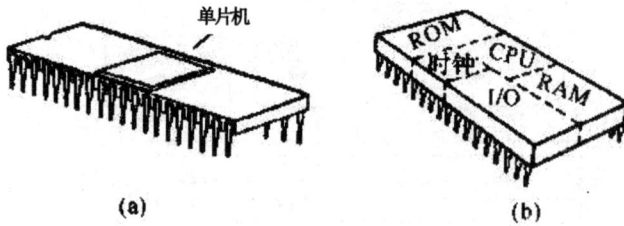

图 13-3 单片机

单片机的设计充分考虑了机械的控制需要，它独有的硬件结构、指令系统和输入/输出（I/O）能力，提供了有效的控制功能，故又被称为微控制器（Microcontroller）。同时，它与通用微处理器一样，具有很强的运算功能，因而它不但是一种高效能的过程控制机，同时也是有效的数据处理机。随着单片机性能的提高和功能的增强，使单片机的应用打破了原来认为只能用于简单的小系统的概念。目前，单片机已广泛应用于家用电器、机电产品、仪器仪表、办公室自动化产品、机械设备、机器人等的机电一体化。上至航天器，下至儿童玩具，均是单片机的应用领域。

（2）微型计算机系统。根据需要，将微型计算机、ROM、RAM、I/O接口电路、电源等组装在不同的印刷电路板上，然后组装在一个机箱内，再配上键盘、CRT 显示器、打印机、硬盘、软盘驱动器等多种外围设备和足够的系统软件，就构成了一个完整的微机系统。

2．按微处理机位数分类

按微处理机位数可将微型计算机分为 1 位、4 位、8 位、16 位、32 位和 64 位等几种。所谓位数是指微处理机并行处理的数据位数，即可同时传送数据的总线宽度。

4 位机目前多做成单片机，即把微处理机 1~2k 字节的 ROM、64~128k 字节的 RAM、I/O 接口做在一个芯片上，主要用于单机控制、仪器仪表、家用电器、游戏机等。

8 位机有单片和多片之分，主要用于控制和计算。16 位机功能更强、性能更好，用于比较复杂的控制系统。它可以使小型机微型化。

32 位和 64 位机是比小型机更有竞争力的产品，人们把这些产品称之为超级微型机。它具有面向高级语言的系统结构，有支持高级调度、调试以及开发系统用的专用指令，大大提高了软件的生产效率。

3．按用途分类

按用途分类可以将微型计算机分为控制用和数据处理用微型计算机。对单片机来说即为通用型和专用型。

通用型单片机，即通常所说的各种系列的单片机。它可把开发的资源（如ROM，I/O 接口等）全部提供给用户，用户可根据自己应用上的需要来设计接口和编制程序，因此通用型单片机可作为系统或产品的微控制器，适用于各种应用领域。

专用单片机或称专用微控制器，是专门为某一应用领域或某一特定产品而开发的一类单片机。为满足某一领域应用的特殊要求而开发的单片机，其内部系统结构或指令系统都是特殊设计的（甚至内部已固化好程序）。

三、程序设计语言与微机软件

软件是比程序意义更广的一个概念，内含极其丰富，现将其主要内容概述如下。

1．程序设计语言

程序设计语言是编写计算机程序所使用的语言，是人机对话的工具。

目前使用的程序设计语言大致有三大类："机器语言"（Machine Language）、"汇编语言"（Assembly Language）、"高级语言"（High Level Language）。

机器语言是设计计算机时所定义的、能够直接解释与执行的指令体系，其指令用"0""1"符号所组成的代码表示。一般的微型计算机有数十种到数百种指令，这些指令是程序员向计算机发指示并让计算机产生动作的最小单位。机器语言与计算机硬件密切相关，随硬件的不同而不同，不同机种之间一般没有互换件。又因为它是用"0""1"符号构成的代码，所以极不容易掌握。

汇编语言比机器语言容易掌握和使用，但是，这种语言基本上是与机器语言——对应的。虽然远比机器语言编程容易，出错也少，但还是不易掌握，必须在某种程度上掌握了计算机硬件知识的基础上才可使用，同样没有互换性。

高级语言比汇编语言更容易掌握和使用，即使不了解计算机硬件知识的人，仅凭日常知识也可以进行编程。高级语言虽容易理解、掌握和使用，具有一定的通用性，但用高级语言或汇编语言编制的程序，计算机不能直接执行，必须先由计算机厂家提供的编译程序将它们变换成机器语言之后，计算机才可以执行。通常，将用高级语言或汇编语言编制的源程序变换成计算机可执行的机器语言表示的目标程序的变换叫语言处理，一般的计算机均具有这种处理功能。

另外，用高级语言比用汇编语言编制程序省时、省工，但编译后的目标程序占用的容量大，执行速度慢。而且，有时某些机械操作和控制的微动作过程仅用高级语言不能进行描述。所以，目前常将高级语言与汇编语言在机械的微机控制中混合使用。

2. 操作系统

所谓操作系统（Operating System，OS），就是计算机系统的管理程序库。它是用于提高计算机利用率、方便用户使用计算机及提高计算机响应速度而配备的一种软件。操作系统可以看成是用户与计算机的接口，用户通过它而使用计算机。它属于在数据处理监控程序控制之下工作的一组基本积序，或者是用于计算机管理程序操作及处理操作的一组服务程序集合。微型计算机的磁盘操作系统（DOS）的主要功能有管理中央处理机（CPU）、控制作业运行、调度、调试、输入/输出控制、汇编、编译、存储器分配、数据处理、中断服务等。典型的磁盘操作系统还具有扩充文件管理、程序链接、页面装配及处理不同计算机语言的混合程序等功能。典型的磁盘操作系统包括软盘控制器、驱动系统和软件系统。软件系统是指存储在磁盘上的汇编程序和实用程序、BASIC、FORTRAN、PACAL、C 等高级语言的解释程序或编译程序、宏汇编程序以及文本编辑程序等系统程序。操作人员通过磁盘驱动器将所需要的 DOS 程序调入内存，就可以通过键盘编辑源程序并存入磁盘，也可以将磁盘上的实用源程序调入内存，短时间内即可实现程序编译并进入运行。

3．程序库

计算机的可用程序和子程序的集合就是程序库（或软件包）。目前，微型计算机积累的程序非常丰富，而且可以通用。而在机械控制领域，由于被控对象（产品）的特殊性较强，其程序库的形成较难。但是，随着微型计算机的普及与应用，其应用程序将不断丰富，也将会形成各式各样的程序库。

四、微型计算机在机电一体化中的地位

计算机性能的大幅度提高，其高速、大内存、强功能，使之能够适应不同对象的应用要求，具有解决各种复杂的信息处理和适时控制问题的能力。大型计算机的小型化、微型化，使得计算机走出实验室、机房，得以应用于各种生产、办公、生活现场。大规模集成电路的批量生产和技术进步，使得计算机的成本大幅度下降，其价格已为一般用户和家庭所能接受，从而大大拓宽了计算机的应用范围。

微型化、低价、高功能，计算机技术的巨大进步，促进了工厂自动化、办公室自动化、家庭自动化进程，导致了制造工业机电的一体化变革，机电一体化技术已从早期的机械电子化转变为机械微电子化和机械计算机化。在机电一体化系统中，微型计算机收集和分析处理信息，发出各种指令去指挥和控制系统的运行，还提供多种人-机接口，以便观测结果，监视运行状态和实现人对系统的控制和调整。微型计算机成为整个机电一体化系统的核心。

微型计算机在机电一体化系统中的功用，大致归纳有如下几个方面：

（1）对机械工业生产过程的直接控制。其中包括顺序控制、数字程序控制、直接数字控制。

（2）对机械生产过程的监督和控制。如根据生产过程的状态、原料和环境因素，按照预定的生产过程数学模型，计算出最优参数，作为给定值，以指导生产的进行。或直接将给定值送给模拟调节器，自动地进行调整，传送至下一级计算机进行直接数字控制。

（3）在机械工业生产的过程中，对各物理参数进行周期性或随机性的自动测量，并显示、打印和记录其结果以供操作人员观测，对间接测量的参数

或指标进行计算、存储、分析判断和处理，并将信息反馈到控制中心，制定新的对策。

在具体的生产过程中对加工零件的尺寸、刀具磨损情况进行测量，并对刀具补偿量进行修正，以保证加工的精度要求。

（4）对车间或全厂自动生产线的生产过程进行调度和管理。

（5）直接渗透到产品中形成带有智能性的机电一体化新产品,如机器人、智能仪器等。

机电一体化系统的微型化、多功能化、柔性化、智能化、安全、可靠、低价、易于操作的特性都是采用微型计算机技术的结果，微型计算机技术是机电一体化中最活跃、影响最大的关键技术。

五、微机应用领域、选用要点及注意事项

微型计算机的基本特点是小型化、超小型化，具有一般计算机的信息处理、检测、控制和记忆功能，价格低廉，且可靠性高、耗电少，故用微机构成机电一体化系统（或产品）具有以下效果：①小型化。应用 LSI 技术减少了元件数量，简化了装配，缩小了体积。②多功能化。利用了微机以信息处理能力、控制能力为代表的智能。③通用性增大。容易用软件更改和扩展设计。④提高了可靠性。用 LSI 技术减少了元件、焊点及接线点的数量，增加了用软件进行检测的功能。⑤提高了设计效率。将硬件标准化，用软件适应产品规格的变化，能大大缩短产品开发周期。⑥经济效果好。降低了零件费、装配成本、电源能耗，通过硬件标准化易于实现大量生产，进一步降低成本。⑦产品（或系统）标准化。硬件易于标准化。⑧提高了维修保养性能。产品的标准化使维修保养人员易于掌握维修保养规则,易于运用故障自诊断功能。

因此，微机的应用领域越来越广。特别是超小型单片机，在逻辑控制和运算处理方面具有很强的能力，具有优异的性能/价格比，因而获得极其广泛的应用。

1. 微机的应用领域

微机的应用范围十分广泛，下面仅列举一些典型应用领域。

（1）工业控制和机电产品的机电一体化。生产系统自动化、机床自动化、数控与数显、测温及控温、可编程逻辑控制器（PLC）、缝纫机、编织机、升降机、纺织机械、电机控制、工业机器人、智能传感器、智能定时器等。

（2）交通与能源设备的机电一体化。汽车发动机点火控制、汽车变速器控制、交通灯控制、炉温控制等。

（3）家用电器的机电一体化。洗衣机、电冰箱、微波炉、录像机、摄像机、电饭锅、电风扇、照相机、电视机、立体声音响设备等。

（4）商用产品机电一体化。电子秤、自动售货（票）机、电子收款机、银行自动化系统等。

（5）仪器、仪表机电一体化。三坐标测量仪、医疗电子设备、测长仪、测温仪、测速仪、机电测试设备等。

（6）办公自动化设备的机电一体化。复印机、打印机、传真机、绘图仪、印刷机等。

（7）信息处理自动化设备。语音处理、语音识别、语音分析、语言合成设备；图像分析识别设备；气象资料分析处理、地震波分析处理设备。

（8）导航与控制。导弹控制、鱼雷制导、航空航天系统、智能武器装置等。

2．微机的选用要点

不同领域可选用不同品种、不同档次的微机。生产系统自动化、机床自动化、数控机床一般应用 8 位或 16 位微机系统，特别是控制系统与被控对象分离时，可使用单板机、多板机微机系统。像家用电器、商用产品，计算机一般装在产品内，故应采用单片机或微处理器。然而，这类产品处理速度不高，处理数据量不大，处理过程又不太复杂，故主要采用 4 位或 8 位微机。在要求很高的实时控制及复杂的过程控制、高速运算及大量数据处理等场合，如智能机器人、导航系统、信号处理系统应主要使用 16 位与 32 位微机。对一般的工业控制设备及机电产品、汽车机电一体化控制、智能仪表、计算机外设控制、磅秤自动化、交通与能源管理等，多采用 8 位机。换句话说，4 位机常用于较简单、规模较小的系统（或产品），16 位与 32 位机及 64 位机主要用于较复杂的大系统，8 位机则用于中等规模的系统。由于单片机的迅速发展，它的功能更强、性能更完善，逐渐满足各种应用领域的要求，应用范围不断扩大，不仅用于简单小系统，而且不断被复杂大系统所采用。

3．机电一体化中使用微机的注意事项

当前影响计算机发展与应用的主要问题有以下三个方面：

（1）计算机系统的存储器和通信部件性能/价格比的发展跟不上处理器的发展，结果是快速的运算系统与慢速的外部设备的矛盾。

（2）人-机接口已成为计算机技术应用的主要问题，开发图形窗口软件的人-机接口技术是当前计算机软件发展的重要趋势。

（3）软件的开发仍然是计算机应用的巨大工作量所在。软件工程与计算机辅助软件工程（CASE）旨在解决软件开发的工程问题。

在机电一体化技术的推广中，如何选择计算机，如何进行硬件系统的设计，如何组织软件的开发，如何维护和使用已有的计算机系统，这些都要求机电一体化技术人员对计算机技术有比较正确的认识。例如，对上述三个方面来讲，选择计算机时不能单纯追求微处理器的速度，而应根据具体的应用环境和用途来选择整个计算机系统的性能和指标。在编制应用程序时，设计一个好的人-机接口界面应该在软件设计的初期就加以考虑并作为一项重要的技术指标来考核，大型软件的开发必须按照软件工程的规范进行，这是提高软件编制的质量、效率的主要保障，也是软件开发后期和使用期中测试维护的标准和手段。目前国际和国内都在探讨软件设计的标准问题。

六、未来计算机的发展对机电一体化技术的影响

计算机世界正在进入第六代计算机——神经网络与光电子技术结合的计算机时代。未来的第六代计算机是能够处理不完整信息的自适应信息处理技术系统，是可进行并行处理的神经网络与光计算机。它的研制是计算机领域发展的热点，目前已有较大突破。其中光电子技术作为当代信息技术的最前沿、最活跃的重要组成部分，为超高速、大容量、高密度的信息传输、处理与存储开拓了一条新的发展道路。

集成电路集成度的进一步提高是受物理极限限制的，它无法达到人脑这样精巧的思维机器的程度，因此在 20 世纪 80 年代，人们开始采用生物微电

子学和分子微电子学技术，进行第七代计算机的理论和实验研究。

20 世纪 90 年代后计算机的重要发展方向是 RISC 和 UNIX 操作系统。开放系统将是计算机工业发展的大趋势，这种开放系统要求具有互易操作性、可移植性、可伸缩性以及可用性。有三项技术影响 20 世纪 90 年代后计算机应用的发展：局域网系统（LAN）、便携式计算机和图形用户接口（GUI）。

微型计算机在它近 30 多年的发展中，目前已形成了两个方向的发展趋势：一是向功能近似大型主机但价格低廉的工作站发展；另一个是向工业控制机发展。进入 20 世纪 90 年代后微型计算机由台式向便携式发展极为迅速，便携式计算机、膝上型计算机、掌上型计算机和笔记本式计算机竞相问世。

未来计算机技术与微型计算机技术的发展都将对机电一体化技术的发展产生着影响，这些影响有些是现在已经认识到的，而有些现在还无法预见。

随着社会需求的不断增长，机电产品或机电一体化产品呈现出更多、更强的功能。微处理器和微型计算机是使机电一体化产品产生结构上、原理上变革的主要动力因素。未来计算机技术发展必将引导机电一体化进一步向信息化、智能化方向迈进。

第三节　单片机控制系统设计

一、单片机控制系统的组成形式

单片机控制系统结构紧凑，硬件设计简单灵活，特别是 MCS-51 系列单片机以其构成系统的成本低及不需要特殊的开发手段等优点，在机电一体化系统中得到广泛应用。单片机的控制系统构成如图 13-4 所示，单片机控制系统分为两种基本形式：一种称为最小应用系统，另一种称为扩展应用系统。

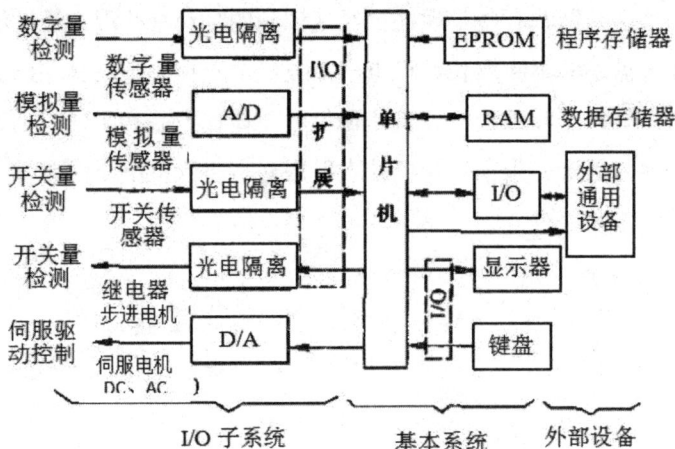

图 13-4　单片机控制系统构成

1. 最小应用系统

最小应用系统是指用一片单片机，加上晶振电路、复位电路、电源与外设驱动电路组配成的控制系统。这种系统往往使用片内自带 ROM 或 EPROM 作程序存储器的单片机。

2. 扩展应用系统

在有些控制系统中,因单片机本身硬件资源的限制而需要对它进行扩展,经扩展后的单片机控制系统成为扩展应用系统,图 13-5 所示是扩展系统的综合框图。

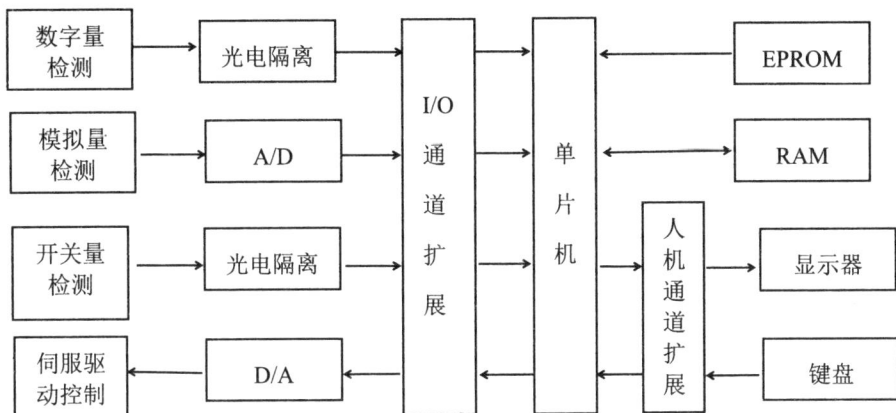

图 13-5　扩展系统综合框图

由图 13-5 看出，系统扩展分为以下几个部分：

（1）基本系统扩展。指对片外 EPROM、RAM 的扩展。有的单片机内部不带 EPROM，有的单片机内部虽带 EPROM，但由于控制系统的程序庞大，占用程序空间多，这时就要在单片机片外增设 EPROM 芯片。单片机内部 RAM 的空间也很少，当控制系统需要存储大容量的过程控制数据时，就需要在片外增设 RAM 芯片。

（2）人-机对话通道扩展。控制系统一般需要操作者对系统的工作状态进行干预，控制系统还需向操作者报告系统工作状态与运行结果，而单片机本身并不提供这种人-机对话功能，这就需要对系统进行扩展。最常用的是键盘和显示器，其中显示器的种类主要有发光二极管数码显示器（LED）、液晶数码显示器（LCD）、阴极射线管（CRT）图像显示器及 LCD 图像显示器。

（3）前向通道扩展。在单片机系统中，对被控对象进行数据采集或现场参数监视的信息通道称为前向通道。在前向通道设计中会遇到两个问题：第一，被测参数（如位置、位移、速度、加速度、压力、温度等）被传感器检测转换成电量后，还需要将其转换成数字量，才能被单片机接受；有的虽已被转换成数字量，如开关信号、频率信号等，但与单片机的数字电平不匹配，需进一步转换成单片机能接受的 TTL 数字信号。第二，被测参数较多时，单片机 I/O 口在数量上有时不够用。因此，前向通道的扩展包括：输入信号通道数目的扩展和信号转换两个技术处理问题。

（4）后向通道扩展。在单片机系统中，对控制对象输出控制信息的通道称为后向通道。在后向通道设计中，必须解决单片机与执行机构（如电磁铁、步进电动机、伺服电功机、直流电动机等）功率驱动模块的接口问题，这时也会遇到信号转换、隔离及输出通道数的扩展等技术问题。

实际的机电一体化系统有时并不需要微机系统具有如图 13-6 所示的完整性，而是应根据需要作合理的扩展。上述三个通道的扩展在设计上包含两个方面的内容：一是单片机 I/O 数目的扩展，即扩展设计；二是外部 I/O 信号与单片机 I/O 信号的转换，即接口设计。

二、单片机控制系统设计要点

单片机控制系统的设计内容主要包括：硬件设计、应用软件设计和系统仿真调试三个部分。其设计步骤可按图 13-6 所示进行。

1 硬件设计

单片机控制系统的硬件设计包括：单片机选型、基本系统扩展设计、I/O 口扩展设计、人-机通道设计、前向通道接口设计和后向通道接口设计等。在扩展和通道接口设计中应遵循如下原则：

（1）尽可能选择典型电路，并且要符合常规用法。单片机控制系统的硬件结构具有三种模式：专用模式、总线模式和单板机模式。设计者可参照这三种模式的特点和规模进行系统设计。

（2）系统扩展、I/O 口扩展要留有一定的余量，以备样机调试时修改和二次开发。

（3）硬件结构应结合应用软件方案一并考虑。在设计中应坚持硬件软件化原则，即软件能实现的功能尽可能由软件来实现，以简化电路结构，提高可靠性和抗干扰能力。但必须注意，由软件来实现硬件的功能，是以占用 CPU 时间为代价的，此时应考虑控制系统的实时性。

（4）单片机片外电路应与单片机的电气性能参数及工作时序匹配。例如选用的晶振频率较高时，应该选择有较高存取速度的存储芯片。当选择 CMOS 单片机构成低功耗系统时，系统中所有芯片都应该选用低功耗器件。

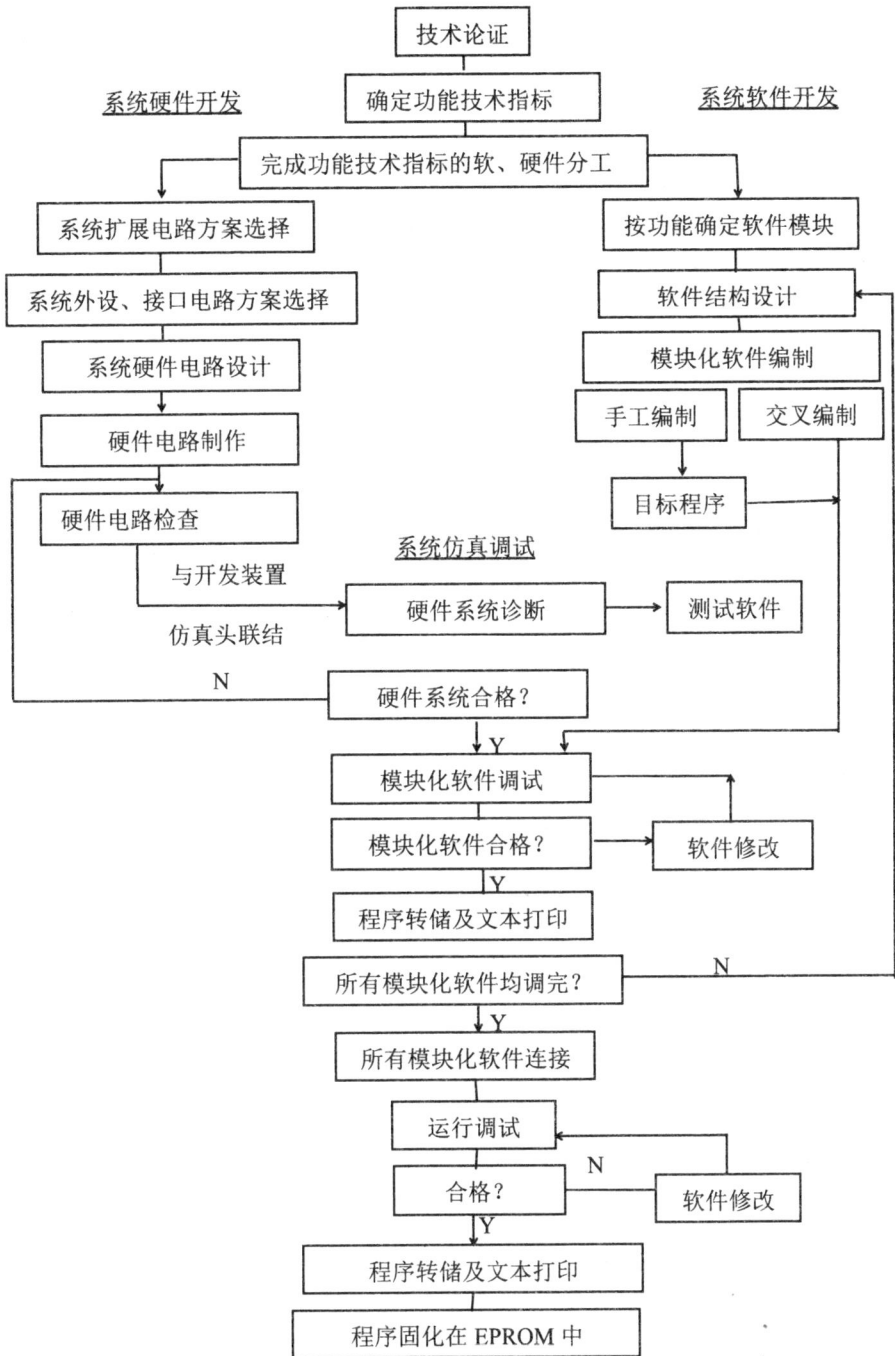

图 13-6　单片机控制系统设计流程图

（5）重视可靠性及抗干扰设计。机电一体化系统都是在单片机的控制下运行的，一旦发生软件"跑飞"或硬件故障，会造成整个系统瘫痪。因此，单片机系统本身不能发生故障，或者故障发生时，控制系统能及时报警，并能快速排除故障。提高可靠性的方法有多种，如选择可靠性高的元器件、合理分配可靠度、采用通道隔离、电路板合理布局及去耦滤波、设计自诊断功能等等。

（6）单片机外接电路较多时，必须考虑其负载驱动能力。在总线驱动能力不足时应增设总线驱动器或者选用低功耗芯片。

2．软件设计

在软件设计上，程序流程、变量选用及控制算法等都存在最佳设计的问题，一个优良的控制软件应具备以下特点：

（1）软件结构清晰、简捷、流程合理。

（2）各功能程序应采用模块化编程，这样既便于调试、链接，又便于移植。

（3）程序存储区、数据存储区规划合理，尽可能减少存储器空间的占用。

（4）运行状态实现标志化管理。各功能程序模块调用时的运行状态、运行结果以及运行要求都应设置状态标志（位或字节），以便主程序查询，程序的转移、运行或控制都可通过状态标志条件来进行。

（5）软件抗干扰设计。软件抗干扰是微机系统提高可靠性的有力措施。

（6）为了提高系统的可靠性，在控制软件中应设计自诊断程序。系统在工作运行前先运行自诊断程序，检查各硬件的特征状态参数是否正常。

三、单片机芯片选择

1．正确选择单片机芯片的重要性

单片机控制系统的核心器件是单片机芯片，它提供的功能和资源对整个应用系统所需要的支持电路、接口硬件设计以及软件程序设计起着关键性的作用。

单片机硬件资源极大地影响着整个应用系统的成本和复杂程度。资源丰富的单片机可以大大地减少硬件外围接口芯片与存储器扩展芯片的数量，使成本降低、结构简单，目前单片机的价格与外围接口芯片的价格已相差无几。比如，选择片内带 EPROM 的单片机可以减少外部扩展 EPROM 的芯片及电路面积。

不同的系统，要选用不同的单片机。有些场合，如控制系统中需要进行断电数据的保存、智能仪表、野外设备等，就需要单片机具有最小的功耗。此时，应选用低功耗 CHMOS 单片机，这种单片机具有保护和冻结两种特殊的运行方式，目的就是为了降低单片机的功耗。

又如，在很简单的特定控制应用中（如全自动洗衣机）若不选用功能和结构简单的 4 位或 8 位单片机，而选择高性能的 16 位单片机，就会使后者有许多功能无用武之地，造成资源浪费。反过来，在比较复杂的控制应用中，不选用 16 位单片机而采用 4 位或 8 位单片机，结果增加了支持电路和硬件的复杂性，整个系统的性能价格比反而下降。

2. 选择单片机芯片的注意事项

（1）要尽可能选择设计者较为熟悉、曾经接触过的单片机系列。单片机发展至今已有二三十余年的历史，形成约 50 个系列 400 余种机型。设计者不可能对每一种芯片都熟悉，因此，在选择芯片时切勿为了追赶时髦而使用从未接触过的新芯片。如果本来就非常熟悉 MC 6800 指令系统，那么选择 MC 6801/05 对你就有利，因为 MC6801/05 单片机片内 CPU 是一个增强的 MC6800，指令与 MC6800 兼容。再比如，如果你对 MCS-51 系列的应用已积累了丰富的经验，选择 8031、8051、8751 可能会使你的开发时间大大缩短，因为它们的结构相当，而且指令系统相近。

当然，随着单片机技术的发展，单片机性能不断提高，新的芯片层出不穷，所以，设计者在从事设计过程中，还需要学习新推出的芯片，通过实验，变陌生为熟悉，再将其设计到自己的应用系统中。

（2）要选择有丰富的应用软件、开发工具及成熟的辅助电路支持的单片机系列。设计者应尽量利用已有的软硬件成果，这样可将自己的产品推向新台阶，同时加快开发速度。单片机本身无监控程序，不具备自开发能力，因此，选择单片机芯片时，还应考虑手头上的开发工具，如在线仿真器、交叉汇编程序及动态仿真程序包等。

（3）根据系统性能要求选择合适的单片机。各种单片机性能差异很大，要根据系统对硬件资源的需要确定是否需要片内 A/D、D/A、串行口、EPROM，是否要选用具有加密位的单片机。要根据需要选择单片机的数据处理能力（4 位、8 位、16 位）、寻址方式及指令系统。

目前单片机的产量占全部微机产量的 70％以上，其中 8 位单片机产量占整个单片机的 60％以上，而 Intel 公司的 MCS-48 和 MCS-51 在 8 位单片机市场所占的份额最大，达 50％左右。除 Intel 公司的 MCS-48、MCS-5l、MCS-96 系列单片机外，目前被采用的还有 Motorola 公司的 6801/05 系列，Zilog 公司的 Z8 系列，Fairchild（仙童）公司的 F8 系列，GI 公司的 PIC 系列，NS（美国国家半导体公司）的 NS8070，ROCKWELL 公司的 R6500/1，NEC 公司的 UPD 78××系列等。

第四节　执行元件的功率驱动接口

在机电一体化系统中，执行元件往往是功率较大的机电设备，如电磁铁、电磁阀、各类电动机、液动机及汽缸等。微机系统后向通道输出的控制信号（数字量或模拟量）需要通过与执行元件相关的功率放大器才能对执行元件进行驱动，进而实现对机电系统的控制。在机电一体化系统中，功率放大器被称为功率驱动接口，其主要功能是把微机系统后向通道的弱电控制信号转换成能驱动执行元件动作的具有一定电压和电流的强电功率信号或液压气动信号。

一、功率驱动接口的分类

功率驱动接口的组成原理及结构类型与控制方式、执行元件的机电特性及选用的电力电子器件密切相关，因此有不同的分类方式。

（1）根据执行元件的类型分。功率驱动接口可分为开关功率接口、直流电动机功率驱动接口、交流电动机功率驱动接口、伺服电动机功率驱动接口及步进电动机功率驱动接口等。其中开关功率驱动接口又包括继电接触器、电磁铁及各类电磁阀等的驱动接口。

（2）根据负载的供电特性分。功率驱动接口可分为直流输出和交流输出两类，其中交流输出功率驱动接口又分为单相交流输出和三相交流输出。

（3）根据控制方式分。功率驱动接口分为锁相传动功率驱动接口、脉冲宽度调制型（PWM）功率驱动接口、交流电动机调差调速功率驱动接口及变频调速功率驱动接口等。

（4）根据控制目的分。功率驱动接口又可分为点位控制功率驱动接口和调速功率接口。

（5）根据功率驱动接口选用的功率器件分。功率驱动接口可分为功率晶体管（GTR）、晶闸管（可控硅）、绝缘栅双极型晶体管（IGBT）、功率场效应管（MOSFET）及专用功率驱动集成电路等多种类型。

二、功率驱动接口的一般组成形式

尽管功率驱动接口的类型繁多，特性各异，它们在组成形式上却有共同的特点，图 13-7 所示为功率驱动接口的一般组成形式。

图 13-7 中，信号预处理部分直接接受控制器输出的控制信号，同时将控制信号进行调理变换、整形等处理生成符合控制要求的功率放大器控制信号。弱电-强电转换电路一般采用晶体管基极驱动电路。功率放大器按一定的控制形式直接驱动执行元件。功率放大电路的形式有多种，常用的有功率场效应管驱动电路及晶闸管驱动电路等，近年来绝缘栅场效应管（IGBT）及大功率集成电路也得到推广应用。功率电源变换电路为功率放大电路提供工作电源，其输出参数一般由执行元件参数而定。

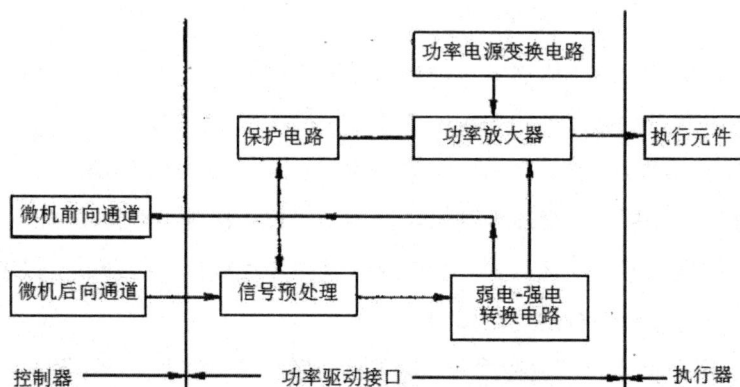

图 13-7　功率驱动接口的一般组织形式

由于功率接口的驱动级一般工作在高压大电流状态，当系统工作频率较大或失控时，大功率器件往往会烧毁而使系统失效，利用保护电路对大功率器件工作参数进行在线采样，并反馈给控制器或信号预处理电路，使功率器件不致产生过流或过压，并使功率输出波形的失真度减小到最低程度。

三、功率驱动接口的设计要点

功率驱动接口的设计是机电一体化系统设计中技术综合性较强的一项内容，既涉及微机控制的软硬件，还涉及执行元件、自动控制、电机拖动、功率器件等多方面的技术领域。但从设计目标上看，功率驱动接口主要是解决与输入信号的信号匹配及与执行元件的功率匹配问题。

设计功率驱动接口时应考虑以下几点：

（1）功率驱动接口的主电路是功率放大器，目前的功率放大电路的形式十分丰富，主要与采用的大功率器件及控制形式有关，设计者应掌握各种常用功率器件的使用特点及使用方法，熟悉常规实用电路的结构形式。随着电力电子技术快速发展，设计者应不断积累新型大功率器件（如 IGBT，MOSFET，大功率模块，厚膜驱动电路等）的技术资料。

（2）由于大功率器件工作在高电压大电流状态，并有一定的功耗，在接口设计中不仅要对这些器件采取散热措施，还应设计电流/电压检测保护电路，以防功率器件的烧断。

（3）功率驱动接口要有很好的抗干扰措施，防止功率系统通过信号通道、电源以及空间电磁场对微机控制器产生干扰。通常采用信号隔离、电源隔离和对大功率开关实现过零切换等方法。

（4）功率驱动接口的形式必须满足执行元件要求的控制方案，有时还需要对输入的信号进行波形变换或调制。

（5）功率驱动接口具有小信号输入、大功率输出的特点，输入的信号来自微机控制器的后向通道，大多为 TTL/CMOS 数字信号或 D/A 转换后的小电流/电压信号，这些输入信号一般不能直接驱动大功率器件，因此，在功率放大级之前需设计有驱动电路，这种驱动电路一般采用中小功率集成电路。

（6）对于伺服驱动系统，一般需要有状态反馈环节，反馈电路虽不属于功率驱动接口，但在接口设计时，应留出采样节点的位置。

（7）功率驱动接口一般采用模块化的设计思想。随着工业技术的发展，功率放大器的设计与制造已趋于专门化，人们针对不同的执行元件或不同的控制要求，设计生产出类型众多、特性各异的功率放大器，有些功率放大器自带微机控制系统，其本身可能就是一个机电一体化系统。例如，交流电动机速度控制的变频控制器、直流电动机速度控制的 PWM 功率放大器、步进电动机驱动器等等，这些功率放大器目前已有系列化产品。因此，在机电一体化系统中，常把功率驱动接口看作一个模块，在设计中要注重选用标准化的功率放大器或功率放大控制器，并设计出接口电路。对于确实需要从细部结构上进行设计的功率驱动接口，则应该与电气自动控制方面的专业技术人员共同合作完成设计。

四、功率驱动接口实例

1. 晶闸管触发驱动电路

晶闸管是目前应用最广泛的半导体功率元件之一，具有弱电控制、强电输出的特点，它可用于电动机的开关控制、电磁阀控制以及大功率继电触发器的控制。具有开关无噪声、可靠性高、体积小等特点。采用晶闸管做成的各种固态继电器（SSR），已成为开关型功率接口优先选用的功率器件。晶闸管的型号和品种十分齐全，常用的有三种结构类型：单向晶闸管、双向晶闸管和可关断晶闸管。

晶闸管功率接口电路的设计要点是触发电路的设计，微机输出的开关控制信号通常经脉冲变压器或光电耦合器隔离后加到晶闸管上。

图 13-8 是单片机控制单向晶闸管实现 220V 交流开关的例子。当单片机 P0.0 输出为低电平时，光电耦合器发光二极管截止，晶闸管门极不触发而断开。P1.0 输出为高电平时，经反相驱动器后，使光电耦合器发光二极管导通，交流电的正负半周均以直流方式加在晶闸管的门极，触发晶闸管导通，这时整流桥路直流输出端被短路，负载即被接通。P1.0 回到低电平时，晶闸管门极无触发信号，交流电在交变时使晶闸管关断，负载失电。

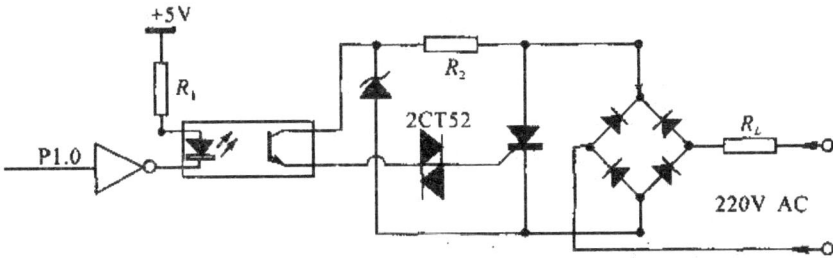

图 13-8　单片机与单向晶闸管接口电路

2．继电器型驱动接口

继电器是通过改变金属触点的位置，使动触点与定触点闭合或分开，具有接触电阻小、流过电流大及耐高压等优点，但在动作可靠性上不及晶闸管。继电器中，电流切换能力较强的电磁式继电器称为接触器。

继电器有电压线圈与电流线圈两种工作类型，它们在本质上是相同的，都是在电能的作用下产生一定的磁势。继电器/接触器的供电系统分为直流电磁系统和交流电磁系统，工作电压也较高，因此从微机输出的开关信号需经过驱动电路进行转换，使输出的电能能够适应其线圈的要求。继电器/接触器动作时，对电源有一定的干扰，为了提高微机系统的可靠性，在驱动电路与微机之间都用光电耦合器隔离。

常用的继电器大部分属于直流电磁式继电器，一般用功率接口集成电路或晶体管驱动。在驱动多个继电器的系统中，宜采用功率驱动集成电路，例如使用 SN 75468 等，这种集成电路可以驱动 7 个继电器，驱动电流可达 500mA，输出端最大工作电压为 100V。图 13-9 所示是典型的直流继电器接口电路。交流电磁式接触器通常用双向晶闸管驱动或一个直流继电器作为中间继电器控制。

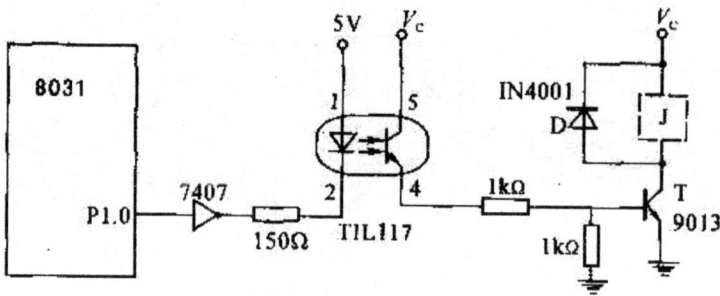

图 13-9　直流继电器接口电路

3. 直流电动机的功率驱动接口

直流电动机（包括直流伺服电动机）的控制方式有电枢控制和磁场控制两种。电枢控制是在励磁电压不变的条件下，把控制电压加在电动机的电枢上，以控制电动机的转速和转向；磁场控制是在电枢电压不变的条件下，把控制电压加在励磁绕组上实现电动机的转速控制。功率驱动接口的作用是将控制信号转变为一定幅值的电压驱动电动机运转。获得幅值可调的直流电压的途径有两种：一种是把交流电变成可控的直流电，其接口称为可控整流器；另一种是把固定幅值的直流电压变成幅值可调的直流电压，这种接口称为直流斩波器。

可控整流器又称直流变换器，采用晶闸管作为整流元件，其电路由整流变压器和晶闸管组成。根据交流供电方式，可控整流器有单相和三相之分，其工作原理如图 13-10 所示。

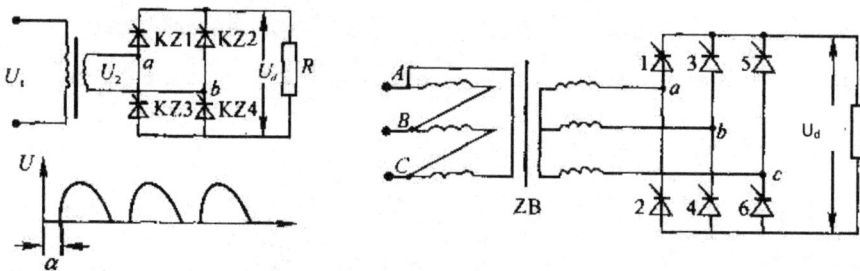

图 13-10　可控整流器原理图

电路中采用整流电路的原理，通过控制晶闸管开始导通的时间（即控制角），便可改变负载上直流电压平均值 U_d 的大小。因此这种电路又称作交流-直流变流器。这种驱动接口的主要设计内容是晶闸管触发电路的设计，而控制角α的数值一般由微机软件或脉冲发生器产生。

直流斩波器又称为直流断续器，是接在直流电源和负载之间的变流装置，它通过控制晶闸管或功率晶体管等大功率器件开关的频率参数来改变加到负载上的直流电压平均值，故直流斩波器又称为直流-直流变流器。目前，直流电动机的驱动控制一般采用 PWM，在大功率器件选用上，较多地使用 GTR，IGBT 及 MOSFET 也逐步得到了推广应用。

4．交流电动机变频调速功率接口

可调速的电动机传动系统分为直流调速与交流调速两大类。过去，由于直流电动机传动系统的性能指标优于交流电动机传动系统，因此，凡是要求平滑启动与制动、可逆运行、可调速以及高精度的位置和速度控制的调速系统，几乎都采用直流电动机传动。但由于直流电动机在结构上存在整流子和电刷，维护保养工作量大，不能在易燃气体及粉尘多的场合使用，体积和重量比同等容量的交流电动机大，难以实现高速、高电压、大容量传动。20 世纪 80 年代以来，随着微电子技术、电力电子技术以及电动机技术的发展，原来阻碍交流电动机传动发展的技术难题一一被克服，又由于交流电动机具有结构简单、坚固耐用、运行可靠、惯性小和节能高效等优点，因此，交流电动机传动技术发展迅速，应用日益广泛。

根据交流电动机的转速公式 $M = 60f(1-s)P$，交流电动机调速一般有变极调速、转差调速、变频调速三种方法。变频调速是交流电动机调速的发展方向，而且有的变频调速系统在动态性能及稳态性能的指标上已超过直流调速。因此在机电一体化系统设计时可优先选用交流电动机变频调速方案。

第十四章　机电一体化中伺服系统设计

伺服系统（Serve System）也叫随动系统或伺服机构，属于自动控制系统的一种，是指以机械量如位移、速度、加速度、力、力矩等作为被控量的一种自动控制系统。伺服系统的基本要求是使系统的输出能够快速而精确地跟随输入指令的变化规律。伺服系统通常是具有负反馈的闭环控制系统，但也有采用开环或半闭环控制的。开环伺服系统的执行元件大多采用步进电机，闭环和半闭环伺服系统的执行元件大多采用直流伺服电机和交流伺服电机。由于伺服系统服务对象很多，如计算机光盘驱动控制、雷达跟踪系统等，因而对伺服系统的要求也有所差别。

伺服系统通常用经典控制理论来分析和设计。建立伺服系统数学模型的方法一般分为分析法和实验法两种。分析法是利用稳态设计计算所获得的数据和经验公式，从理论上进行分析、推导，建立系统的数学模型。实验法则是以实物测试为基础来建立数学模型。在大多数情况下，设计伺服系统时并不具备完整的实物系统，常需先通过理论分析计算，提供初步方案，然后进行局部试验或试制样机，进一步形成一个切实可行的设计方法。

伺服系统是构成机电一体化产品的主要部分之一。如数控机床是由控制系统、伺服系统、机床等部分组成。伺服系统接受控制系统来的指令信息，并严格按照指令要求带动机床移动部件进行运动。它相当于人的手，使工作台能按规定的轨迹作相对运动，最后加工出符合图纸要求的零件。

伺服系统的执行元件是机械部件和电子装置的接口，它的功能就是根据控制器发出的控制指令，将能量转换为机械部件运动的机械能。目前多数伺服系统采用电机作为何服系统的执行元件。

第一节 步进电机驱动及其控制

一、步进电机的工作原理

步进电机是将电脉冲控制信号转换成机械角位移的执行元件。每接受一个电脉冲，在驱动电源的作用下，步进电机转子就转过一个相应的步距角。转子角位移的大小及转速分别与输入的控制电脉冲数及其频率成正比，并在时间上与输入脉冲同步。步进电机是按电磁吸引的原理来工作的。现以三相反应式步进电机为例说明工作原理。

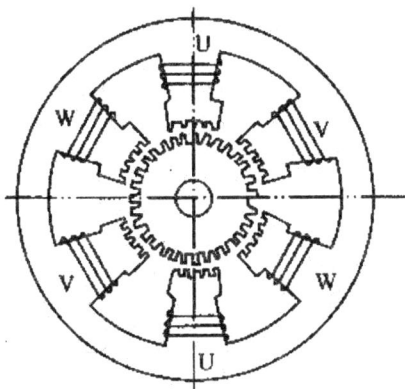

图 14-1 步进电机结构简图

图 14-1 是反应式步进电机结构简图。其定子有六个均匀分布的磁极，每两个相对磁极组成一相，即有 U-U、V-V、W-W 三相，磁极上缠绕励磁绕组。

为简化分析，假设转子只有 4 个均匀分别的齿，齿宽及间距一致，故齿距为 360°/4 = 90°，三对磁极上的齿（亦即齿距）亦为 90°均布，但在圆周方向依次错过 1/3 齿距（30°）；并设定子的 6 个磁极上没有小齿。

当步进电机工作时，驱动电源将电脉冲信号按一定的顺序轮流加到定子的三相绕组上。按通电顺序的不同，三相反应式步进电机又有单三拍控制、双三拍控制和六拍控制等三种方式。所谓"拍"，是指步进电机从一相通电状态，换接到另一相通电状态的过程。"三拍"就是一个循环中有三个换接过程。每一拍将使转子在空间转过一个步距角。

二、步进电机的特点

根据上述工作原理，可以看出步进电机具有以下几个基本特点：

①输出角与输入脉冲严格成正比，且在时间上同步。步进电机的步距角不受各种干扰因素，如电压的大小、电流的数值、波形等的影响，转子的速度主要取决于脉冲信号的频率，总的位移量则取决于总脉冲数。

②步进电机的转向可以通过改变通电顺序来改变。

③转子惯量小，启、停时间短。

④步进电机具有自锁能力，一旦停止输入脉冲，只要维持绕组通电，电机就可以保持在该固定位置。

⑤步进电机的步距角有误差,转子转过一定步数以后也会出现累积误差，但转子转过一转以后，其累积误差为"零"，不会长期积累。

⑥与计算机接口容易，维修方便，寿命长。步进电机本身就是一个数/模转换器，能够直接接受计算机输出的数字量。

⑦能量效率低，存在失步现象。

三、步进电机的主要特性

1. 步距角

在一个电脉冲作用下（即一拍），电机转子转过的角位移称为步距角。步距角愈小，则驱动控制的精度愈高，一般反应式步进电机的步距角为 $0.75° \sim 3°$。如今采用微机控制、由变频器三相正弦电流供电的混合式步进电机驱动的伺服系统，步距角能小到 $0.036°$，即一转能达到 10000 步（每转的步数，又称分辨率）。这表明，如今步进伺服系统已达到了很高的控制精度。最常见的步距角有：$0.6°/1.2°$，$0.75°/1.5°$，$0.9°/1.8°$，$1°/2°$，$1.5°/3°$ 等。步进电机空载且单脉冲输入时，其实际步距角与理论步距角之差称为静态步距角误差，一般控制在±（10′～30′）的范围内。

2．矩角特性和最大静转矩

当步进电机处在通电状态时，转子处在不动状态，即静态。如果在电机轴上施加一个负载转矩，转子会在载荷方向上转过一个角度θ，转子因而受到一个电磁转矩T的作用与负载平衡，该电磁转矩T称为静态转矩，该角度θ称为失调角。步进电机单相通电的静态转矩T随失调角θ的变化曲线称为矩角特性，如图14-2所示。当外加转矩取消后，转子在电磁转矩作用下，仍能回到稳定平衡点（$\theta=0$）。矩角特性曲线上的电磁转矩的最大值称为最大静转矩T_{jmax}，多相通电时的最大静转矩T_{jmax}可根据单相矩角特性求出。T_{jmax}是代表电机承载能力的重要指标。

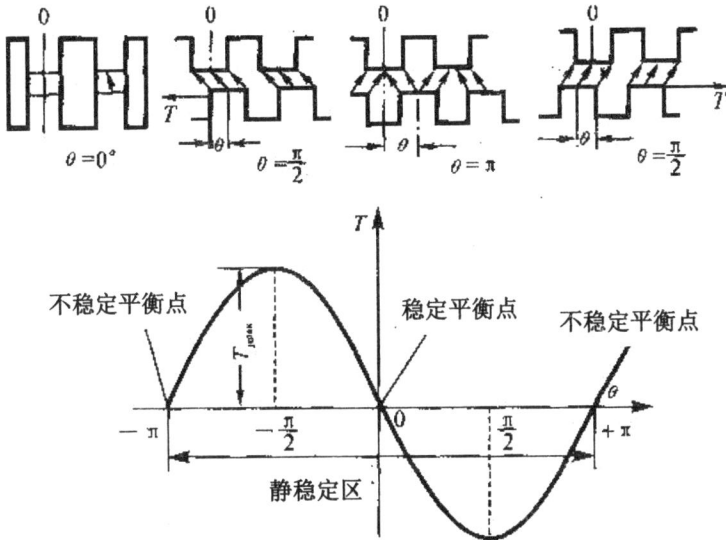

图 14-2　步进电机的矩角特性

3．启动转矩T_q和启动频率f_q

图14-3是三相步进电机的各相矩角特性。图中相邻两条曲线的交点所对应的静态转矩是电机运行状态的最大启动转矩T_q，当负载力矩小于T_q时，步进电机才能正常启动运行，否则将会造成失步。一般地，电机相数的增加会使矩角特性曲线变密，相邻两条曲线的交点上移，会使T_q增加；采用多相通电方式，也会使得启动转矩T_q和最大静转矩T_{jmax}增加。

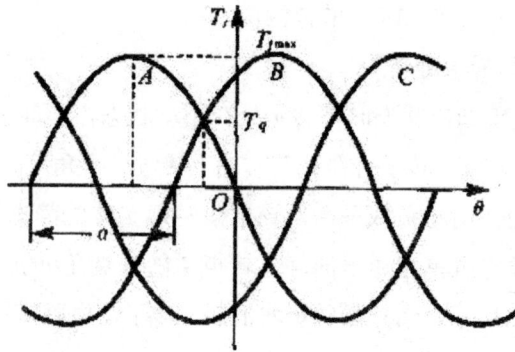

图 14-3　三相步进电机的各相矩角特性

空载时，步进电机由静态突然启动并进入不丢步的正常运行状态所允许的最高频率，称为启动频率或交跳频率。空载启动时，步进电机定子绕组通电状态变化的频率不能高于启动频率。原因是启动频率越高，电机绕组的感抗（$X_L = 2\pi fL$）越大，使绕组中的电流脉冲变尖，幅值下降，从而使得电机输出力矩下降。

一般来说，步进电机的启动频率远低于其最高运行频率，很难满足对其直接进行启动和停止的要求，因此要利用软件进行加减速控制，又称分段加减速启动或停止，即在启动时使其运行频率分段逐渐升高，停止时使其运行频率分段逐渐降低。

4. 运行矩频特性

运行矩频特性是描述步进电机在连续运行时，输出转矩与连续运行频率之间的关系，它是衡量步进电机运转时承载能力的动态指标，如图 14-4 所示。图中每一频率所对应的转矩称为动态转矩。从图中可以看出，随着运行频率的上升，输出转矩下降，承载能力下降。当运行频率超过最高频率时，步进电机便无法工作。

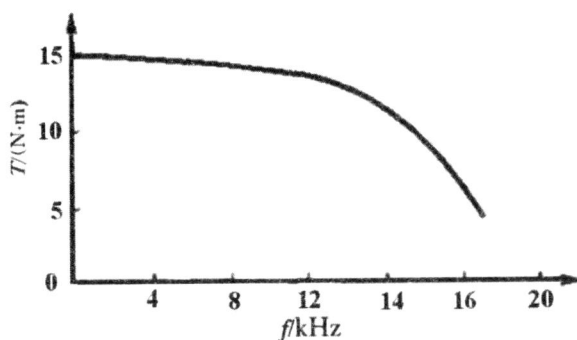

图 14-4　步进电机的运行矩频特性

四、步进电机驱动电源

步进电机输出转角与输入脉冲个数严格成正比关系，能方便地实现正、反转控制及调速和定位。因此，步进电机大多数用于开环控制系统，如简易数控机床、线切割机等。步进电机不同于通用的直流、交流电机，它必须与驱动器、控制器和直流电源组成系统才能工作。通常我们所说的步进电机，一般指的是步进电机和驱动器的成套装置。步进电机的性能在很大程度取决于"矩-频"特性，而其"矩-频"特性和驱动器的性能好坏密切相关。步进电机的驱动器包括脉冲分配器和功率放大器两个主要部分，它们统称为驱动电源。如图 14-5 所示。驱动电源是将变频信号源（微机或数控装置等）送来的脉冲信号及方向信号按照要求的配电方式自动地循环供给电机各相绕组，以驱动电机转子正反向旋转。从计算机输出口或从环形分配器输出的信号脉冲电流一般只有几个毫安，不能直接驱动步进电机，必须采用功率放大器将脉冲电流进行放大，使其增加到几至十几安培，从而驱动步进电机运转。因此，只要控制输入电脉冲的数量和频率就可精确控制步进电机的转角和速度。

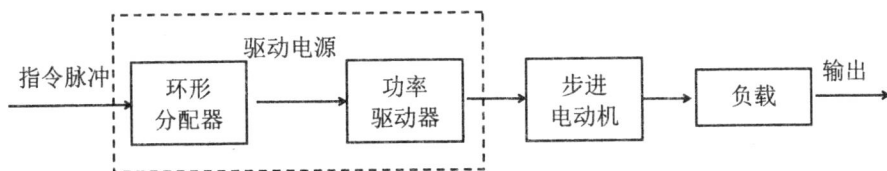

图 14-5　步进电机的驱动控制原理

1．脉冲分配器

脉冲分配器又称为环形分配器，它是根据指令把脉冲信号按一定的逻辑关系加到功率放大器上，使各相绕组按一定的顺序和时间导通和切断，并根据指令使电机正转、反转，实现确定的运行方式。

环形分配器的功能可用硬件或软件的方式来实现，分别称为硬件环形分配器和软件环形分配器。

（1）硬件环形分配器。硬件环形分配器的种类很多，它可由 D 触发器或 JK 触发器构成，也可采用专用集成芯片或通过可编程逻辑器件。

（2）软件环形分配器。不同种类、不同相数、不同分配方式的步进电机都必须有不同的环形分配器，可见所需环形分配器的品种将很多。随着微机运行速度的提高，利用软件实现环形分配器成为现实。所谓软件环形分配器就是利用软件实现硬件脉冲分配器的功能。将控制字（步进电机各相通断电顺序）从内存中读出，然后送到并行口中输出。用软件环形分配器可以使得线路简化，成本降低，并可灵活地改变步进电机的控制方案。

2．功率放大电路

步进电机的功率放大电路实际上是一种脉冲放大电路。从环形分配器输出的进给控制信号的电流只有几毫安，而步进电机的定子绕组需要几安培的电流，必须经过功率放大电路将脉冲信号放大后才能驱动步进电机运行。步进电机驱动电路的核心是如何提高步进电机的快速性和平稳性。功率放大电路可以分为电压驱动和电流驱动两种方式。电压驱动方式又包括单电压驱动和双电压驱动。电流驱动最常见的是电流反馈斩波驱动。

（1）单电压驱动电路。单电压驱动电路的工作原理如图 14-6 所示。图中 L 为步进电机励磁绕组的电感，R_a 为绕组电阻，串接一电阻 R_c，以减小回路的时间常数 $L/(R_a+R_c)$，电阻 R_c 并联一个电容 C（可提高负载瞬间电流的上升率），从而提高电机的快速响应能力和启动性能。续流二极管 VD 和阻容吸收回路 R_c，是功率管 VT 的保护线路。单电压驱动电路的优点是线路简单，缺点是电流上升不够快，高频时负载能力低。

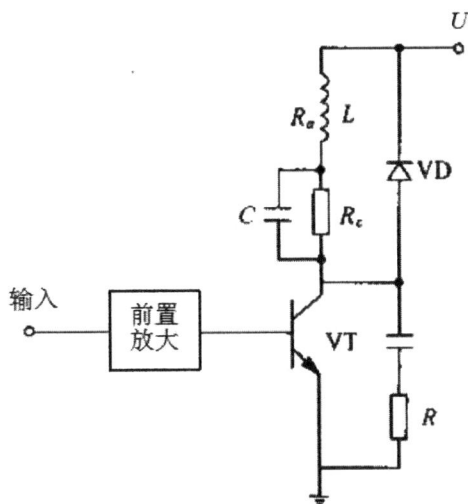

图 14-6　步进电机单电压驱动电路原理图

（2）高低电压驱动电路。高低电压驱动电路的特点是给步进电机绕组的供电有高低两种电压，高压由电机参数和晶体管的特性决定，一般为 80V 或更高；低压即步进电机的额定电压，一般为几伏，不超过 20V。

图 14-7 为高低压供电切换电路的工作原理图。该电路由功率放大器、前置放大器和单稳延时电路组成。二极管 D_d 起高低压隔离的作用，D_g 和 R_g 构成高压放电回路。前置放大电路则起到将 TTL 电平放大到可以驱动功率管导通的电流。高压导通时间由单稳延时电路整定，通常为 100~600μs，对功率步进电机可达到几千微秒。

当环形分配器输出为高电平时，两只功率管 T_g、T_d 同时导通，步进电机绕组以 u_g，即 +80V 的电压供电，绕组电流以 $L/(R_d+r)$ 的时间常数向稳定位上升，当达到单稳延时时间 t_g 时，T_g 功率管截止，改为由 u_d，即 +12V 供电，维持绕组的额定电流。若高低压之比为 u_g/u_d，则电流上升率将提高 u_g/u_d 倍，上升时间减小。接着当低压断开时，绕组中存储的能量通过 $u_d \to D_d \to R_d \to L \to R_g \to D_g \to u_g$ 构成放电回路，放电电流的稳态值为 $(u_d-u_g)/(R_g+R_d+r)$，因此加快了放电过程。高低压供电电路由于加快了电流的上升和下降时间，故有利于提高步进电机的启动频率和连续工作频率。另外，由于额定电流由低电压维持，只需较小的限流电阻，减小了系统的功耗。

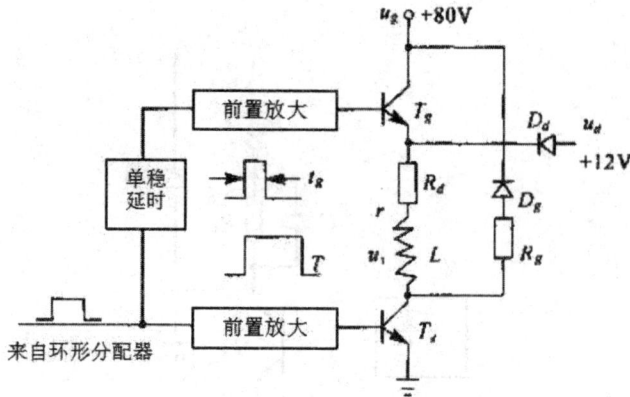

图 14-7　高低压供电切换电路

（3）斩波恒流功率放大电路。斩波恒流功率放大电路是利用直流斩波器将步进电机的电流设定在给定值上，图 14-8 为斩波恒流功率放大电路原理图。图中 V_{in} 为原步进电机的绕组驱动脉冲信号，通过与门 A_2 和比较器 A_1 的输出信号相与后，作为绕组的驱动信号 V_b。当 Vin 为高电平"1"和比较器 A_1 输出高电平"1"时，V_b 为高电平，绕组导通。比较器 A_1 的正输入端的输入信号为参考电压 V_{ref}，由电阻 R_1 和 R_2 设定；负输入端输入信号为绕组电流通过 R_3 反馈获得的电压信号 V_f，它反映了绕组电流的大小。当 $V_{ref} > V_f$ 时，比较器 A_1 输出高电平"1"，与门 A_2 输出高电平 V_b，绕组通电，电流增加。当电流达到一定时，$V_{ref} < V_f$，比较器 A_1 输出低电平"0"，与门 A_2 输出低电平 V_b，绕组断电，通过二极管 V_D 续流工作。而 VT 截止后，又有 $V_{ref} > V_f$，重复上述的工作过程。这样，在一个 V_{in} 脉冲内，功率管多次通断，将绕组电流控制在给定值上下波动，如图 14-8 所示。

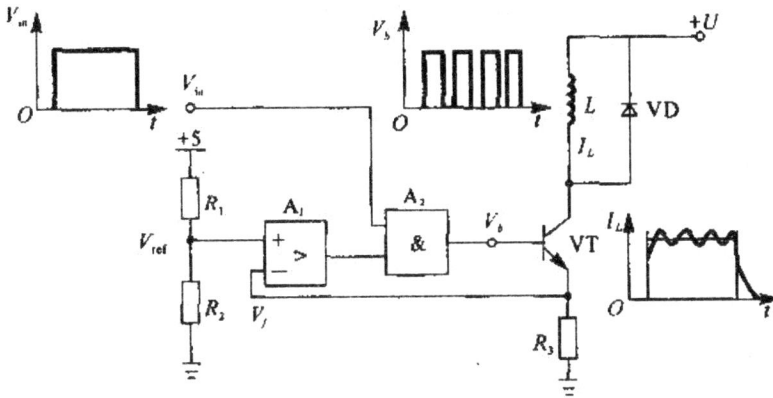

图 14-8　斩波恒流驱动功放原理图

在这种控制方式下，绕组电流大小与外加电压 +U 大小无关，是一种横流驱动方案，所以对电源要求比较低。由于反馈电阻 R_3 较小（一般为 1Ω），所以主回路电阻较小，系统时间常数较小，反应速度快。

（4）细分电路。步进电机的运行特性不仅取决于电机本身所具有的机械特性和电气特性，而且取决于驱动电源的性能优劣。微型步进电机尺寸小，使转子、定子槽数受到限制。因此步进电机步距角做得比较大，不利于做精密位置控制。为了提高微型步进电机的角分辨率，可以改进步进电机的驱动方式，实现步矩细分，用微步驱动。微步驱动具有以下优点：①N 步细分后，步距角减小 N 倍；②改善步进电机低速运行的脉冲；③大大减少步进电机低频共振现象；④降低步进电机运行噪声。

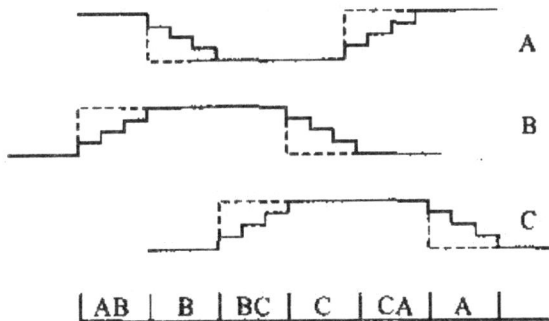

图 14-9　步距角细分原理

步进电机是一种电流驱动元件，改变步进电机各相电流的大小，就能使转子相对于每个驱动脉冲的变化量减少，使原有平衡位置之间增加新的平衡点，以便实现细分。以三相六拍步进电机为例，每次仅让一相电流发生变化，使其三相电流呈现图14-9所示的变化方式，形成24拍驱动方式，可以达到细分步距角的目的。图14-10所示是用微机作为加法器的细分驱动器，细分驱动器由D/A、放大器、比较放大器和线性功放电路组成。D/A将来自微机的数据转换成对应的U_{in}。U_{in}经放大器放大到U_A。比较放大器将来自采样电压U_C和U_A比较并放大后送到V_T的基极，产生控制绕组的电流I_L。晶体管VT是线性放大电路，R_e起反馈作用，目的是保证通过绕组的电流恒定。通过改变微机输出的数字量D可以实现控制电流差值相等，因此细分的步数必须能对255进行整除，细分只能取3、5、15、17、51、85。微步距控制技术是步进电机和开环控制最新技术之一，利用计算机数字处理技术和D/A转换控制技术，将各相绕组电流通过PWM控制，能够按规律改变幅值大小和方向，从而实现微步距控制。步进电机微步距控制专用集成电路有TA7289、UC3717、L6217、IXM3510等。微步距控制技术使步进电机细化，分辨率提高，振动噪声和转矩波动问题得到改善，运转更为平稳，使步进电机在高级控制系统中具有更大的竞争力。

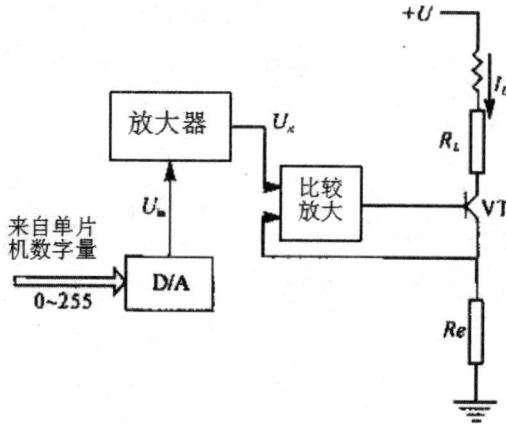

图14-10　微机作为加法器的细分驱动器

五、步进电机的升降速控制

在开环控制中，对步进电机的准确性、可靠性及速度都有较高的要求。由于步进电机和负载都有惯性，启动频率一般情况下都大大低于运行频率。因此，为了使步进电机不失步或丢步，需要设计加、减速电路，使得频率逐步升高或降低。

升降速规律有两种：①直线规律升降（等加速度 a）；②指数规律升降。

等加速度 a 升速，需要转矩 T 恒定。从矩频特性来看，转速升高，转矩减小。但在小范围内，可以认为转矩是恒定的。按指数规律升降速，加速度 a 是下降，与转矩变化规律类似，加速过程平稳。加减速电路可以通过硬件电路完成。目前，大多数采用单片机或 PC 机来实现加减速的软件控制。

利用单片机或 PC 机来实现加减速控制，本质上就是控制相邻两个脉冲之间的时间间隔，加速时，脉冲时间间隔短；降速时，脉冲时间间隔长。实现时间延时有软件延时和定时器延时两种方法。软件延时要耗费 CPU 时间且定时不太准确，一般大多数情况都采用定时器延时。图 14-11 所示是步进电机加减速特性，用离散方法来逼近理想的升降曲线，各离散点速度所对应时间常数固化在系统内 EPROM 中，用离散方法查出所需时间常数值，提高系统运行速度。图 14-11 是步进电机的典型曲线：①加速段（$0 \sim t_1$）；②恒速段（$t_1 \sim t_2$）；③减速段（$t_2 \sim t_3$）。

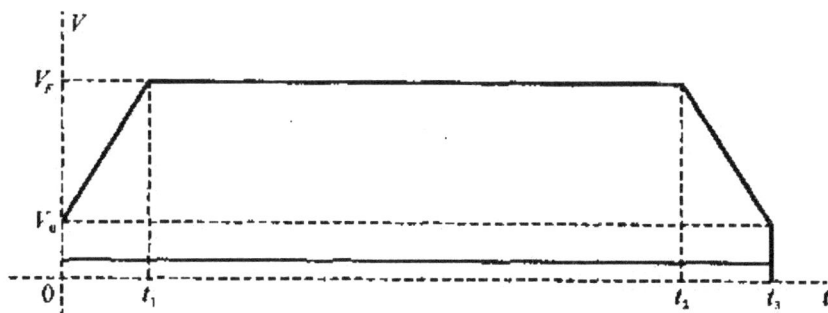

图 14-11 步进电机加减速特性

在确定步进电机升降速控制时要注意以下两点：

①判断是否需要加减速。如果运行频率大于启动频率（如图 14-11 中的 $V_F > V_0$）才需要加减速控制；相反，如果运行频率小于启动频率，则无需加减速。

②确定是否有恒速过程及转折点，当工作频率高而位移小时，电机可能没有恒速过程。

第二节　直流伺服驱动及其控制

一、直流伺服电机

直流伺服电机是伺服系统应用最早的也是应用最为广泛的执行元件。直流伺服电机具有启动转矩大、体积小、重量轻和转速容易控制、效率高等优点。其缺点就是转子上安装了具有机械运动性质的电刷和换向器，需要定期维修和更换电刷，使用寿命短、噪声大。直流伺服电机在数控机床和工业机器人等机电一体化产品中得到广泛应用。

1．直流伺服电机的特点

直流伺服电机有如下特点：

①稳定性好。直流伺服电机具有下垂的机械性，能在较宽的速度范围内稳定运行。

②可控性好。直流伺服电机具有线性的调节特性，能使转速正比于控制电压的大小；转向取决于控制电压的极性（或相位）；控制电压为零时，转子惯性很小，能立即停止。

③响应迅速。直流伺服电机具有较大的启动转矩和较小的转动惯量，在控制信号增加、减小或消失的瞬间，直流伺服电机能快速启动、快速增速、快速减速和快速停止。

④控制功率低，损耗小。

⑤转矩大。直流伺服电机广泛应用在宽调速系统和精确位置控制系统中，其输出功率一般为 1~600W，也有达数千瓦。电压有 6V、9V、12V、24V、27V、48V、110V、220V 等。转速可达 1500~1600r/min。时间常数低于 0.03。

2．直流伺服电机的结构和性能

（1）直流伺服电机的分类和型号命名。直流伺服电机的品种很多，随着科学技术的发展，至今还在不断出现各种新品种及新结构。

按照激励方式的不同，可分为电磁式和永磁式两种。电磁式是采用励磁

313

绕组励磁，而永磁式则和一般永磁直流电机一样，采用氧化体、铝镍钴、稀土钴等磁材料产生激励磁场。

在结构上，直流伺服电机分为一般电枢式、无刷电枢式、绕线盘式和空心杯电枢式等。为避免电刷换向器的接触，还有无刷直流伺服电机。根据控制方式，直流伺服电机可分为磁场控制方式和电枢控制方式。显然，永磁直流伺服电机只能采用电枢控制方式，一般电磁式直流伺服电机大多也用电枢控制式。

直流伺服电机大多用机座号表示机壳外径，国产直流电机的型号命名包含四个部分。其中第一部分用数字表示机座号，第二部分用汉语拼音表示名称代号，第三部分用数字表示性能参数序号，第四部分用数字和汉语拼音表示结构派生代号。例如 28SY03-C 表示 28 号机座永磁式直流伺服电动机、第 03 个性能参数号的产品、SY 系列标准中选定的一种基本安装形式、轴伸形式派生为齿轮轴伸。又如 45SZ27-5J 表示 45 号机座电磁式直流伺服电机、第 27 个性能参数序号的产品、安装形式为 K5、轴伸形式派生为键槽轴伸。

（2）结构形式及特点。各种直流伺服电机的结构特点见表 14-1。

表 14-1　各类直流伺服电机结构特点

分类		结构特点
普通型低惯量式	永磁式伺服电机	与普通直流电机相同，但电枢铁心长度与直径之比较大，气隙也较小，磁场由永久磁钢产生，无需励磁电源
	电磁式伺服电机	定子通常由硅钢片冲制叠压而成，磁极和磁轭整体相连，在磁极铁心上套有励磁绕组，其他同永磁式直流电机
	电刷绕组伺服电机	采用圆形薄板电枢结构，轴向尺寸很小，电枢用双面敷铜的胶木板制成，上面用化学腐蚀或机械刻制的方法印刷绕组。绕组导体裸露，在圆盘两面呈放射形分布。绕组散热好，磁极轴向安装，电刷直接在圆盘上滑动，圆盘电枢表面上有裸露导体部分起着换向器的作用
	无槽伺服电机	电枢采用无齿槽的光滑圆柱铁心结构，电枢制成细而长的形状，以减小转动惯量，电枢绕组直接分布在电枢铁心表面，用耐热的环氧树脂固化成形。电枢气隙尺寸较大，定子采用高电磁的永久磁钢励磁
	空心杯形电枢伺服电机	电枢绕组用漆包线绕在线模上，再用环氧树脂固化成杯形结构，空心杯电枢内外两侧由定子铁心构成磁路，磁极采用永久磁钢，安放在外定子上
直流力矩伺服电机		直流力矩伺服电机设计成主磁通为径向的盘式结构，长、径比一般为 1:5，扁平结构宜于定子安置多块磁极，电枢选用多槽、多换向片和多串联导体数，总体结构有分装式和组装式两种。通常定子磁路有凸极式和隐极式（也称桥式磁路）
直流无刷伺服电机		直流无刷伺服电机由电机主体、位置传感器、电子换向开关三部分组成。电动机本体由一定极对数的永磁钢转子（主转子）和一个多相的电枢绕组定子（主定子）组成，转子磁钢有二级或多级结构。位置传感器是一种无机械接触的检测转子位置的装置，由传感器转子和传感器定子绕组串联，各功率元件的导通与截止取决于位置传感器的信号

二、直流伺服电机的控制

直流电机的构造如图 14-12 所示，由永磁体定子、线圈转子（电枢）、电刷和换向器构成。当电流通过电刷、换向器流入处于永磁体磁场中的转子线圈时，产生的电磁力驱动转子转动。为了得到连续的旋转运动，必须不断地改变电流的方向，因此需要换向器和电刷。

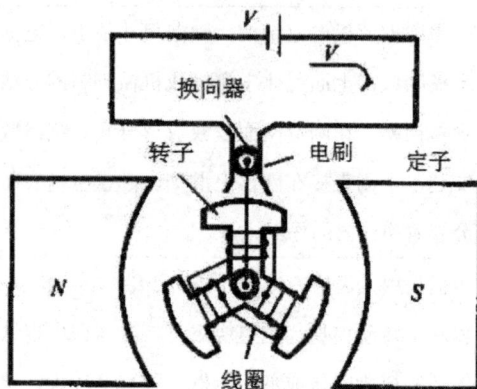

图 14-12　直流伺服电机的构造

电机的基本控制就是转矩和转速控制。对于直流电机，改变电压或者电流就可以控制转速和转矩。根据电工学原理，永磁式直流电机的转矩和流过电枢回路的电流强度成正比，即

$$T = K_T i_m \qquad (14\text{-}1)$$

式中，K_T 为直流电机的转矩常数（N·mA）；i_m 为流过电枢回路的电流（A）；T 为直流电机输出的转矩（N·m）。

在正常状态下，电枢回路的电压是平衡的，即

$$u_m = E_b + I·R \qquad (14\text{-}2)$$

式中，u_m 为转子绕组上的电压（V）；R 为电枢回路的总电阻（Ω）；E_b 为转子在定子绕组中产生的反电势（V）。

反电势 E_b 又与转子的转速成正比，即

$$E_b = K_b n \qquad (14\text{-}3)$$

式中，K_b 为反电势常数 [V/（r/min）]；n 为直流电机的工作转速（r/min）。

将式（14-1）、式（14-2）、式（14-3）联立求解得

$$n = \frac{u_m}{K_b} - \frac{TR}{K_T K_b}$$

（14-4）

当进行电流控制时，由式（14-1）可得到恒转矩控制；当进行电压控制时，由式（14-4）可知，随着转速增加可得到转矩减小的理想下降特性。

1. 直流伺服电机的 PWM 控制原理

直流伺服电机用直流供电，为调节电机转速和方向需要对其直流电压的大小和方向进行控制。目前常用大功率晶体管脉宽调制（PWM）调速驱动系统和可控硅直流调速驱动系统两种方式。可控硅直流（SCR）驱动方式，主要通过调节触发装置控制可控硅的导通角（控制电压大小）来移动触发脉冲的相位，从而改变整流电压的大小，使直流电机电枢电压的变化易平滑调速。由于可控硅本身的工作原理和电源的特点，导通后是利用交流（50Hz）过零来关闭的，因此在低整流电压时，其输出是很小的尖峰值（三相全波时每秒300 个）的平均值，从而造成电流的不连续性。由于晶体管的开关响应特性远比可控硅好，前者的伺服驱动特性要比后者好得多。与可控硅调速单元相比，PWM 速度控制有如下的特点：

①电机损耗和噪声小。晶体管开关频率很高，远比转子能跟随的频率高，也即避开了机械共振。由于开关频率高，使得电枢电流仅靠电枢电感或附加较小的电抗器便可连续，所以电机损耗、发热小。

②系统动态特性好，响应频带宽。PWM 控制方式的速度控制单元与较小惯量的电机相匹配时，可以充分发挥系统的性能，从而获得很宽的频带。频带越宽，伺服系统校正瞬态负载扰动的能力就越高。

③低速时电流脉动和转速脉动都很小，稳速精度高。

④功率晶体管工作在开关状态，其损耗小，电源利用率高，并且控制方便。

⑤响应很快。PWM 控制方式具有四象限的运行能力，即电机能驱动负载，也能制动负载，所以响应快。

⑥功率晶体管承受高峰值电流的能力差。

PWM（Pulse Width Modulation）是脉冲宽度调制的英文缩写，它的含义是利用大规律晶体管的开关作用，将恒定的直流电源电压转成一定频率的方波电压，并加在直流电机的电枢上，通过对方波脉冲宽度的控制，改变电枢的平均电压来控制电机的转速。

2. 直流伺服电机驱动集成电路

尽管近年来直流电机不断受到交流电机和其他电机的挑战，但至今仍是大多数变速运动控制和闭环位置伺服控制最优先的选择。对于小功率应用，直流电机仍具有广阔的应用空间。为了满足小型直流电机的应用需要，各国半导体商纷纷推出大量的直流电机控制专用集成电路。其中 L290/L291/L292 是典型的直流电机驱动电路块。如图 14-13 是由 L290/L291/L292 构成的伺服系统框图。

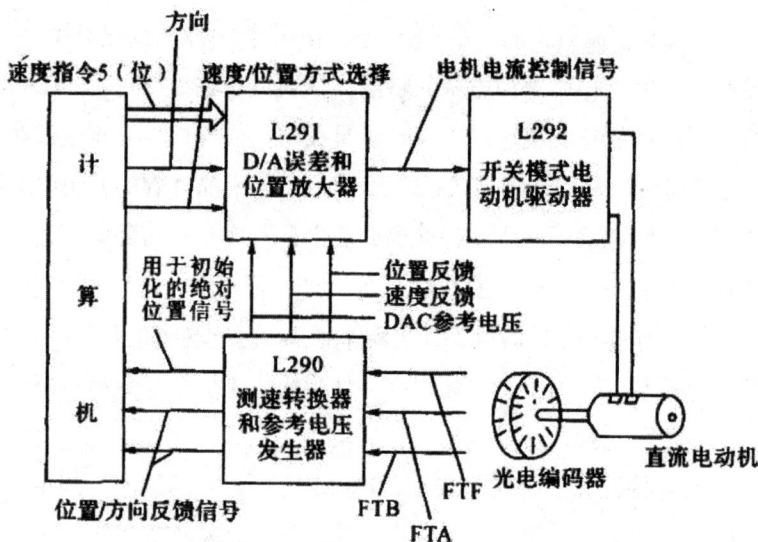

图 14-13 由 L290/L291/L292 构成的伺服系统框图

L290 是一个测速转换器的集成电路芯片，来自光电编码器的 3 路信号接入芯片的 FTA、FTB、FTF 端。FTA 和 FTB 对应光电编码器的一对正交信号，其频率表示旋转速度，相位关系表示转向。FTF 是每转一转的脉冲信号。因此，由这 3 个信号便可获得转向、转速和转动位置的信息。这 3 个信号经过 L290 后输出 3 个反馈信号 STF、STB、STA，其中 STF 将来自 FTF 每转的脉冲信号通过内部放大后以电压突变方式反馈给 MCU，用作绝对位置的定位信号。STA、STB 对应的是 FTA、FTB 的转速、转向信号。L290 还将测速电压信号和位置信号以及 D/A 转换器的参考电压送给 L291。

L291 内含 D/A 转换器及放大器。L291 内含 5bit D/A，接受来自 MCU 的速度指令信号。MCU 的转向指令从 SIGN 直接输入。为了能对速度、位置的反馈参数进行调节，从 L290 输出的 D/A 转换器参考电压、测速电压和位置信号都先经过一些外部电路网络。这些输入信号经 D/A 和放大器处理后，形成 L292 需要的控制电压。

L292 是一种单片功率放大集成电路，能提供正比于输入电压的输出电流，其输出电压范围为 18~36V，输出电流最大幅值 2A。L292 可独立用作 PWM 功率放大器，用于直流伺服系统。

3．直流伺服系统的组成

典型的伺服系统如图 14-14 所示，该系统包括 PWM 功率放大器，以及速度负反馈、位置负反馈等环节。控制系统是对 PWM 功放电路进行控制，接收电压、速度、位置变化信号，并对其进行处理产生正确的控制信号，控制 PWM 功率放大器工作，使伺服电机运行在给定状态中。

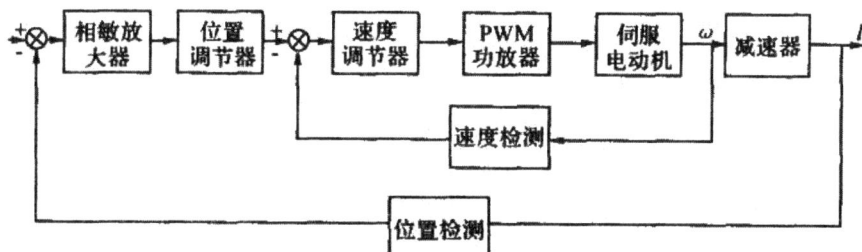

图 14-14　直流伺服系统的原理框图

三、直流伺服电机的选择

直流伺服电机的选择与步进电机类似，同样要满足惯量匹配和容量匹配原则。同时，由于直流伺服电机的机械特性较软，常用于闭环控制，因此对于直流伺服电机的选择，还应考虑固有频率和阻尼比等。

1．惯量匹配原则

理论分析和实践证明，负载惯量和电机惯量的比值对伺服系统的性能有很大影响，且与伺服电机的种类以及应用场合有关，通常分以下两种情况。

（1）小惯量直流伺服电机。J_{eL}/J_m 推荐为

$$1 \leq \frac{J_{eL}}{J_m} \leq 3$$

当 J_{eL}/J_m 对电机的灵敏度和响应时间有很大的影响时，使伺服放大器不能正常工作。小惯量伺服电机的特点是转矩/惯量比值大，机械时间常数小，加减速能力强，动态特性好，响应快。小惯量的伺服电机的转动惯量 $J_m \approx 5 \times 10^{-5} kg \cdot m^2$。

（2）大惯量直流伺服电机。J_{eL}/J_m 推荐为

$$0.25 \leq \frac{J_{eL}}{J_m} \leq 1$$

大惯量宽调速伺服电机的特点是转矩大、惯量大，能在低速范围内提供额定转矩，常常不需要传动装置而与滚珠丝杠直接连接，受惯性负载的影响小。转矩/惯量比值高于普通电机而小于小惯量伺服电机。大惯量伺服电机的惯量 $J_m \approx 0.1 \sim 0.6 kg \cdot m^2$。

2. 等效转矩 T_{rms}

直流伺服电机的转矩-速度特性曲线一般分为连续工作区、断续工作区和加/减速区。图 14-15 是北京数控机床厂生产的 FB-15 型直流电机的转矩-速度特性曲线。图中 a、b、c、d、e 五条曲线组成电机的 3 个区域，描述了电机转矩和速度之间的关系。曲线 a 为电机温度限制曲线，在此曲线上电机达到绝缘所允许的极限值，电机在此曲线内能长期工作。曲线 c 为电机高转速限制线，随着转速上升，电枢电压升高，整流子片间电压升高，超过一定值有发生起火的危险。转矩曲线 d 中最大转矩主要受永磁体材料的去磁限制，当去磁超过某值后，铁氧体磁性发生变化。在连续区，电机转矩和转速可以任意组合而长期工作。在断续区，电机只允许短时间工作或周期间歇性工作，工作一段时间停歇一段时间，间歇循环允许工作的时间长短因载荷而异。加/减速区只供电机加、减速期间工作。由于 3 个区的用途不同，电机转矩选择方法也不同。工程上常根据电机发热等效原则，将重复短时工作制折算为连续工作制来选择电机。选择方法是：在一个工作循环周期内，计算所需电机转矩的均方根值（即等效转矩），寻找连续额定转矩大于该值的电机。

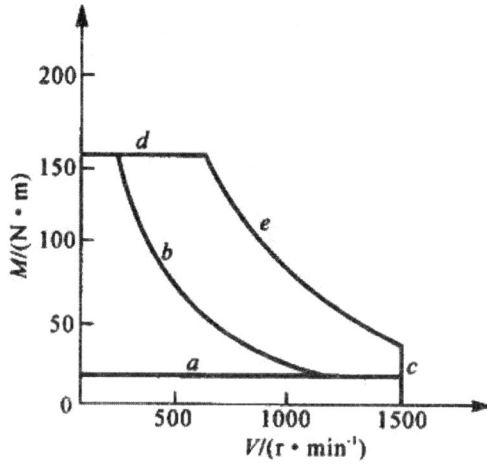

图 14-15　FB-15 型直流伺服电机转矩-速度特性曲线

　　直流伺服电机应根据负载转矩、惯性负载来选择电机的种类（大惯量还是小惯量电机），按照电机的工作特性曲线及设计要求来进行计算和型号的确定，还应检查其启动、加减速能力，必要时应检查其温升。

第三节　交流伺服驱动

一、交流伺服电机的种类和结构特点

1. 种类

交流伺服电机分为两种：同步型和感应型。

（1）同步型（SM），指采用永磁结构的同步电机，又称为无刷直流伺服电机。其特点：

①无接触换向部件。

②需要磁极位置检测器（如编码器）。

③具有直流伺服电机的全部优点。

（2）感应型（IM），指笼形感应电机。其特点：

①对定子电流的激励分量和转矩分量分别控制。

②具有直流伺服电机的全部优点。

2. 结构特点

交流伺服电机采用了全封闭无刷构造，不需要定期检查和维修，以适应实际生产环境。其定子省去了铸件壳体，结构紧凑、外形小、重量轻（只有同类直流电机重量的 75%~90%）。

定子铁心较一般电机开槽多且深，围绕在定子铁心上，绝缘可靠，磁场均匀。可以对定子铁心直接冷却，散热效果好，因而传给机械部分的热量小，提高了整个系统的可靠性。转子采用具有精密磁极形状的永久磁铁，因而可以实现高转矩/惯量比，动态响应好，运行平稳。转轴安装有高精度的脉冲编码器作检测元件。因此交流伺服电机以其高性能、大容量日益受到广泛的重视和应用。

二、交流伺服电机的控制方法

由于交流伺服电机在结构上分为两类，因此每种类型在控制方式上也采用不同的方法。

1. 同步型伺服电机的控制方法

采用永久磁铁场的同步电机不需要磁化电流控制，只要检测磁铁转子的位置即可，故比 IM 型伺服电机容易控制。转矩产生机理与直流伺服电机相同。SM 型伺服电机的控制构成如图 14-16 所示。

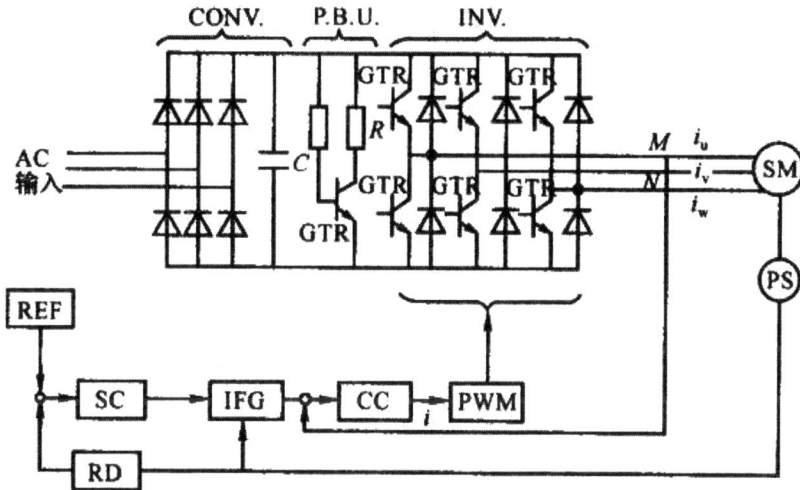

图 14-16　同步（SM）型伺服电机控制框图

CONV-整流器　　SM-同步电机　　INV-变换器　　PS-磁极位置检测器　　REF-速度基准

IFG-电流函数发生器　　SC-速度控制放大器　　CC-电流控制放大器　　RD-速度变换器

PWM-脉宽调制器　　P.B.U-再生电路

2. 感应型伺服电机的控制方法

（1）矢量控制。交流伺服电动机作为机电一体进给伺服系统执行元件和实现精密位置控制，并能在较宽的范围内产生理想的转矩，提高生产效率，其关键在于要解决对交流电机的控制和驱动。目前利用微处理器和计算机数控（CNC）对交流电机作磁场的矢量控制，即把交流电机的作用原理看作和直流电机相似，像直流电机那样实现转矩控制。

20 世纪 70 年代初，德国首先提出按磁场定向的矢量变换控制原理，它是在分析了直流电机和交流电机旋转原理的不同后提出的一种控制方案。由电机学可知，直流电机有一旋转的整流子式电枢和一个用来产生磁场的定子，磁极上的气隙磁通Φ是由磁极绕组中的电流 i_f 激励产生的，Φ正比于 i_f 而与电枢电流 i_a 的大小无关。直流电机的转矩是由Φ和 i_a 的相互作用产生的，即

$$M = C_M I_a \Phi \tag{14-5}$$

式中，C_M 为转矩系数；Φ为气隙磁通。

对于补偿较好的电机，电枢反应影响很小。当激励电流不变时，转矩与电枢电流成正比，所以比较容易实现良好的动态性能。而交流异步电机的转矩与转子电流 I_2 的关系为

$$M = C_M I_2 \cos\varphi \tag{14-6}$$

其中，气隙磁通Φ、转子电流 I_2、转子功率因数 $\cos\varphi$ 是滑差系数 S 的函数，难以直接控制。比较容易控制的是定子电流 I_1，而定子电流 I_1 又是转子电流 I_2 的折合值与激励电流 I_0 的矢量和，因此要准确地动态控制转矩显然比较困难。矢量变换控制方式设法在交流电机上模拟直流电机控制转矩的规律，以使交流电机具有同样产生及控制电磁转矩的能力。矢量变换控制的基本思路是按照产生同样的旋转磁场这一等效原则建立起来的。

众所周知，三相固定的对称绕组 A、B、C，通以三相对称正弦交流电 i_a、i_b、i_c 时，即产生转速为 ω_0 的旋转磁通Φ，如图 14-17（a）所示。产生旋转磁通不一定非要三相不可，除了三相以外，二相、四相对称绕组通以平衡电流，也能产生旋转磁场。图 14-17（b）是两相固定绕组α和β（位置上差 90°）通以两相平衡电流 i_α 和 i_β（时间上相差 90°）时所产生的旋转磁通Φ。当旋转磁场的大小和转速都相等时，图 14-17（a）、（b）两套绕组等效。图 14-17（c）中有两个匝数相等、互相垂直的绕组 d 和 q，分别通以直流电流 i_M 和 i_T，产生位置固定的磁通Φ。如果使两个绕组以同步转速旋转，磁通Φ也随着旋转起来，可以和图 14-17（a）、14-17（b）绕组等效。当观察者站在铁芯上和绕组一起旋转时，会认为是通以直流电流的互相垂直的固定绕组。如果取磁通Φ的位置和 M 绕组的平面正交，就和等效的直流电机绕组没有差别了，d 绕组相当于激励绕组，q 绕组相当于电枢绕组。

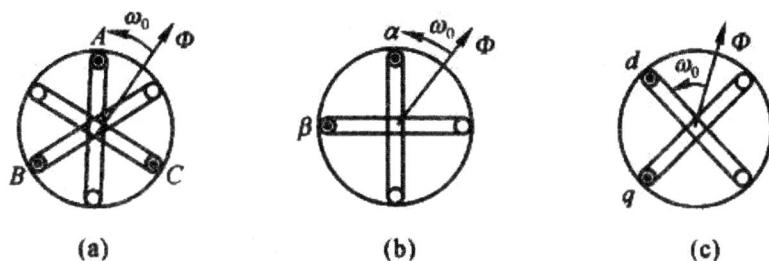

图 14-17　等效的交流机绕组和直流机绕组

这样以产生旋转磁场为准则，图 14-17（a）中的三相绕组、图 14-17（b）的二相绕组和图 14-17（c）中的直流绕组等效。i_a、i_b、i_c 与 $i_α$ 和 $i_β$ 以及 i_M 和 i_T 之间存在着确定的关系，即矢量变换关系。要保持 i_M 和 i_T 为某一定值，则 i_a、i_b、i_c 必须按一定的规律变化。只要按照这个规律去控制三相电流 i_a、i_b、i_c，就可以等效地控制 i_M 和 i_T，达到控制转矩的目的，从而得到和直流电机一样的控制性能。

图 14-18 是采用交流伺服电机作为执行元件的一种矢量控制交流伺服系统框图，其工作原理如下：由插补器发出速度指令，在比较器与检测器来的信号（经过 A/D 转换）相与之后，再经放大器送出转矩指令 M（M＝$3/2K_sI_2φ$，式中 K_s 为比例系数，I_2 为电枢电流，$φ$ 为有效磁场束）至矢量处理电路，该电路由转角计算回路、乘法器、比较器等组成。另一方面，检测器的输出信号也送到矢量处理电路中的转角计算回路，将电机的回转位置 $θ_r$ 变换成 $\sinθ_r$、$\sin(θ_r-2π/3)$ 和 $\sin(θ_r-4π/3)$ 信号，分别送到矢量处理电路的乘法器，由矢量处理电路输出 $M\sinθ_r$、$M\sin(θ_r-2π/3)$、$M\sin(θ_r-4π/3)$ 三种信号，经放大并与电机回路的电流检测信号比较之后，经脉宽调制电路（PWM）调制及放大之后，控制三相桥式晶体管电路，使交流伺服电机按规定的转速值旋转，并输出要求的转矩值。检测器检测出的信号还可送到位置控制回路中，与插补器来的脉冲信号进行比较，完成位置环控制。

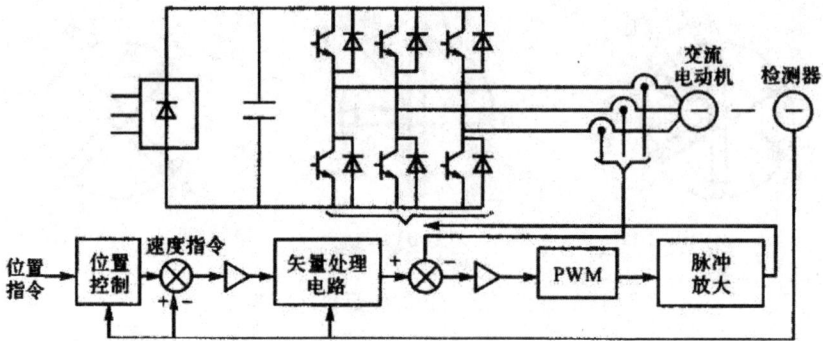

图 14-18　交流伺服系统框图

矢量控制是很有发展前途的一种控制方案，采用矢量变换的感应电机具有和直流电机一样的控制特点，而且结构简单、可靠，电机容量不受限制，与同等直流电机相比机械惯量小，因此有望取代直流电机。如果采用微处理器来完成坐标变换和控制功能，可大大降低成本，对今后的机床传动系统设计必将产生重大影响。

（2）变频调速控制。

①交流感应电机的特性。由电机学可知，交流感应电机的转速 n 与下列因素有关

$$n = \frac{60f}{p}(1-S) \qquad (14\text{-}7)$$

式中 n 为电机转速（r/min）；f 为外加电源频率（Hz）；p 为电机极对数；S 为滑差率。

根据公式（14-7），改变交流电机的转速有 3 种方法，即变频调速、变极调速和变转差率调速。

变极调速通过改变极对数来实现电机的调速，这种方法是有级调速且调速范围窄。

变转差率调速可以通过在绕组中串联电阻和改变定子电压两种方法来实现。无论是哪种改变转差率的方法，都存在损耗大的缺陷，不是理想的调速方法。

变频调速调速范围宽、平稳性好、效率高，具有优良的静态和动态特性，目前高性能的交流调速系统都是采用变频调速技术改变电机的转速。

在异步电机的变频调速中，为了保持在调速时电机的最大转矩不变，希望维持磁通恒定。磁通减弱，铁心材料利用不充分，电机输出转矩下降，导致负载能力减弱。磁通增强，引起铁心饱和，励磁电流急剧增加，电机绕组发热，可能烧毁电机。要磁通保持不变，这时就要求定子供电电压作相应调节。根据电机学知识，异步电机定子每相绕组的感应电动势为

$$E=4.44fNK\Phi_m \tag{14-8}$$

式中，N 为定子绕组每相串联的匝数；K 为基波绕组系数；Φ_m 为每极气隙磁通（Wb）。

为了保持气隙磁通 Φ_m 不变，则应满足 E/f＝常数。但实际上，感应电动势难以直接控制。如果忽略定子漏阻抗压降，则可以近似认为定子相电压和感应电动势相等，即 $U\approx E=4.44fNK\Phi_m$。为实现恒磁通调速，则应满足 U/f＝常数。因此对交流电机供电的变频器（VFD）一般都要求兼有调压、调频两种功能。近年来，由于晶闸管以及大功率晶体管等半导体电力开关的问世，它们具有接近理想开关的性能，促使变频器迅速得到发展。根据改变定子电压 U 及定子供电频率的不同比例关系，采用不同的变频调速方法，从而研制出各种类型的大容量、高性能的变频器，使交流电机调速系统在工业上得到推广应用。

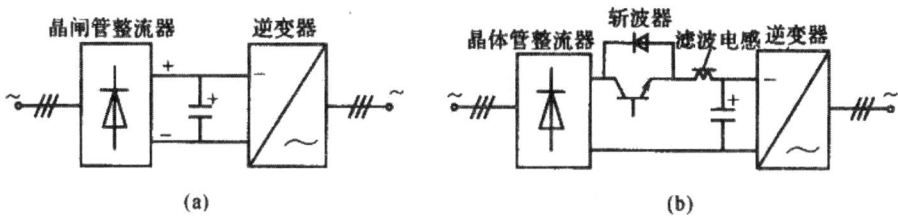

图 14-19 PAM 方式

②变频调速装置。异步电机变频调速所要求的变频和变压功能（VVVF）是通过变频器完成的。变频器控制技术有脉冲幅度调制 PAM（Pulse Amplitude Modulation）和脉冲宽度调制 PWM（Pulse Width Modulation）两种方式。PAM 方式如图 14-19 所示，它将 VV 和 VF 分开完成，在可控整流电路中将交流电整流为直流电，同时进行相控调压，而后再将直流电逆变为频率可调的交

流电。早期 VVVF 控制技术都使用 PAM 方式。因为当时只有开关频率不高的晶闸管等半导体器件。使用晶闸管等半导体器件作为整流元件，逆变器输出的交流电波形只能是方波。若要使方波电压的有效值随频率的变化而改变，则只能改变方波的幅值。随着电力电子技术的发展，出现了全控型快速半导体开关器件，如 GTO、IGBT、IPM 等，PWM 方式才应运而生。PWM 方式如图 14-20 所示，它将 VV 和 VF 集于逆变器中一起完成。此时整流器单纯完成整流功能，中间的直流电压是恒定不变的，而后由逆变器既完成变频又完成变压。不可控整流既简化电路结构，又提高了输入端的功率因素，减少高次谐波对电网的影响。另外，PWM 方式的输出电压是 PWM 波而不是方波，减少了低次谐波，从而解决了电机在低频区的转矩脉动问题。虽然 PWM 方式具有很多优点，在中小功率驱动领域得到广泛的应用，但全控型器件成本高，在大功率变频器中仍然使用以普通晶闸管作为开关器件的 PAM 方式。

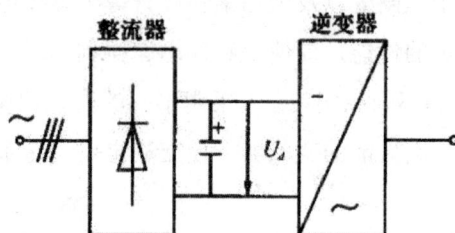

图 14-20　PWM 方式

变频器是交流调速的核心。变频器通常划分为交-交变频器和交-直-交变频器两种。交-交变频器直接将电网的交流电变换为电压和频率均可调的交流电，输出电压的频率低于电网频率，这种变频器适用于低频大容量的调速系统。交-直-交变频器首先将电网交流电整流为可控直流电，然后由逆变器将直流电逆变为交流电。因此，交-直-交变频器由整流器和逆变器组成。讨论逆变器就是讨论变频器，根据对无功能量的处理方式，变频器分电流型和电压型两种。图 14-21 是交-直-交变频器的原理框图。

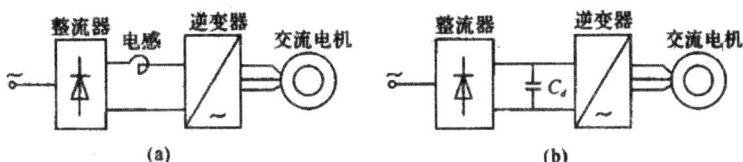

图 14-21 交-直-交变频器原理框图

③变频调速方法。实现变频调速的方法很多，可分为交-直-交变频、交-交变频、脉宽调制变频（SPWM）等。其中每一种变频又有很多变换形式和接线方法。

（a）交-直-交变频调速系统。如图 14-22 所示为交-直-交变频器的主回路，它由整流器（顺变器）、中间滤波环节和逆变器三部分组成。图中顺变器为晶闸管三相桥式电路，其作用是将定压定频交流电变换成可调直流电，然后经电容器或电抗器滤波，作为逆变器的直流供电电源。逆变器也是晶闸管三相桥式电路，但它的作用与顺变器相反，它将直流电变换成可调频率的交流电，是变频器的主要组成部分。

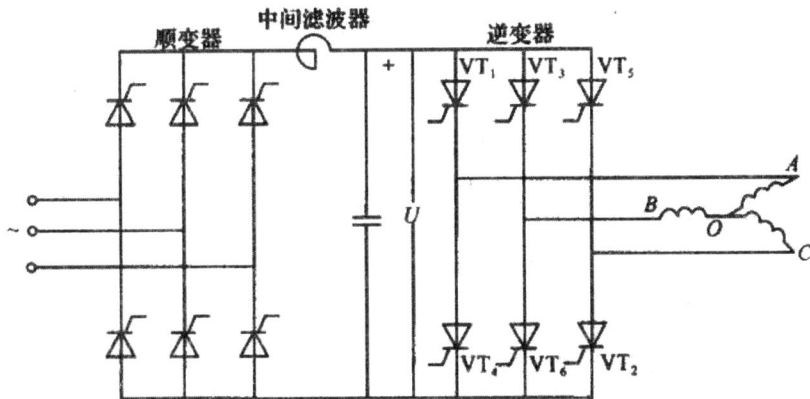

图 14-21 交-直-交变频器

（b）交-交变频调速系统。交-交变频调速属于直接变频，它把频率和电压都恒定的工频交流电，直接变换成电压和频率可控制的交流电，供异步电机激磁。交-交变频最常用的主电路是给电机每一相都用了正、反组的触发，即可得到频率和电压都符合变频要求的近似正弦输出。

④SPWM 变频调速。根据控制思想划分，PWM 控制技术分为等脉宽

PWM 法、正弦波 PWM 法（SPWM）、磁链追踪型 PWM 法和电流跟踪型 PWM 法 4 种。等脉宽 PWM 法是为了克服 PAM 只能输出频率可调的方波电压而不能调压的缺点发展起来的，是最简单的 PWM 法。等脉宽 PWM 法在输出的电压中含有较大的谐波成分。SPWM 法则是为了克服等脉宽 PWM 法的缺点而发展起来的新的 PWM 法。

　　SPWM 变频调速是最近发展起来的，其触发电路输出是一系列频率可调的脉冲波，脉冲的幅值恒定而宽度可调，因而可以根据 U_1/F_1 比值在变频的同时改变电压，并可按一定规律调制脉冲宽度，如按正弦波规律调制，这就是 SPWM 变频调速。

　　SPWM 法可由模拟电路和数字电路等硬件电路来实现，也可以用微机软件或软件和硬件结合的方法来实现。用硬件电路实现 SPWM 法，就是用一个正弦波发生器产生可以调频调幅的正弦波信号（调制波），用三角波发生器生成幅值恒定的三角波信号（载波），将它们在电压比较器中进行比较，输出 PWM 调制电压脉冲。图 14-22 是 SPWM 法调制 PWM 脉冲的原理图。

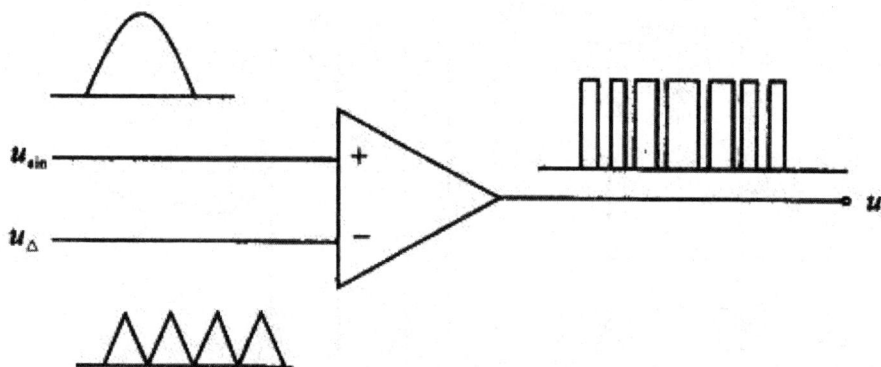

图 14-22　SPWM 法调制 PWM 脉冲原理

　　三角波电压和正弦波电压分别接电压比较器的"－""＋"输入端。当 $u_\triangle < u_{sin}$ 时，电压比较器输出高电平；反之则输出低电平。PWM 脉冲宽度（电平持续时间长短）由三角波和正弦波交点之间的距离决定，两者的交点随正弦波电压的大小而改变。因此，在电压比较器输出端就输出幅值相等而脉冲宽度不等的 PWM 电压信号。当逆变器输出电压的每半周由一组等幅而不等

宽的矩形脉冲构成，近似等效于正弦波，这种脉宽调制波是由控制电路按一定的规律控制半导体开关元件的通断而产生的。这一定的规律是指 PWM 信号。生成 PWM 信号的方法有很多种，最基本的方法是利用正弦波与三角波相交来产生 PWM 信号，三角波和正弦波相交的交点与横轴包围的面积用幅值相等、脉宽不同的矩形来近似，模拟正弦波。图 14-23 是 SPWM 调制波示意图。矩形脉冲作为逆变器开关元件的控制信号，与正弦电压相等效。工程上获得 SPWM 调制波的方法是根据三角波与正弦波的相交点来确定逆变器功率开关的工作时刻。调节正弦波的频率和幅值便可以相应地改变逆变器输出电压基波的频率或幅值。SPWM 是一种比较完善的调制方式，目前国际上生产的变频调速装置（VVVF 装置）几乎全部采用这种方法。

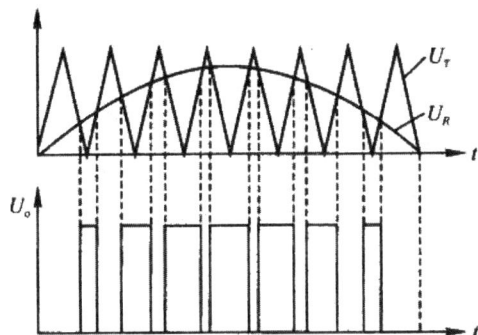

图 14-23　SPWM 调制波

三、交流伺服电机的选择

矢量控制技术的应用，使交流伺服电机的调速性能可以和直流伺服电机媲美。在中、大型功率应用中，交流伺服电机有取代直流伺服电机的趋势。交流伺服电机没有换向部件，过载能力强、重量轻、体积小，适合于高速、高精度、频繁启动/停止以及快速定位等场合。交流伺服电机不需要维护，能在恶劣的环境下工作。交流伺服电机通常有异步型伺服电机和永磁同步伺服电机两种。异步型电机采用矢量控制，其基本思想是采用磁场等效原则来模拟 DC 伺服电机。矢量变换计算相当复杂，电机低速特性不好，易发热。随着稀土材料的成本下降，采用永磁材料产生恒定磁场的永磁同步伺服电机逐步使用。永磁同步伺服电机具有直流伺服电机的调速特性。采用变频调速时，能方便地获得与频率 f 成正比的转速 n，即 $n = \dfrac{60f}{p}$ 。除此之外，还能获得宽的调速范围和硬的机械特性。

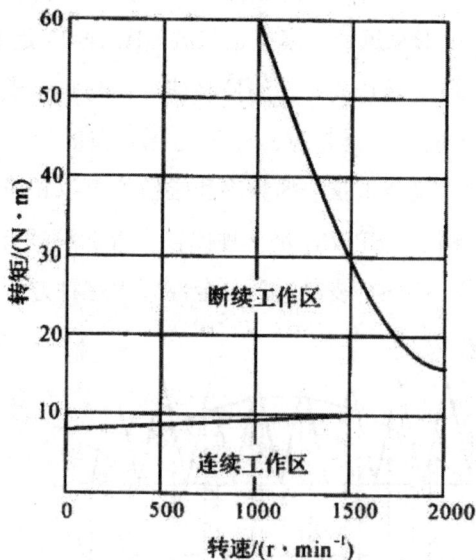

图 14-24　FUNAC 10 型交流伺服电机的工作特性曲线

　　同直流伺服电机一样，交流伺服电机的工作特性与某些参数和特性曲线有关。图 14-24 是 FUNAC 10 型交流伺服电机的工作特性曲线。与直流伺服电机不同的是，交流伺服电机只有连续工作区和断续工作区，电机的加减速在断续区进行。交流伺服电机的选择方法同直流伺服电机。

第四节　控制方式的选择与计算实例

机电一体化系统的定位精度与控制方式有关。开环控制伺服系统没有位置检测装置，控制系统发出进给脉冲驱动伺服系统控制部件移动，其特点是对移动部件的实际移动量不进行检测。图 14-25（a）是由步进电机驱动齿轮和丝杠来带动工作台往复直线运动的开环系统。步进电机驱动电路接受从控制系统发来的脉冲指令，进行功率放大，从而控制步进电机的正反转和转速大小。每输入一个脉冲指令，步进电机就转动一定的角度（步距角），相应地工作台就移动一个距离。所以控制系统发出的脉冲数目决定了工作台移动的距离，脉冲频率决定了工作台移动的速度。

由于没有检测反馈，其位移精度主要取决于步进电机和传动元件的累积误差。有误差，也不能自动纠正。因此，开环系统的定位精度较低，一般可达±（0.01~0.03）mm 且速度也有一定的限制（取决于步进电机的性能）。开环系统的结构简单、成本低，调制和维修比较方便，工作可靠，主要用于精度、速度要求不高的场合。如简易数控机械、小型工作台、线切割机和绘图仪等。

闭环伺服系统的工作原理如图 14-26（c）所示。安装在工作台上的位置检测器（如直线感应同步器、长光栅或磁栅），可将直线位移量变换为反馈电信号，并与位置监测器中的参考值比较，所得到的偏差值经过放大，由伺服电机驱动工作台向减小误差方向移动。若数控装置中的脉冲指令不断地产生，工作台就随之移动，直到偏差值等于零为止。

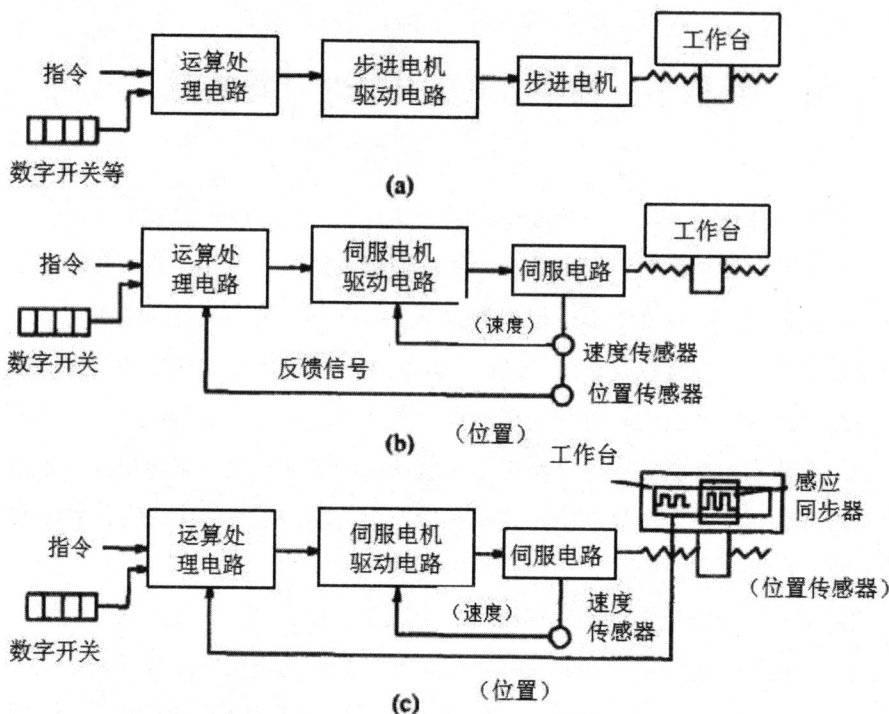

图 14-26　伺服电机控制方式的基本形式

　　闭环系统的定位精度主要取决于检测反馈部件的误差，而与放大器、传动装置没有直接的联系，所以，全闭环系统可以得到很高的精度和速度。为了增加系统的阻尼，其内部还有速度反馈子回路。全闭环系统的定位精度可达±（0.001~0.003）mm。

　　在全闭环系统中，机械系统也包括在位置反馈回路之内。因此，系统时常受机械固有频率、阻尼比和间隙等不稳定因素的影响，从而增加了系统设计和调试的难度。全闭环系统主要用于精度和速度较高的大型机电一体化机械设备。

　　由于测量角位移比测量线位移容易，并可在传动链的任何转动部位进行角位移的测量和反馈，这种从传动链中间部位取出反馈信号的系统称为半闭环伺服系统，如图 14-26（b）所示。在半闭环伺服系统中，只能补偿回路内部传动链误差，其定位精度比全闭环的稍差，一般可达±（0.05~0.01）mm。半闭环伺服系统的稳定性比闭环系统好，且结构比较简单，调整和维护也比较简单，广泛用于各种机电一体化设备。

一、开环伺服系统设计

1. 开环伺服系统设计方法和步骤

伺服系统设计方法一般分为伺服系统的动力学方法和控制论方法。伺服系统的动力学方法是在机械设计的基础上进行的，主要任务是确定伺服电机的型号以及电机与机械系统的参数匹配，不计算控制电路参数和控制系统的动态、稳态性能参数，因此这种设计方法通常称之为静态设计。伺服系统的控制理论方法是在经典控制理论和现代控制理论的方法指导下，确定伺服系统各个环节的参数，使机电参数得到合理匹配，保证伺服系统具有良好的稳态、动态性能。

图 14-27 是步进电机驱动的伺服系统原理图。该伺服系统是典型的开环伺服系统。步进电机驱动的伺服系统设计，首先应该进行系统的机械参数设计和计算，然后在机械设计的基础上进行控制系统的设计，包括控制器的选型和设计、控制算法的设计等等。伺服系统的机械系统设计和控制系统设计应在系统论指导下进行。机械系统设计的好坏，直接关系到控制系统的复杂程度和性能，因此应该重视机械系统的设计和计算。机械系统设计与计算主要包括确定执行元件的参数、机械传动比、转动惯量、负载力矩和电机型号等。

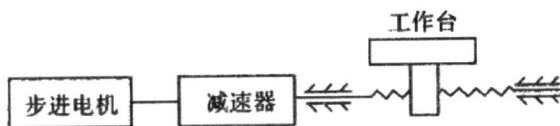

图 14-27 步进电机驱动的开环系统

（1）机械系统设计。

①确定脉冲当量，初选步进电机。脉冲当量应根据小于或等于系统的定位精度来确定。对于开环伺服系统，脉冲当量一般取 0.005~0.01mm。脉冲当量取得太大，将无法满足伺服系统的定位精度要求，如果脉冲当量取得过小，则使机械系统难以实现或者降低了系统的经济性。初步选择电机，主要依据

系统提出的性能指标，选择步进电机的种类、步距角和运行频率。目前市场上提供了很多步进电机品种，但在我国最常用的步进电机有反应式步进电机（BC 或 BF 系列）和混合式步进电机（BYG 系列）两种。在电机体积相同的条件下，混合式步进电机的转矩比反应式步进电机大，同时混合式步进电机步距角可以做得比较小。在外形尺寸受到限制又需要小步距角和大转矩的情况下，选择混合式步进电机。在需要快速移动大距离的条件下，应选择转动惯量小、运行频率高、价格较低的反应式步进电机。另外，混合式步进电机在断电时有自定位转矩，而反应式步进电机在停止供电后，转子处在自由位置。这点也是选择步进电机时需要考虑的问题。选择步进电机的种类和步距角需要依据具体情况而定。

②确定机械系统的传动比和传动方式。一般伺服系统的机械传动都是减速系统。减速系统的传动比主要根据负载的性质、脉冲当量和其他要求来选择确定。减速系统的传动比更满足电机和机械负载之间的转速、力矩和位移的相互匹配。如图 14-27 所示的开环系统中，减速器的传动比可以按照脉冲当量和步距角来确定。

$$i = \frac{\theta t_{sp}}{360°\delta}$$

式中，i 为减速器的总减速比；δ 为脉冲当量（mm）；t_{sp} 为丝杠导程（mm）；θ 为步距角（°）。

③计算系统的等效转动惯量。机械系统各部件的转动惯量可以根据相关的转动惯量计算公式进行计算。对于某些传动件（如齿轮、丝杠等），通常不容易精确计算出它的转动惯量，此时就将其等效为圆柱体来近似估算。圆柱体的转动惯量计算式为

$$J = \frac{\pi \rho d^4 l}{32}$$

式中，ρ 为材料的密度（kg/m³）；d 为传动部件的等效直径（m）；l 为传动件的轴向长度（m）。

④计算电机负载力矩。伺服系统带动被控对象运动，控制对象的负载很复杂，难以用简单的数学表达式来描述。因此，在工程设计中常常对负载作

合理的简化。以转动形式为例，负载通常划分为以下 6 种：

    a. 惯性转矩　　　　　　　　$T_J = J\varepsilon$

    b. 干摩擦力矩　　　　　　　$T_C = |T_C| \mathrm{sign}\Omega$

    c. 粘性摩擦力矩　　　　　　$T_b = b\Omega$

    d. 弹性力矩　　　　　　　　$T_K = K_\theta$

    e. 风阻力矩　　　　　　　　$T_f = f\Omega^2$

    f. 重力力矩　　　　　　　　$T_G = Gl$

⑤确定步进电机的型号并验算。在步骤①中，我们能够初步确定步进电机的种类、步距角等参数。在计算出机械系统的转动惯量和负载力矩后，根据惯量和容量匹配原则，进一步确定步进电机的型号，并进行验证。如果该型号电机不满足系统要求，仍需重新考虑步进电机的选择。

⑥选择与步进电机配套的驱动器。

（2）控制系统设计。设计机电一体化伺服系统，一般先进行机械系统的设计，在初步确定机械系统各部件的型号和参数后，开始进行控制系统设计。在大多数情况下，两者应是并行进行的。控制系统设计主要包括硬件和软件设计两个方面。

2. 开环系统设计实例

经济型数控车床的纵向（Z 轴）进给系统，通常是采用步进电机驱动滚珠丝杠带动装有刀架的拖板作直线往复运动，其工作原理类似于图 14-28。假设拖板的质量为 300kg，拖板与导轨之间的摩擦系数为 0.06，车削时最大切削负载（与运动方向相反）$F_z = 2000N$，垂直于导轨的 y 方向力 $F_y = 2F_z$，要求刀具切削时的进给速度 $v_1 = 10\sim500mm/min$，空载时快进速度 $v_2 = 3000mm/min$，滚珠丝杠的名义直径 32mm，导程 6mm，丝杠的总长度为 1400mm，拖板的最大行程为 1150mm，系统定位精度为 $\pm0.01mm$，试设计此进给系统。

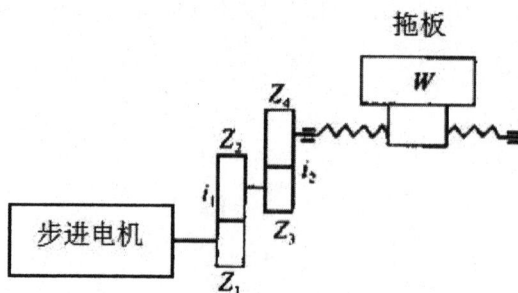

图 14-28 某数控车床纵向进给传动

（1）初步选择步进电机。选择步进电机时要考虑是否有现成的与其配套的驱动器。目前我国市场最为常用的步进电机有反应式和混合式两种。在本例中，要求刀具空载快进的速度比较高，定位精度要求不高，步距角可以选得大些。因此，初步确定选用价格便宜、转动惯量较小、运行频率高的反应式步进电机。依据上述分析，选择三相六拍的反应式步进电机，步距角为 $0.75°$。系统的脉冲当量应小于或等于系统要求的定位精度，因此取脉冲当量为 0.01mm。

（2）确定传动形式和传动比。根据脉冲当量，可以求出传动系统的传动比 i 为

$$i = \frac{\theta t_{sp}}{360°\delta} = \frac{0.75° \times 6}{360° \times 0.01} = 1.25$$

传动比较小，为了保持结构紧凑，采用一级齿轮传动。选择主动齿轮的齿数 $z_1=20$，则大齿轮的齿数 $z_2=25$，模数 $m=2\text{mm}$，取齿宽 $b=10\text{mm}$。

（3）计算等效转动惯量。大小齿轮的转动惯量分别为

$$J_{z_1} = \frac{\pi \rho d_1^4 b_1}{32} = \frac{3.14 \times 7.8 \times 10^3 \times \left(20 \times 2 \times 10^{-3}\right)^4 \times 0.010}{32} \approx 1.96 \times 10^{-5} \left(\text{kg} \cdot \text{m}^2\right)$$

$$J_{z_2} = \frac{\pi \rho d_2^4 b_2}{32} = \frac{3.14 \times 7.8 \times 10^3 \times \left(25 \times 2 \times 10^{-3}\right)^4 \times 0.010}{32} \approx 4.78 \times 10^{-5} \left(\text{kg} \cdot \text{m}^2\right)$$

滚珠丝杠的转动惯量为

$$J_{sg} = \frac{\pi \rho d^4 l}{32} = \frac{3.14 \times 7.8 \times 10^3 \times \left(32 \times 10^{-3}\right)^4 \times 1.4}{32} = 1.12 \times 10^{-3} \left(\text{kg} \cdot \text{m}^2\right)$$

拖板的转动惯量为

$$J_w = m\left(\frac{t_{sp}}{2\pi}\right)^2 = 300 \times \left(\frac{0.006}{2 \times 3.14}\right)^2 \approx 2.74 \times 10^{-4} \left(kg \bullet m^2\right)$$

等效到电机轴上的总转动惯量为

$$J_e = J_{z_1} + \frac{J_{z_2} + J_{sg} + J_w}{i^2}$$

$$= 1.96 \times 10^{-5} + \frac{4.78 \times 10^{-5} + 1.12 \times 10^{-3} + 2.74 \times 10^{-4}}{1.25^2}$$

$$= 9.42 \times 10^{-4} \left(kg \bullet m^2\right)$$

（4）计算等效负载。空载时等效摩擦转矩 T_f 为

$$T_f = \frac{\mu W t_{sp}}{2\pi\eta_s i} = \frac{0.06 \times 300 \times 9.8 \times 0.006}{2 \times 3.14 \times 0.8 \times 1.25} = 0.169(N \bullet m)$$

车削加工时的等效负载转矩 T_{eL} 为

$$T_{eL} = \frac{\left[F_z + \mu\left(W + F_y\right)\right]t_{sp}}{2\pi\eta_s i} = \frac{[2000 + 0.06(300 \times 9.8 + 4000)] \times 0.006}{2 \times 3.14 \times 0.8 \times 1.25}$$

$$= 2.31(N \bullet m)$$

式中，η_s 为丝杠预紧时的转动效率，$\eta_s = 0.8$。

（5）确定步进电机的型号并验算速度是否匹配。

已知：$T_{eL}=2.31$（N·m），$J_e=9.42 \times 10^{-4}$（kg·m²），查附表可初步选定电机的型号为 110BF003，其最大静转矩 $T_{max}=7.84$（N·m），转子的转动惯量 $J_m=4.61 \times 10^{-4}$（kg·m²）。验证转动惯量和容量匹配原则，即计算

$$\frac{T_{eL}}{T_{max}} = \frac{2.31}{7.84} \approx 0.295 < 0.5, \frac{J_e}{J_m} = \frac{9.42 \times 10^{-4}}{4.61 \times 10^{-4}} = 2.04 < 4$$

可见满足惯量和转矩匹配。

110BF003 的性能曲线如图 14-29 所示。带惯性负载启动的频率 f_J 为

$$f_J = \frac{f_q}{\sqrt{1 + J_e / J_m}} = \frac{1500}{\sqrt{1 + \frac{9.42 \times 10^{-4}}{4.61 \times 10^{-4}}}} = 860(Hz)$$

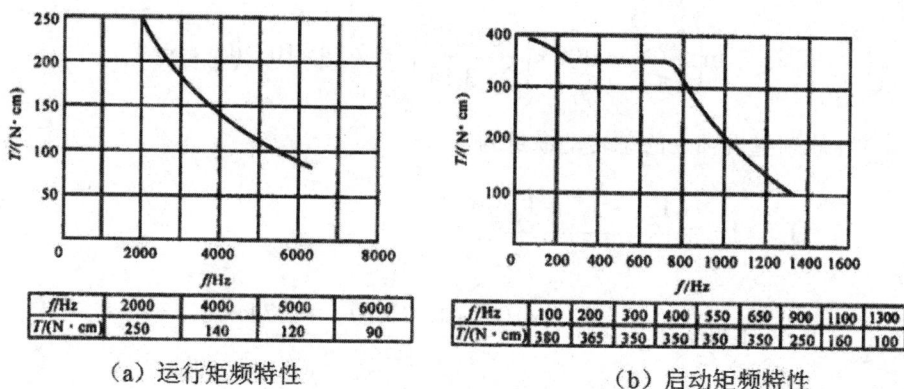

f/Hz	2000	4000	5000	6000
T/(N·cm)	250	140	120	90

（a）运行矩频特性

f/Hz	100	200	300	400	550	650	900	1100	1300
T/(N·cm)	380	365	350	350	350	350	250	160	100

（b）启动矩频特性

图 14-29　110BF003 矩频特性曲线

超过该频率启动会导致失步等。110BF003 能够达到的最大空载运行频率为 7000Hz，查图 14-29 矩频特性曲线可以知道，当 f_{max}=6000Hz 时对应的电机转矩 T_m = 0.9（N·m）＞T_f = 0.169（N·m），电机能够以此频率快进。

快进速度 v_2 为

$$v_2 = n_{sg}t_{sp} = \frac{aft_{sp}}{6i} = \frac{0.75 \times 6000 \times 6}{6 \times 1.25} = 3600(mm/min) > 3000(mm/min)$$

工进速度 v_2 为

$$v_2 = \frac{aft_{sp}}{6i} = \frac{0.75 \times 2000 \times 6}{6 \times 1.25} = 1200(mm/min) > 500(mm/min)$$

对应 T_{eL}=2.31N·m，最大运行频率 f_{max}≈2000Hz。

从上述计算中可以看出，110BF003 步进电机能够满足条件，并有一定的余量。

二、闭环伺服系统设计

1. 闭环伺服系统的构成

闭环伺服系统的构成如图 14-30 所示。闭环系统是负反馈控制系统。检测元件将执行部件的位移、转角、速度等量变换成电信号，反馈到系统的输入端并与指令进行比较，得出误差信号的大小，然后按照减小误差大小的方向控制驱动电路，直到误差减小到零为止。反馈检测元件一般精度比较高，系统传动链的误差、闭环内各元件的误差以及运动中造成的误差都可以得到补偿，从而大大提高了系统的跟随精度和定位精度。闭环系统的定位精度可达±（0.001~0.003）mm。根据检测元件的安装位置，闭环系统分全闭环和半闭环两种。位置检测元件直接安装在最后的移动部件上，形成全闭环系统。对于全闭环系统，系统的误差都可以得到补偿，但也极易造成系统的振荡，使得系统变得不稳定。如果位置检测元件安装在传动链中的某一部位上，就形成半闭环系统。如图 14-31 所示。这种半闭环伺服系统由于传动链一部分在位置闭环以外，环外的传动误差得不到系统的补偿，因而伺服系统的精度有所下降。但是半闭环伺服系统中的检测元件构造简单，价格便宜，系统也较容易调整，因此得到广泛应用。

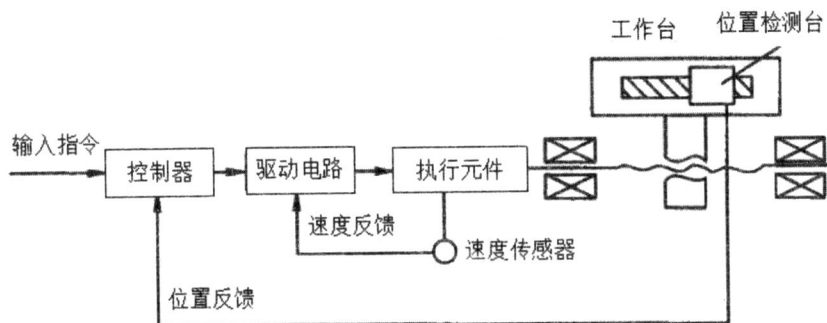

图 14-30 闭环伺服系统的构成示意图

闭环伺服系统适合于高精度或大负载的系统，系统的设计比开环伺服系统复杂得多，但设计的步骤却与开环伺服系统设计类似。

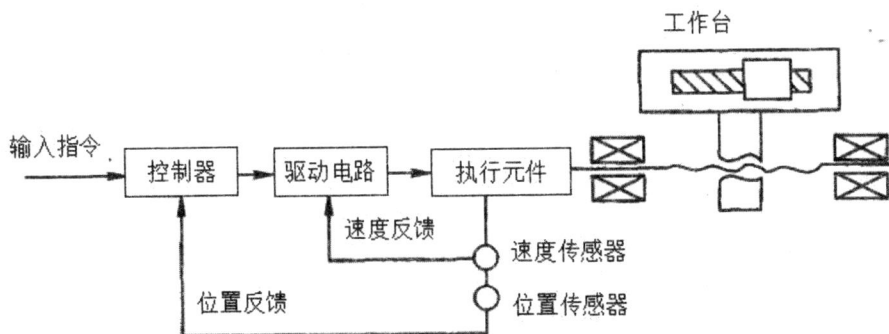

图 14-31 半闭环伺服系统的构成示意图

2. 闭环伺服系统设计

（1）伺服系统元部件的选择。闭环伺服系统和开环伺服系统传动部件的设计和选型基本类似。

①执行元件的选择。闭环伺服系统广泛采用的执行元件通常有交、直流伺服电机和液压伺服马达。在负载较大的大型伺服系统中常采用液压伺服马达；在中、小型伺服系统则多采用交、直流伺服电机。20 世纪 90 年代以前，直流伺服电机一直是闭环伺服系统中执行元件的主流。直流伺服电机通常有永磁直流伺服电机、无槽电枢直流伺服电机、空心杯电枢直流伺服电机、印制绕组直流伺服电机。根据伺服系统的实际情况，选用不同类型的直流伺服电机。一般直流伺服系统选用永磁直流伺服电机；需要快速动作、功率较大的伺服系统选用无槽电枢直流伺服电机；需要快速动作的伺服系统选用空心杯电枢直流伺服电机；低速运行和启动、正反转频繁的系统则选用印制绕组直流伺服电机。

近年来，交流伺服技术得到迅速发展。交流伺服电机不仅具有直流伺服电机那样的优良静、动态性能，并且交流伺服电机具有无电刷磨损、维修方便、价格较低等优点，交流伺服电机在大、中型功率的伺服系统中有逐步取代直流伺服电机的趋势。交流伺服电机分同步型交流伺服电机和异步型交流伺服电机两种。同步型交流伺服电机常用于位置伺服系统，如数控机床的进给系统、机器人关节伺服系统及其他机电一体化产品的运动控制，包括点位控制和连续轨迹控制。常见的功率范围是数十瓦到数千瓦，个别的达到数十千瓦。异步型交流伺服电机主要用于需要以恒功率扩展调速范围的大功率调速系统中，如数控机床的主轴系统驱动，常见的功率范围是数千瓦以上。

直流伺服电机和交流伺服电机各有优缺点，设计者应根据应用场合、市场供应、价格等情况来选择合适的执行元件。

②检测元件的选择。闭环伺服系统通常是位置环、速度环、电流环三环联合的反馈系统。因此。选择检测元件就是选择位置传感器和速度传感器。常用的位置检测传感器有旋转变压器、感应同步器、光电编码器、光栅尺、磁尺等。如被测量为直线位移，则应选直线位移传感器，如直线感应同步器、光栅尺、磁尺等。如被测量为角位移，则应选取圆形的角位移传感器，如光

电编码器、圆感应同步器、旋转变压器、码盘等。一般来讲，半闭环控制的伺服系统主要采用角位移传感器，全闭环控制的伺服系统主要采用直线位移传感器。传感器的精度与价格密切相关，应在满足要求的前提下，尽量选用精度低的传感器，以降低系统成本。选择传感器还应考虑结构空间（如外形尺寸、连接及安装方式等）及环境（如温度、湿度、灰尘等）条件等的影响。在位置伺服中，为了获得良好性能，往往还要对执行元件的速度进行反馈控制，因而还要选用速度传感器。交、直流伺服电机常用的速度传感器为测速发电机。目前在半闭环伺服系统中常采用光电编码器，同时测量电机的角位移和传动速度。

（2）伺服系统静态设计。闭环伺服系统的静态设计主要包括确定执行元件（电机）的型号和参数、传动机构的传动方式和传动比、检测元件的参数等。

（3）伺服系统动态设计。闭环伺服系统的控制方案、静态参数确定后，需要建立系统的数学模型。计算系统的开环增益，设计校正装置，评价系统的动态性能指标。动态设计的经典方法有时域法、频域法和根轨迹法，常用的方法是开环频率特性法。

（4）控制系统设计。控制系统方案的确定，主要是确定执行元件以及伺服控制方式。对于直流伺服电机，应确定是采用晶体管脉宽调制控制还是采用晶闸管放大器驱动控制。对于交流伺服电机，应确定是采用矢量控制，还是采用幅值、相位或幅相控制。伺服系统的控制方式有模拟控制和数字控制，每种控制方式又有多种不同的控制算法。另外还应确定是采用软件伺服控制，还是采用硬件伺服控制，以便选择相应的计算机。

参考文献

1. 张瑞林. 体育与健康[M]. 济南：山东大学出版社，2002.

2. 宋培义，刘立新. 单片机原理、接口技术及应用[M]. 北京：中国广播电视出版社，1990.

3. 孔凡才. 自动控制系统[M]. 北京：机械工业出版社，2003.

4. 王贵明. 数控实用技术[M]. 北京：机械工业出版社，2002.

5. 周绍英，储方杰. 交流调速系统[M]. 北京：机械工业出版社，1996.

6. 倪忠远. 直流调速系统[M]. 北京：机械工业出版社，1996.

7. 吴振彪. 机电综合设计指导[M]. 北京：中国人民大学出版社，2000.

8. 梁景凯. 机电一体化技术与系统[M]. 北京：机械工业出版社，1999.

9. 刘跃南，雷学东. 机床计算机数控及其应用[M]. 北京：机械工业出版社，1999.

10. 宋福生. 机电一体化设备结构与维修[M]. 南京：东南大学出版社，2000.

11. 张毅刚，修林成，胡振江. 单片机应用设计[M]. 哈尔滨：哈尔滨工业大学出版社，1992.

12. 李大友，张秀琼，吴定荣. 微型计算机接口技术[M]. 北京：清华大学出版社，1998.

13. 马西秦，许振中. 自动检测技术[M]. 北京：机械工业出版社，2002.

14. 胡泓，姚伯威. 机电一体化原理及应用[M]. 北京：国防工业出版社，1999.

15. 张建民. 机电一体化系统设计[M]. 北京：北京理工大学出版社，1996.

16. 张福润. 机械制造技术基础[M]. 武汉：华中科技大学出版社，2000.

17．张福润，严晓光．机械制造工艺学[M]．武汉：华中理工大学出版社，1998．

18．卢秉恒．机械制造技术基础[M]．北京：机械工业出版社，1999．

19．袁哲俊，王先逵．精密和超精密加工技术[M]．北京：机械工业出版社，1999．

20．乐兑谦．金属切削刀具[M]．北京：机械工业出版社，1993．

21．陈日曜．金属切削原理（第二版）[M]．北京：机械工业出版社，1993．

22．袁哲俊．金属切削刀具[M]．上海：上海科学技术出版社，1993．